Planung und Steuerung von Abläufen in linienlosen mobilen Montagesystemen

Line-less Mobile Assembly Systems' Operations Planning and Control

Von der Fakultät für Maschinenwesen
der Rheinisch-Westfälischen Technischen Hochschule Aachen
zur Erlangung des akademischen Grades eines
Doktors der Ingenieurwissenschaften
genehmigte Dissertation

vorgelegt von

Armin Friedrich Buckhorst

Berichter/in:

Univ.-Prof. Dr.-Ing. Robert H. Schmitt
apl. Prof. Dr.-Ing. Mathias Hüsing

Tag der mündlichen Prüfung: 17. August 2023

ERGEBNISSE AUS DER PRODUKTIONSTECHNIK

Armin Friedrich Buckhorst

Planung und Steuerung von Abläufen in linienlosen mobilen Montagesystemen

Herausgeber:
Prof. Dr.-Ing. T. Bergs
Prof. Dr.-Ing. Dipl.-Wirt. Ing. G. Schuh
Prof. Dr.-Ing. C. Brecher
Prof. Dr.-Ing. R. H. Schmitt

Band 26/2023

Bibliografische Information der Deutschen Nationalbibliothek
Die Deutsche Nationalbibliothek verzeichnet diese Publikation in der Deutschen Nationalbibliografie; detaillierte bibliografische Daten sind im Internet über https://portal.dnb.de abrufbar.

Armin Buckhorst:

Planung und Steuerung von Abläufen in linienlosen mobilen Montagesystemen

1. Auflage, 2023

Gedruckt auf holz- und säurefreiem Papier, 100% chlorfrei gebleicht.

Wissenschaftsverlag des Instituts für Industriekommunikation und Fachmedien an der RWTH Aachen
Steinbachstr. 25, 52074 Aachen
Internet: www.apprimus-verlag.de, E-Mail: info@apprimus-verlag.de

Druck: CPI Druckdienstleistungen GmbH
Ferdinand-Jühlke-Straße 7 | 99095 Erfurt

ISBN 978-3-98555-174-3

D 82 (Diss. RWTH Aachen University, 2023)

Vorwort

Diese Arbeit entstand während meiner Tätigkeit als wissenschaftlicher Mitarbeiter am Lehrstuhl für Fertigungsmesstechnik und Qualitätsmanagement des Werkzeugmaschinenlabor WZL der RWTH Aachen und als Geschäftsführer der XL Assembly GmbH.

Ich möchte mich an dieser Stelle bei all jenen bedanken, die einen Beitrag im Zusammenhang des Entstehungsprozess dieser Arbeit geleistet haben. Insbesondere möchte ich mich bei Herrn Prof. Dr.-Ing. Robert H. Schmitt bedanken, der alle notwendigen Randbedingungen geschaffen hat, die einerseits dem Promotionsprozess dienlich und andererseits der Persönlichkeitsentwicklung junger Wissenschaftlerinnen und Wissenschaftler der Produktionstechnik förderlich sind. Dies schließt die Übertragung von Verantwortlichkeiten im Zusammenhang von industriell- und wissenschaftlich-motivierten Projekten sowie das Gewähren der notwendigen Freiheiten zur zielführenden Ausgestaltung ein.

Ferner möchte ich mich bei Herrn Prof. Dr.-Ing. Mathias Hüsing für die Übernahme des Koreferats und Frau Prof. Dr.-Ing. Verena Nitsch für den Vorsitz der Prüfungskommission bedanken. Weiterhin bedanke ich mich bei Dr.-Ing. Guido Hüttemann für die Durchsicht des Manuskriptes, Korrekturen und Diskussionen.

Ein besonderer Dank gilt meinen ehemalige studentischen Mitarbeitern, Bachelor- und Masterarbeitern, deren Beiträge den wissenschaftlichen Prozess bei der Ausgestaltung der Prinzipien flexibler Montagesysteme förderten und in verschiedenen Veröffentlichungen mündeten. Erwähnen möchte ich Herrn Matheus Kraemer, der auch über seine Tätigkeit am Lehrstuhl und seinen Abschluss hinaus für angeregte Diskussionen auch zu Unzeiten zur Verfügung stand.

Bedanken möchte ich mich zudem bei meinem Kollegen und guten Freund Johannes Brand für die zahlreichen und angeregten Diskussionen sowie wertvollen Hinweise während des gesamten Entstehungsprozesses dieser Arbeit.

Der größte Dank gilt meinen Eltern, meiner Schwester und meiner Frau, die mir stets und damit über meine Zeit am Lehrstuhl hinaus ideelle Orientierung und Unterstützung geboten haben und bieten. Meiner Frau Dr. med. Pia-Alina Buckhorst danke ich zudem für ihre Zuversicht, ihren kontinuierlichen Optimismus sowie das verständnisvolle und gütige Ertragen des notwendigen Lebensstils gerade in der letzten Phase des Erstellungsprozesses.

Aachen, August 2023

Armin Buckhorst

„Nichts ist so beständig wie der Wandel.“ – HERAKLIT VON EPHESUS

Kurzfassung

Global- und regionalökonomische Trends stellen produzierende Unternehmen vor Herausforderungen, um ihren nachhaltigen Fortbestand abzusichern. Diskontinuitäten an den Märkten (durch Krieg und Pandemien induziert) motivieren dazu, wertschöpfende Produktions- und Montagesysteme mit der Nachfrage nach kundenindividuellen, hochqualitativen und günstigen Produkten zu synchronisieren.

Das Organisationsparadigma der *linienlosen mobilen Montage* verspricht, diese Synchronisation zu erreichen. Allerdings befindet es sich in einer frühen Entstehungsphase des Innovationszyklus. Deshalb liefert diese Arbeit eine Definition des Paradigmas und eine Abgrenzung gegenüber den in der Praxis etablierten Ansätzen (bspw. flexible oder rekonfigurierbare Systeme): Der operative Betrieb der Montage im LMAS ist durch die quasi-kontinuierliche Rekonfiguration der Produktionsmittel geprägt. Montagestationen werden an günstigen Aufstellungsorten innerhalb einer hindernisfreien Fabrik unter Verwendung von ortsflexiblen Mehrzweckressourcen temporär aufgebaut.

Die vorliegende Arbeit liefert zur Beherrschung der Betriebsphase zunächst eine semantische und syntaktische Beschreibung der LMAS Entitäten Ressource, Station und Fabrik. Sie weisen Selbstähnlichkeiten auf, denn ihnen wird neben einem Typ, eine Konfiguration, ein Zustand, ein (transienter) Ort sowie ein Plan zugeordnet. Auf Basis des Formalismus wird eine holarchische Steuerungssystemarchitektur abgeleitet. Sie bindet die mobilen Mehrzweckressourcen ein, schafft Möglichkeiten, temporäre Entitäten zu instantiieren, konsolidiert Systemzustände und ist mit einer Globalplanung verknüpft. Aus optimalen Globalplänen werden lokale Ziele abgeleitet, die an die Entitäten kommuniziert werden. Die lokalen Ziele werden autonom und selbstorganisiert verfolgt, sodass sich räumlich-zeitlich transiente Montagestationen konstituieren und sich das gewünschte Gesamtsystemverhalten synergetisch ergibt.

Kern der Globalplanung ist ein gemischt-ganzzahliges lineares Entscheidungsmodell, das die verfügbaren Freiheitsgrade ausschöpft und der Planungskomplexität gerecht wird. Der integrale Ansatz basiert auf der Kombination eines generischen Standort- und Scheduling-Modells, das um die LMAS-spezifische Randbedingungen und Entscheidungsvariablen erweitert wird. Neben diesem *LMAS Simultaneous Scheduling and Location* Modell zur prädiktiven Ablaufplanung wird eine Heuristik entwickelt. Sie liefert innerhalb kurzer Rechenzeiten Globalpläne ohne Optimalitätsanspruch, sodass auftretende Störungen (bspw. Ressourcen- oder Stationsausfälle) online behandelt werden können.

Der Nutzen des Entscheidungsmodells sowie der Heuristik werden durch die Untersuchung der konzeptionellen sowie operationalen Validität und durch eine computerisierte Modellverifikation bestätigt. Versuchsdatensätze orientierten sich an der industriellen Abwasserpumpenmontage.

Abstract

Global and regional economic trends constantly confront manufacturing and assembling companies with challenges to ensure their sustainable existence and continuation of their businesses. They face shorter product life cycles and increasing demand for customized as well as high-quality products at low prices. Accelerated competition and discontinuities in the markets (induced by war, pandemics, and climate crises) motivate to synchronize production and assembly systems with demand.

The novel organizational paradigm of *Line-less Mobile Assembly Systems (LMAS)* promises to achieve this synchronization. However, LMAS is at an early stage of emergence in the innovation cycle. Therefore, this dissertation provides a definition and differentiation to established approaches (e.g. flexible or reconfigurable systems): Operations in LMAS are characterized by the quasi-continuous reconfiguration of production resources. Assembly stations are temporarily set up at favorable locations within an obstacle-free factory using location-flexible multi-purpose resources.

To master system operations, this thesis provides a formal model for semantic and syntactic descriptions of the LMAS entities: resource, station, and factory. They exhibit self-similarities, because, in addition to lower-level LMAS entities, a type, a configuration, a state, a (transient) location, and a plan are assigned to each. Based on this formalism, a holarchical control system architecture is derived. It integrates the mobile multi-purpose resources, creates possibilities to instantiate temporary entities, consolidates system states, and is connected to a global planning unit. Local goals are derived from optimal global plans and assigned to the operational entities. The local goals are pursued autonomously and self-organized so that spatio-temporally transient assembly stations are constituted and the desired overall system behavior results synergistically.

The core of the global planning unit is a mixed-integer linear decision model that exploits the available degrees of freedom and meets the planning complexity. The integral approach is based on the combination of a generic location and scheduling model, which is extended by the LMAS-specific constraints and decision variables. In addition to this *LMAS Simultaneous Scheduling and Location* model for predictive scheduling, a heuristic is developed. Without optimality, the heuristic provides global plans quickly and is utilized online in the control system. Accordingly, local disruptions (e.g. resource or station failures) can be handled quickly.

The usefulness of the mixed-integer decision model and the heuristic are confirmed by the investigation of the conceptual and operational validity and by the computerized model verification. Experimental data sets were taken from industrial sewage pump assembly.

Inhaltsverzeichnis

Abbildungsverzeichnis

Tabellenverzeichnis

Abkürzungsverzeichnis

ACO Ant Colony Optimization

ADACOR Adaptive Holonic Control Architecture

ADAMARMS Axioamtic Design of Multi-Agent Re-configurable Mechatronic System

AGV Autonomous Guided Vehicle

AMM Autonomous Mobile Manipulator

AMR Autonomous Mobile Robot

APC Assmbly Priority Chart

ASP Assmbly Sequence Planning Problem

ATRI Activity Resource Type Instance

BAS Bionic Assembly System

BI Business Intelligence

CAD Computer Aided Design

CAS Cellular Assembly System

CIM Computer Integrated Manufacturing

CPPS Cyber-physisches Produktionssystem

CPS Cyber-physisches System

CRM Customer Relationship Management

CVRP Capacitated Vehicle Routing Problem

DAS Dedicated Assembly System

DCS Distributed Control System

DFLP Dynamic Facility Location Problem

DMAS Delegate bzw. Distributed Multiagentensystem

DOLCE Descriptive Ontology for Linguistic and Cognitive Engineering

DPMM Discrete Planar Muti-Machine Simultaneous Scheduling and Location

EAS Evolutionary Assembly System

ERD Earlieast Release Date Rule

ERP Enterprise Resource Planning

F3A Free Float Flawless Assembly

FAS Flexible Assembly System

FB Functional Block

FCL Facility Location Problem

FFAS Focused Flexible Assembly System

F-FAS Fully-Flexible Assembly System

FJSP Flexible Jobshop Problem

FJSP-MR Flexible Jobshop Problem with Many Robots

FJSP-SR Flexible Jobshop Problem with Single Robot

FLF Forschungsleitende Fragestellung

GDE Global Decision Entity

GMA Gesellschaft für Mess- und Automatisierungstechnik

HCA Holonic Control Architecture

HCBA Holonic Component-based Architecture

HMS Holonic Manufacturing System

ICS Industrial Control System

IEC International Electrotechnical Commission

IEEE Institute of Electrical and Electronics Engineers

IIoT Industrial Internet of Things

IIRA Industrial Internet Reference Architecture

IoT Internet of Things

IP Intelligentes Produkt

ISA International Society of Automation

IVRA Value Chain Reference Architecture

JADE Java Agent Development Framework

JSP Jobshop Problem

LAS Line-less Assembly System

LDE Local Decision Entity

LLM Lower-Layer Middleware

LMAS Line-less Mobile Assembly System

MAS Mutliagentensystem

MES Manufacturing Execution System

MILP Mixed-Integer Linear Program

MINLP Mixed-Integer Non-Linear Program

MIP Mixed-Integer Program

MLM Medium-Layer Middleware

MOM Manufacturing Operations Management

OH Operationales Holon

ORCA Optimized and Reactive Control Architecture

OWR Ordered Weber Region

PH Produktholon

PPS Produktionsplanung und -steuerung

PRM Purdue Reference Model

PROSA Product Resource Order Staff Architecture

PROSIS Product Resource Order Simulation Isoarchical System

RAS Re-configurable Assembly System

RDE Resource Decision Entity

ROS Robot Operating System

SAS Symbiotic Assembly System

SCADA Supervisory Control and Data Acquisition

ScheLoc Simultaneous Scheduling and Location

SCM Supply Chain Management

SDVRP Split Delivery Vehicle Routing Problem

SF Smart Factory

SH Staff Holon

SoA Service-oriented Architecture

SoHMS Service-oriented Holonic Manufacturing System

SPS Speicherprogrammierbare Steuerung

TH Task Holon

TSP Travelling Salesman Problem

UML Unified Mark-up Language

UNS Unifed Namespace

VDI Verein Deutscher Ingenieure

VRP Vehicle Routing Problem

VRPTW Vehicle Routing Problem with Time-Windows

Algorithmenverzeichnis

1 Einleitung

Diese Arbeit fokussiert das in die Zukunft gerichtete Organisationsparadigma der linienlosen mobilen Montagesysteme, welches die nächste Evolutionsstufe der gegenwärtig in Wissenschaft und Praxis viel diskutierten Matrix-Produktion darstellt. Die Operationalisierung beider Paradigmen stellt dabei eine zentrale Herausforderung dar. Für die linienlose mobile Montage werden nachfolgend ein Beschreibungsmodell des operativen Betriebs, ein holistischen Feinplanungsmodell sowie eine Steuerungssystemarchitektur präsentiert. Eine Übertragbarkeit auf die weniger komplexe Matrix-Produktion ist gegeben.

Im folgenden Abschnitt 1.1 wird die Motivation dieser Arbeit, nämlich das Schaffen zusätzlicher Flexibilitätskorridore durch alternative Organisationsparadigmen in Produktion und Montage aufgezeigt. Die wissenschaftstheoretische Ausrichtung wird in Abschnitt 1.2 erörtert, denn sie lieferte das Rahmenwerk zur Ausgestaltung des ex post dargelegten Forschungsprozesses. In Abschnitt 1.3 wird die Zielsetzung und der heuristische Bezugsrahmen dargelegt. In Abschnitt 1.4 wird der weitere Aufbau erläutert.

1.1 Flexibilitätsbedarf bei der Organisation von Montagesystemen

Zu den globalen Entwicklungen und dominierenden Treibern, die derzeit das produzierende Gewerbe in Deutschland vor Herausforderungen stellen, zählen BAUERNHANSEL UND MIEHE den demografischen Wandel, die Urbanisierung, das Wirtschaftswachstum in Schwellenländern, die Individualisierungsbedarfe stark vernetzter Gesellschaften und die Nachhaltigkeit[1]. Das Umfeld der Produktion wird als *turbulent* und *komplex* charakterisiert, denn Währungskrisen, steigende Rohstoffpreise, abnehmend zuverlässige Lieferketten und der Klimawandel wirken direkt oder indirekt auf Wertschöpfungsketten.[2] WARNECKE wählte bereits 1993 den Begriff der Turbulenz zur Charakterisierung des Umfelds der Unternehmen des produzierenden Gewerbes. Anpassungsfähigkeit wurde und wird weiterhin als wesentlicher Faktor zum Erhalt der Wettbewerbsfähigkeit unter veränderlichen Randbedingungen, insbesondere im Bereich der Montage identifiziert.[3]

Stets kann eine bleibende Regelabweichung zwischen den Produktionssystemen der Unternehmen und den turbulenten und dynamischen Randbedingungen an internationalen Märkten beobachtet werden: Kunden fordern kurzzyklisch individuelle Produkte in hoher Qualität zu niedrigen Preisen und mit kurzen Lieferzeiten. Dem gegenüber steht das langzyklische strategische Ziel der

[1] BAUERNHANSL und MIEHE, 2020, S. 18ff
[2] BAUERNHANSL und MIEHE, 2020, S. 23
[3] WARNECKE, 1993, S. 19, 23, 134ff; BAUERNHANSL und MIEHE, 2020, S. 24

Sicherung des nachhaltigen Fortbestandes der Unternehmen[4]. Analog zur Regelungstechnik gilt es, durch geeignete Maßnahmen den Betrag der Regeldifferenz zu minimieren und im Idealfall auf Null zu reduzieren (marktsynchrone Produktion).

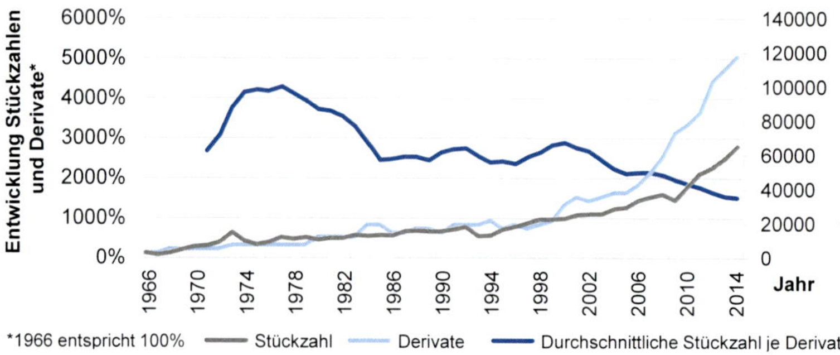

Abbildung 1.1: Steigende Varianz am Beispiel PKW in Anlehnung an KERN ET AL.[5]

Am Beispiel des Marktes der Personenkraftwagen zeigt Abbildung 1.1 die Entwicklung von Stückzahlen und Derivaten seit 1966. Bei gleichbleibender Ausbringungsmenge wird gefordert, dass höhere Unterschiedlichkeiten je Produktvariante auf einer Montagelinie realisiert werden können[6]. Die gleichzeitig kürzer werdenden Lebenszyklen sorgen für zunehmend häufigere und aufwändige Umplanungsmaßnahmen[7].

Ein Ansatz um dieser Dynamik gerecht zu werden, ist die Relaxierung starrer Randbedingungen und Strukturen (Flexibilisierung) in Produktion und Montage durch die Etablierung alternativer Organisationsparadigmen. Organisation beschreibt dabei die Ausprägung des Arbeitsablaufes und damit die konkrete Gestaltung des räumlichen und zeitlichen Zusammenwirkens von Betriebsmitteln und Menschen im System[8]. Montage ist als „Zusammenbau von Teilen und/oder Gruppen zu Erzeugnissen oder zu Gruppen höherer Erzeugnisebenen in der Fertigung“ zu verstehen. Teile sind dabei „in sich geschlossene, aus zwei oder mehr Teilen und/oder Gruppen niedrigerer Ordnung bestehende Erzeugnisse“[9]. Die Tätigkeiten in der Montage umfassen vor allem die Vorgänge des Fügens, Handhabens und Kontrollierens, Justierens sowie Sonderoperationen[10].

Die Bedeutsamkeit der Montage und ihrer Organisation wird bei weiterer Betrachtung gesamtwirtschaftlicher und produktionstechnischer Kennzahlen deutlich: Sie ist zentraler Ort der Wert-

[4] SCHREYÖGG und KOCH, 2020, S. 153; ATZERT, 2011, S. 54; WARNECKE, LÖHR und KIENER, 1975, S. 12
[5] KERN, RUSITSCHKA u. a., 2015, KERN, 2021, S. 50
[6] KERN, 2021, S. 50
[7] SIEDELHOFER u. a., 2017, S. 141f; KERN, 2021, S. 50
[8] MOTZER, 2015, S. 6
[9] VEREIN DEUTSCHER INGENIEURE, 1990 (Richtlinie 2018 zurückgezogen, Erscheinungsdatum Revision 2023)
[10] DIN DEUTSCHES INSTITUT FÜR NORMUNG E. V., 2003; VEREIN DEUTSCHER INGENIEURE, 1990; LOTTER und WIENDAHL, 2006, vgl. S. 2

schöpfung (bis zu 70% Wertschöpfungsanteil in der Einzel- und Serienmontage)[11]. Je nach Produkt beansprucht sie 15% bis 70% der Gesamtfertigungszeit. Zudem ist die Montage aufgrund des hohen Anteils manueller Arbeiten im Vergleich zu klassischen Fertigungstechnologien (bspw. Zerspanen, Umformen, Kunststofftechnik) zur teuersten wertschöpfenden Aktivität, insbesondere am Hochlohnstandort Deutschland geworden[12]. Konkret betragen die anteilig durch die Montage entstehenden Kosten bis zu 44% der Gesamtkosten der Produktion[13]. Ferner kann mit ihr eine signifikante Wirtschaftsleistung assoziiert werden: In 2021 waren in Deutschland 7.47 Millionen Erwerbstätige[14] in 46158 Betrieben des verarbeitenden Gewerbes (exklusive Bergbau) tätig und erwirtschafteten einen Umsatz von insgesamt 1.98 Billionen €[15]. Den größten Anteil stellt dabei der Maschinenbau mit ca. 0.94 Millionen Erwerbstätigen und einem Umsatz von ca. 232.66 Milliarden € in 2022 dar. Wesentlich sind zudem die Wirtschaftszweige Herstellung von Kraftwagen und sonstiger Fahrzeugbau.[16] WARNECKE unterstreicht, dass das „Montieren, Zusammensetzen und Installieren“ die überwiegenden Tätigkeitsschwerpunkte eben dieser Wirtschaftszweige darstellt. Diese Ausgangssituation motiviert Rationalisierungspotentiale.

Ein Organisationsparadigma, das die geforderte Relaxierung der starren Randbedingungen in Montagesystemen perspektivisch ermöglichen kann, stellt das Line-less Mobile Assembly System (LMAS) dar. Im Vergleich zu den etablierten Ansätzen, bspw. dem Flexible Assembly System (FAS), dem Reconfigurable Assembly System (RAS) oder der Matrix-Produktion bietet es den höchsten Grad an Anpassungsfähigkeit gegenüber externen Einflüssen der Märkte: Linienlose mobile Montagesysteme ermöglichen kurzzyklisch den räumlich und zeitlich temporären Aufbau von Mehrzweckmontagestationen in der Fabrik. Dazu befähigt technologisch die Verwendung von mobilen Roboterplattformen. Infolgedessen können individuelle Auftragsrouten für Produkte in Losgröße 1 realisiert werden. Abbildung 1.2 stellt auf der einen Seite den Verlauf der Trends und Einflüsse auf die Produktion in der Vergangenheit dar. Auf der anderen Seite werden Organisationsparadigmen, die in der Praxis und Wissenschaft diskutiert werden, hinsichtlich Ausbringungsmenge und Variantenvielfalt eingeordnet.

---

[11] POTENTE, 2014, S. 16f

[12] LOTTER und WIENDAHL, 2006, S. 3ff

[13] POTENTE, 2014, S. 17

[14] STATISTISCHES BUNDESAMT, 2022c

[15] STATISTISCHES BUNDESAMT, 2022a

[16] STATISTISCHES BUNDESAMT, 2022b

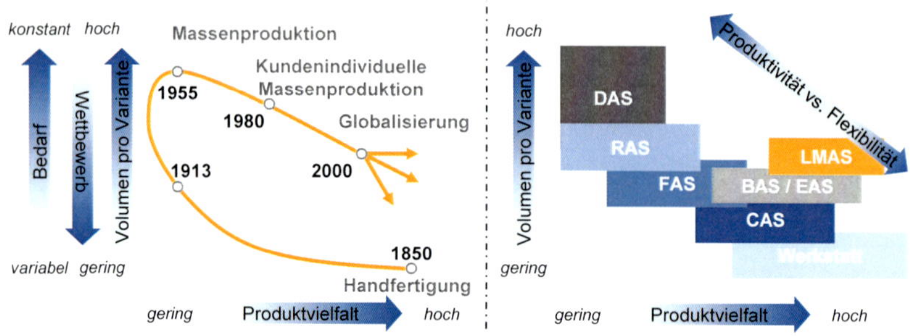

Abbildung 1.2: Entwicklung von Organisationsparadigmen der Montage im Zusammenhang der Produktindividualisierung[17]

Die Orchestrierung der neuartigen, linienlosen mobilen Montagesysteme erfordert dabei Algorithmen zur Planung und Steuerung des operativen Betriebes. Gleichzeitig ist über die Aufstellungsorte von Arbeitsstationen in der Fabrik, über die Zuordnung von notwendigen (mobilen) Ressourcen zum Betrieb der Stationen sowie über die Zuordnung von Aufträgen zu diesen Stationen und über den zeitlichen Ablauf aller Aktivitäten zu entscheiden. Die Umsetzung der Entscheidungen durch die angebundenen, automatisierten Ressourcen ist sicherzustellen. Die dazu notwendigen Modelle, insbesondere ein geeignetes Optimierungs- und ein Architekturmodell werden in dieser Arbeit entwickelt, um den Betrieb des LMAS zu befähigen.

1.2 Wissenschaftstheoretische Ausrichtung

Die Ausarbeitung der Modelle erfolgt unter wissenschaftlichen Gesichtspunkten. Gemäß Ulrich und Hill konstituiert sich Wissenschaft aus menschlichem Denken, das in spezialisierten Institutionen nach bestimmten Regeln stattfindet. Die zu genügenden Regeln stellen ein Konsensusproblem in Abhängigkeit vom soziokulturellen, fakultativen, und institutionellen, raumzeitlichen Zusammenhang dar.[18] Ein Konzept, das Erkenntnisfortschritt garantiert, wird aufgrund der Unlösbarkeit des Induktionsproblems ausgeschlossen[19].

Die Wissenschaftssystematik nach Ulrich und Hill (siehe Abbildung 1.3) unterscheidet Formal- und Realwissenschaften. Formalwissenschaften betreffen die Definition und Konstruktion von Sprachen bzw. Zeichensystemen und angeschlossenen Verwendungsregeln (Semantik und Syntax)[20]. Realwissenschaften betreffen die Beschreibung, Erklärung und Gestaltung und haben empirische, sinnlich wahrnehmbare „Wirklichkeitsausschnitte" zum Gegenstand[21]. Die Realwissenschaf-

[17] in Anlehnung an Koren, 2010a, S. 34; Hu u. a., 2011, S. 728; ElMaraghy, Schuh u. a., 2013, S. 642
[18] Ulrich, 1976
[19] Ulrich, 1976, S. 346; Popper, 1935, S. 19
[20] Schanz, 1987, S. 2039, Ulrich, 1976, S. 305
[21] Ulrich, 1976, S. 305

ten werden unterteilt in Grundlagenwissenschaften („reinen“ Wissenschaften), denen ein theoretisches Ziel zu Grunde liegt und Handlungswissenschaften („angewandte“ Wissenschaften), denen ein praktisches Ziel zu Grunde liegt.[22]

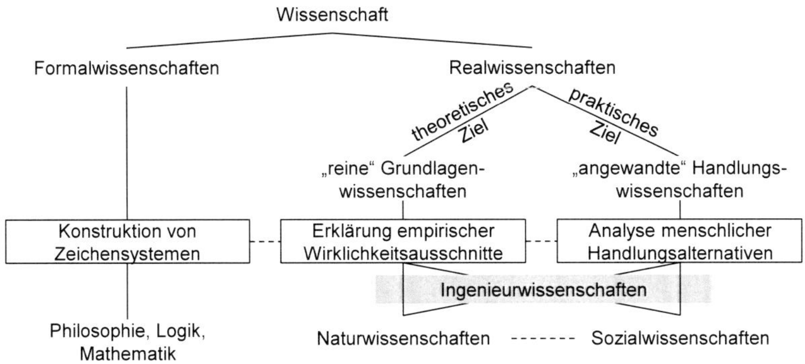

Abbildung 1.3: Wissenschaftssystematik nach ULRICH UND HILL[23]

Die Ingenieurwissenschaften sind laut ULRICH weder den Handlungswissenschaften noch den Grundlagenwissenschaften eindeutig zuzuordnen[24]. In diesem Spannungsgefüge steht diese Arbeit. Weiterhin orientiert sich diese am systemtheoretischen Ansatz: Alle Geltungs- und Führungsprobleme von produktiven, sozialen Systemen sind mit den Ingenieurwissenschaften assoziiert[25]. Insbesondere existiert ein theoretisches Ziel der Erkenntnisgewinnung nicht unabhängig vom pragmatischen Ziel der Erkenntnisverwendung[26].

Abbildung 1.4: Iterativer Forschungszyklus nach KUBICEK UND TOMZCAK[27]

22 ULRICH, 1976, S. 305
23 ULRICH, 1976, S. 305
24 vgl. HANS ULRICH, 1978, S. 274f
25 ULRICH, 1976, S. 308
26 KUBICEK, 1977, vgl. S. 5, S.7
27 TOMCZAK, 1992, S. 84; KUBICEK, 1977, S. 12ff

Im Rahmen der angewandten Wissenschaft wird Forschung als iterativer Lernprozess begriffen[28], der durch theoretische Absichten geleitet und auf systematischem Erfahrungswissen basieren sollte und damit die Gewinnung von Erfahrungswissen sowie die kreative Umsetzung von theoretischen Aussagen problematisiert.[29] Abbildung 1.4 zeigt diesen Prozess. Zentral ist ein heuristischer Bezugsrahmen bzw. ein provisorisches Erklärungsmodell, das den Prozess der Forschung für die Lösung praktischer Probleme steuert. Ein solcher Bezugsrahmen umfasst Analyseeinheiten und ihre Beziehungen[30]. Er bildet zudem das Vorverständnis des Autors ab und stellt den Mittelpunkt des verfolgten Forschungsprozesses dar[31].

Unter Berücksichtigung der Arbeiten von KUBICEK systematisierte ULRICH den Prozess der angewandten Wissenschaft. Dieser beginnt in der Praxis und ist auf die Untersuchung des Anwendungszusammenhangs gerichtet, um Erkenntnisse und Implikationen für die Praxis zu erarbeiten[32]. An diesem Prozess orientiert sich der Erkenntnisgewinn und der Aufbau der vorliegenden Arbeit (siehe Abbildung 1.6); ihr heuristischer Bezugsrahmen wird in Abbildung 1.5 dargestellt.

1.3 Zielsetzung, Forschungsfragen und heuristischer Bezugsrahmen

Zentraler Untersuchungsgegenstand dieser Arbeit ist der operative Betrieb von linienlosen mobilen Montagesystemen im Unterschied zu anderen Phasen im Lebenszyklus eines Produktionssystems (bspw. Systemplanung, -realisierung, Revision und Verwertung[33]). Folglich werden Verfahren zur Systemplanung und -realisierung vorausgesetzt. Dominantes Defizit für die praktische Umsetzung des Organisationsparadigmas sind gegenwärtig Möglichkeiten zur Produktionsplanung und -steuerung (PPS) auf der Ebene der Fabrik für kurz- und mittelfristige Planungshorizonte[34]. Folglich ist das übergeordnete Ziel, eine algorithmische Entscheidungsfindung zur kontinuierlichen und optimierten Bestimmung und Anpassung von Abläufen der LMAS-organisierten Fabrik unter Berücksichtigung praktischer interner Ereignisse (Technologien, Wartungen, Stationsausfall) und externer Randbedingungen im Produktionsumfeld (Marktsituation, Skalierung, Auftragslage) zu realisieren. Die übergeordnete Forschungsfrage lautet:

Können Abläufe in linienlosen mobilen Montagesystemen durch ein Entscheidungsmodell für den operativen Betrieb geplant und durch eine geeignete Steuerung umgesetzt werden?

Um diese Frage beantworten zu können, ist eine geeignete Beschreibung des Forschungsgegenstandes LMAS, den Elementen, ihren Zuständen und den Regeln ihrer Interaktionen essentiell.

---

28 TOMCZAK, 1992, S. 84
29 KUBICEK, 1977, S. 13ff
30 TOMCZAK, 1992, S. 84
31 RÖSSL, 1990, S. 101
32 ULRICH, 1981, S. 19f
33 siehe ATTRI und GROVER, 2012, S. 309
34 HÜTTEMANN, 2021, S. 70, 184, BUCKHORST, HÜTTEMANN u. a., 2019, S. 231

Ein Leitsystem auf Basis eines Steuerungsmodells ist zur Optimierung, Überwachung und Nachführung des Ist-Zustandes der Smart Factory in den Soll-Zustand erforderlich. Ihre Ressourcen sind anzubinden. Grundsätzlich ist eine bleibende Regelabweichung zwischen Soll und Ist zu erwarten. Abweichungen werden einerseits aus idealisierten Annahmen in übergeordneten Planungsinstanzen und andererseits aus unvorhergesehenen Ereignissen des Betriebes, bspw. durch Verspätungen und durch Ressourcenausfälle resultieren.

Ein mathematisches Optimierungsmodell ist zu formulieren, um in Hinblick auf die Marktsituation (Auftragseingang) und den Fabrikzustand Betriebspunkte zu bestimmen, die durch die mobilen Montageressourcen autonom eingenommen werden sollen. Dabei sind die Flexibilitätskorridore hinsichtlich des räumlich und zeitlich temporären Aufbaus von Montagestationen durch mobile Einheiten auszuschöpfen.

Die kontinuierliche Rückkopplung von Zuständen der Einheiten und von Planabweichungen zum Optimierungsmodell durch das Leitsystem schließt den Regelkreis, um ein resilientes und autonomes Montagesystem zu realisieren. Die Güte des Verbundes ist zu validieren. Die forschungsleitenden Fragestellungen (*FLF*) lauten folglich:

FLF1 Welche Anforderungen, Betriebsfälle und Gestaltungselemente müssen für die ***Abläufe des operativen Betriebs in linienlosen mobilen Montagesystemen*** *erfasst werden?*

FLF2 Wie können bestimmte ***Ablaufpläne auf dem Shopfloor der linienlosen mobilen Montage*** *gesteuert werden?*

FLF3 Wie können ***günstige Ablaufpläne*** *im Rahmen einer* ***modellbasierten Optimierung*** *bestimmt werden?*

Dem Forschungsprozess dieser Arbeit liegt der in Abbildung 1.5 dargestellte heuristische Bezugsrahmen zu Grunde. Verknüpfungen der Montage zu anderen Disziplinen der Produktionstechnik, insbesondere der Logistik und der Arbeitssicherheit werden vernachlässigt. Ressourcen der Montagetechnik bspw. Roboter, Materialversorgung und Transportsysteme sind Teil der planerischen Perspektive. Ihre technischen Ausprägungen werden jedoch nicht betrachtet. Während das LMAS Paradigma im Allgemeinen die Interaktion von Hardwaresystemen (Montageanlage und deren Ressourcen), Menschen (Bediener*innen, Montage- und Planungspersonal) und Software (z.B. Leitsysteme) innerhalb einer Organisation umfasst, wird hier die Interaktion von Hardware- und Softwaresystemen und der damit einhergehende Determinismus fokussiert. Die Untersuchung des Verhaltens des Menschen bleibt Aufgabe der Arbeitswissenschaften.

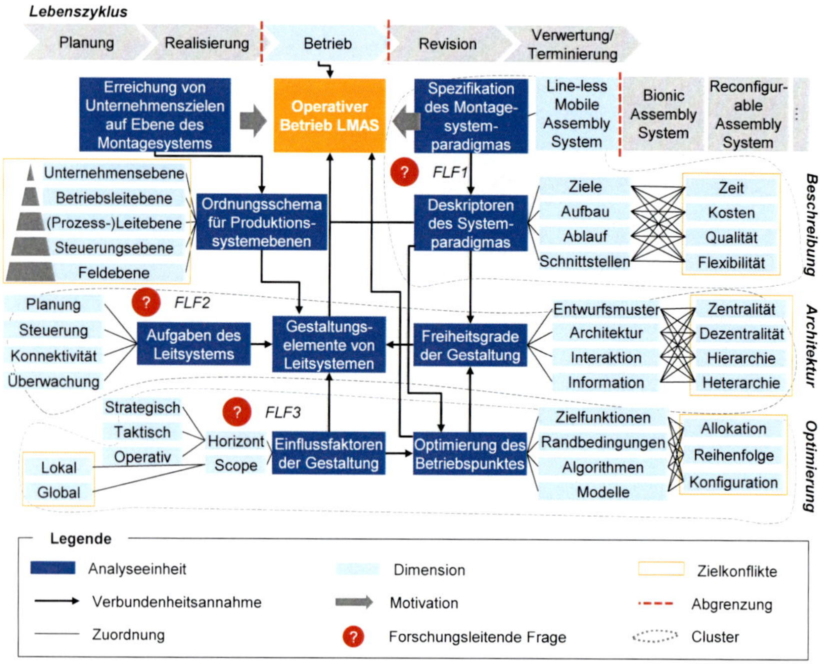

Abbildung 1.5: Heuristischer Bezugsrahmen zur Realisierung des operativen Betriebes der LMAS

1.4 Aufbau und Struktur

Den Aufbau der Arbeit wird in Abbildung 1.6 dargelegt. Er folgt dem explorativen Forschungsprozess.

In Kapitel 2 werden zur Definition und Eingrenzung des Forschungsgegenstandes Begriffe der Produktion und Montage geklärt. Es folgt die Darstellung des Organisationsparadigmas der linienlosen mobilen Montage. Grundlagen vorhandener Anwendungssysteme zur Planung und Steuerung von Produktionssystemen werden dargestellt, um den heuristischen Bezugsrahmen zu fundieren.

In Kapitel 3 werden die zu realisierenden Betriebsfälle und die damit einhergehenden Anforderungen an ein Leitsystem der linienlosen mobilen Montage spezifiziert. Diese Anforderungen dienen der nachfolgenden Analyse des Stands der Technik. Sie dienen außerdem der späteren Untersuchung der konzeptionellen Validität des notwendigen Formal-, Steuerungs- und Entscheidungsmodells.

In Kapitel 4 folgt die Untersuchung des Stands der Technik unter Berücksichtigung der Anforderungen. Dabei werden Entwurfsmuster, Modelle und Ontologien von Planungs- und Steuerungsarchitekturen charakterisiert. Optimierungsmodelle des Operations Research, die der Ablaufplanung von Produktionssystemen dienen und die grundsätzlich die Zuordnung von Aufträgen zu Maschinen bzw. Maschinen zu Aufstellungsorten abbilden, werden diskutiert. Der Bedarf an LMAS spezifischen Lösungsbausteinen wird deutlich.

In Kapitel 5 erfolgt eine formale Beschreibung des LMAS Fabrikbetriebs. An dieser orientieren sich die nachfolgenden Modelle. Die forschungsleitende Fragestellung FLF1 kann in Folge und unter Berücksichtigung der Erkenntnisse aus den Kapiteln 2, 3 und 4 beantwortet werden.

In Kapitel 6 wird ein holonisches Steuerungsmodell entworfen, das einerseits die Vorteile verteilter, autonomer Entitäten mit den Vorteilen globaler Entscheidungsfindung kombiniert. Myopie und Deadlocks, die in vollständig hierarchischen Multi-Agentensystemen (MAS) zu erwarten sind und deren Einsatz in der Industrie hemmen, werden überwunden. Die Forschungsfrage FLF2 wird beantwortet.

In Kapitel 7 wird das Entscheidungsmodell zur Feinplanung des Betriebs linienloser mobiler Montagesysteme in Form eines gemischt ganzzahligen Optimierungsmodells formuliert. Es basiert auf den jüngsten Ansätzen des Simultaneous Scheduling and Location Problems (SchecLoc). Es bedarf eingangsseitig u.a. eines geeigneten Shopfloor-Modells, einer Abbildung von Montagefolgen in Vorranggraphen und einer Beschreibung möglicher Stationen. Branch-and-Bound Algorithmen eignen sich zur Lösungsfindung. Kriterien, die auf ungültige Planungsszenarien und Parametersätze hindeuten, werden entwickelt. Während sich das Modell dazu eignet, offline global-optimale Ablaufpläne zu ermitteln, wird zusätzlich eine online Planungsheuristik präsentiert. Für Störfälle liefert diese nach kurzen Rechenzeiten gültige Feinpläne. Die Forschungsfrage FLF3 wird beantwortet.

In Kapitel 8 erfolgt die Untersuchung der konzeptionellen und operationalen Validität von Architektur und Optimierung einzeln und im Verbund. Die Architektur wird an den anfangs formulierten Anforderungen und Betriebsfällen gespiegelt. Die Laufzeitkomplexität des Optimierungsmodells wird untersucht. Die Validierung im Verbund erfolgt für einen Usecase der Industriepumpenmontage im Sinne der Beratung der Praxis. Ferner erfolgt die Beantwortung der übergeordneten Forschungsfrage.

In Kapitel 9 erfolgt eine Zusammenfassung. Der weitere Forschungsbedarf wird in Form eines Ausblicks dargelegt.

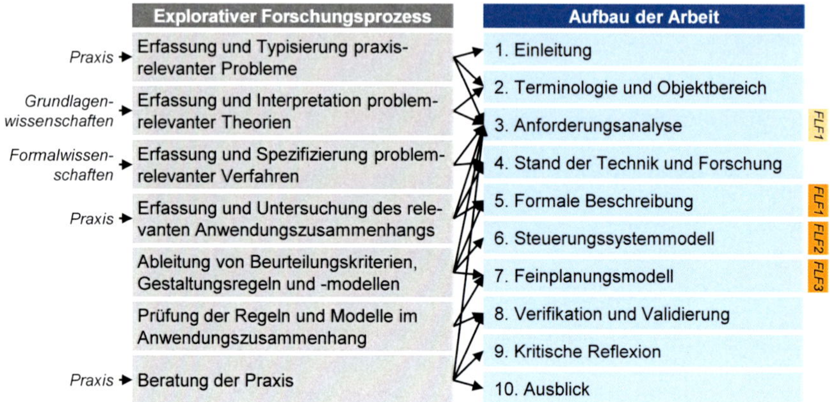

Abbildung 1.6: Forschungsprozess nach ULRICH[35] und Aufbau der Arbeit

[35] ULRICH, 1976, S. 305

2 Terminologie und Objektbereich – Flexibilität und Montageorganisation

Dieses Kapitel dient der Klärung der Terminologie, der Spezifikation des Objektbereiches sowie der Identifikation des Forschungsbedarfs. Begriffe der Produktion und Montage sowie deren Flexibilität werden erläutert (Abschnitt 2.1). Es erfolgt die Definition des Betrachtungsgegenstands – das linienlose mobile Montagesystem (LMAS) (Abschnitt 2.2). Unter Berücksichtigung der Flexibilitätsbegriffe erfolgt der Vergleich zu etablierten Paradigmen der Montageorganisation. Auf dieser Basis wird der Handlungsbedarf abgeleitet. Das Kapitel schließt mit einem Zwischenfazit (Abschnitt 2.3).

2.1 Begriffe der Produktion, Fertigung und Montage

2.1.1 Produktionssysteme, Produktionsplanung und Steuerung

Die Produktion wird von WESTKÄMPER UND SCHLOSKE als sozio-technisches System definiert, in dem Prozesse der zielgerichteten Kombination von Produktionsfaktoren (Input) und deren Transformation in Produkte (Erzeugnisse, Output) vollzogen werden. Der Transformationsprozess ist wertschöpfend und monetär motiviert.[36] Der Begriff Produktionssystem ist dabei doppelt belegt und beschreibt einerseits die Gesamtheit von Strategien und Methoden, die zu Managementsystemen zusammengefasst werden[37]. Andererseits ist „Produktionssystem" ein Systembegriff für die Funktion von Fabriken oder Fertigungssegmenten, die produzieren[38]. Das System weist gegenüber seiner Umwelt eine Bilanzhülle auf[39] und besteht selbst aus Subsystemen niedrigerer Abstraktionsstufen[40]. Es wirken interne und externe Einflüsse. Das System und seine Subsysteme stehen durch Stoff-, Energie- und Informationsflüsse sowie durch Personen- und Maschinenbewegungen in Beziehung [41].

Die Produktionsplanung und -steuerung (PPS) dient der Optimierung und Orchestrierung des Systembetriebs[42]. Gegenständliche Dimensionen Zeit, Qualität, Kosten und Flexibilität haben dichotomen Charakter[43]. Produktionsprogramme, Mengen und Bestände, Kapazitäten, Termine, Rei-

36 WESTKÄMPER und SCHLOSKE, 2018, S. 128; GÜNTHER und TEMPELMEIER, 2005, S. 10
37 bspw. MONDEN, 1994; CORRÊA, 2001; BULLINGER, SPATH u. a., 2009, S. 569ff
38 DYCKHOFF, 1992, vgl. S. 11
39 DYCKHOFF, 1992, vgl. S. 59
40 WARNECKE, 1995, vgl. S. 18f
41 vgl. DYCKHOFF, 1992, S.19; ZÄPFEL, 1982, S. 7ff
42 SCHUH, 2007, S. 11
43 WESTKÄMPER und ZAHN, 2009, S. 48; BEACH u. a., 2000, S. 42

henfolgen und Aufträge unter Berücksichtigung von Schnittstellen und Betriebsdaten sind u.a. Gegenstand der PPS[44]. Die betriebliche Planung erfolgt idealerweise durch ein Totalmodell; denn die Zerlegung in Partialmodelle vernachlässigt Interdependenzen zwischen Teilbereichen.[45] Werden verschiedene Aufgaben und Funktionen zu Partialmodellen zusammengefasst und softwareseitig implementiert, werden diese als PPS-Systeme bezeichnet. Die Zerlegung erfolgt sachlogisch und nach zeitlichen Gesichtspunkten (Planungs- und Realisierungszeiträume). Ferner sind sie auf unterschiedlichen Ebenen eines Unternehmens relevant[46]:

- Strategische Aktivitäten – langfristige Zeiträume und hohes Risiko
- Taktische Aktivitäten – mittlere Zeiträume und mittleres Risiko
- Operative Aktivitäten – kurzfristige Zeiträume und geringes Risiko

Maßnahmen der Flexibilisierung und Integration dienen dazu, Ebenen und Aktivitäten enger miteinander zu verknüpfen, d.h. eine direkte Informationsdurchgängigkeit zur Verringerung der Reaktionszeiten zu erreichen. Idealerweise gestattet das Organisationsparadigma LMAS, strategisch motivierte Anpassungen kurzfristig auf operativer Ebene umzusetzen.

2.1.2 Automatisierungspyramide und Anwendungssysteme

Unternehmerische Funktionsebenen und Anwendungssysteme der PPS werden in der Automatisierungspyramide systematisiert. Allerdings gibt es keinen Konsens über die Anzahl der Funktionsebenen[47] und der konkreten Ausprägung der unterstützenden Softwaresysteme, die branchen- und unternehmensspezifisch sind. So verweist KLETTI auf die VDI5600, die die Unternehmensleitebene von der Fertigungsleitebene und den Automatisierungssystemen der Fertigungsebene unterscheidet[48]. Hingegen unterscheidet der Standard ISA95, auf deren Basis die IEC62264 abgeleitet wurde, fünf Ebenen. Der Ansatz basiert auf WILLIAM'S Purdue Reference Model (PRM)[49]. Die VDI/VDE Gesellschaft Mess- und Automatisierungstechnik (GMA) unterscheidet sechs Ebenen von der Unternehmensebene bis zur Prozessebene[50]. Abbildung 2.1 zeigt die unterschiedlichen Interpretationen und enthält einen Auszug von Standardisierungsansätzen, die bei mehrschichtiger Unternehmenssteuerung von Bedeutung sind.

Die Auflösung der Pyramide wird aufgrund zunehmender „Service-isierung“ der Industrie 4.0 pos-

44 vgl. SCHUH und STICH, 2012, S. 38ff; WÖHE, DÖRING und BRÖSEL, 2016, S. 347ff; DANGELMAIER, 2009, S. 19ff; WIENDAHL und WIENDAHL, 2019, S. 279ff; KELLNER, LIENLAND und LUKESCH, 2018, S. 132ff

45 WÖHE, DÖRING und BRÖSEL, 2016, vgl. S. 345

46 GÜNTHER und TEMPELMEIER, 2005, vgl. S. 26f

47 vgl. HOPPE, 2014, S. 331

48 siehe KLETTI, 2015, S. 27ff; VEREIN DEUTSCHER INGENIEURE, 2016, S. 8

49 vgl. LOUIS, 2009, S. 12

50 vgl. SIEPMANN, 2016, S. 49

tuliert[51]: Trends der Modularisierung von Service-orientierten Architekturen (engl. Service-oriented-Architecture (SoA)) (bspw. ABB MOM)[52] werden verfolgt, Anwendungsysteme dezentral deployt und die Aufgaben horizontal sowie vertikal integriert[53]. Die vorhandenen Funktionsebenen der Automatisierungspyramide werden jedoch nicht obsolet, denn die Aufgaben der Planung, Steuerung und Orchestrierung von Prozessen bleiben erhalten[54]. Nachfolgend wird sich auf die Betriebsleitebene beschränkt.

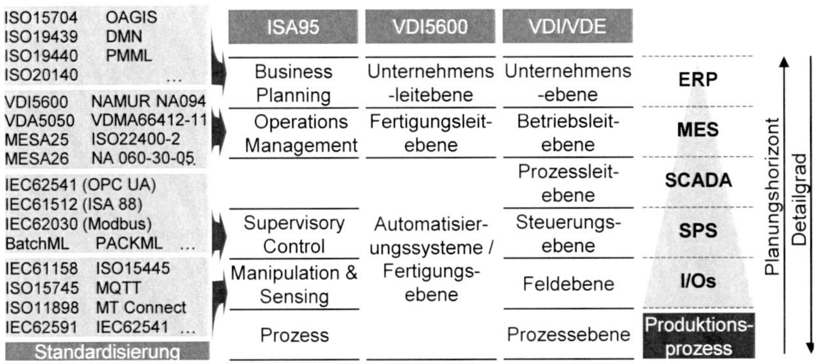

Abbildung 2.1: Automatisierungspyramide in Anlehnung an Lu et al.[55]

Manufacturing Execution System (MES): MES-Systeme sind Anwendungssysteme, d.h. sie stellen eine Kombination aus Softwaresystem (Anwendungs- und Basissoftware) und Hardwaresystem (Rechner und technische Einrichtungen) dar[56]. Sie dienen als Bindeglied zwischen Enterprise-Resource-Planning (ERP)-Systemen und dem Shopfloor (siehe Abbildung 2.2). Ziel ist die Steuerung und Kontrolle der Produktion sowie die Bereitstellung und Verwendung von Echtzeitdaten bei der Einbindung von Automatisierungssystemen[57]. Zum Funktionsumfang gehören u.a. das Management von Daten sowie Entscheidungs-, Dokumentations- und Auswertefunktionen. Die VDI5600 spezifiziert die wesentlichen Prozesse und zugehörigen Aufgaben. Der durch MES betrachtete und beeinflusste Zeitraum liegt im Bereich von Sekunden bis zu einer Schicht (operative Perspektive)[58].

[51] vgl. Bettenhausen und Kowalewski, 2013, S. 4 und Verein Deutscher Ingenieure, 2020a, S. 3
[52] *ABB Ability™ Manufacturing Operations Management: Process and Production Intelligence* 2020, vgl. S. 8
[53] Hoppe, 2017, S. 121ff
[54] Kleinemeier, 2014, S. 574
[55] Lu, Morris und Frechette, 2016, S. 19; Verein Deutscher Ingenieure, 2016;The Instrumentation, Systems and Automation Society, 2013; Bettenhausen und Kowalewski, 2013
[56] Louis, 2009, S. 17f
[57] Kletti, 2015, S. 23
[58] siehe Verein Deutscher Ingenieure, 2016, S.12

Abbildung 2.2: Manufacturing Execution Systems (MES) — Prozesse und Aufgaben[59]

Eine essentielle Aufgabe ist die Feinplanung und Steuerung. Alle weiteren MES-Aufgaben wechselwirken mit ihr, denn sie sind entweder Voraussetzung, wirken unterstützend oder nutzen Ergebnisse dieser[60]. Sie dient im Allgemeinen der Abarbeitung des Arbeitsvorrats des Auftragsmanagements und beinhaltet eine planende und eine steuernde Komponente: Einerseits ist eine vorausschauende Betrachtung nötig, um den Produktionsablauf (Belegungsplan) zu definieren. Anderseits muss auf unerwartete Ereignisse reagiert werden, um den geplanten Ablauf im Sinne eines geschlossenen Regelkreises zu realisieren.[61] Hieraus ergibt sich der Bedarf an Produktionsdaten in Echtzeit. Gleichzeitig wird dieser gegenwärtig und in Zukunft durch neuartige Informations- und Kommunikationstechnologien befähigt (bspw. Big Data, Cloud, Services, Embedded Systems und Plattformen), sodass flexible und autonome MES Strukturen geschaffen werden können.[62] Für den operativen Betrieb des LMAS ist folglich die Erarbeitung von Modellen, die diese Aufgabe realisieren, prioritär und motiviert die zugrunde gelegten Fragestellungen dieser Arbeit.

2.1.3 Flexibilität

Die Zielgröße Flexibilität bedarf ebenfalls einer Betrachtung, denn die Wahl eines Montageorganisationsparadigmas definiert den Flexibilitätskorridor aller Aktivitäten. Ferner wird auf Basis des nachfolgend dargelegten Begriffssystems die linienlose mobile Montage von alternativen Ansätzen in Abschnitt 2.2.4 abgegrenzt. Die Fähigkeit zur Rekonfiguration ist Teil des Formalismus in Abschnitt 5.2.

Es existiert eine Vielzahl an Flexibilitätsdefinitionen[63], welche sich erheblich unterscheiden[64]. Folglich wird von einer Polymorphie gesprochen[65]. Bspw. analysierten TERKAJ UND TOLIO 109[66] und

[59] VEREIN DEUTSCHER INGENIEURE, 2016, S. 8, 17
[60] vgl. VEREIN DEUTSCHER INGENIEURE, 2016, S. 16ff
[61] VEREIN DEUTSCHER INGENIEURE, 2016, S. 27
[62] vgl. VEREIN DEUTSCHER INGENIEURE, 2020a, S. 3f
[63] ZANKER und REISEN, 2016, S. 20
[64] KÖTTER, SCHWARZ-KOCHER und ZANKER, 2016, S. 15
[65] VOIGT und SCHORR, 2007, S. 46f
[66] siehe TERKAJ, TOLIO und VALENTE, 2009a, S. 47; TERKAJ, TOLIO und VALENTE, 2009b, S. 55

TONI UND DE TONCHIA 120[67] Flexibilitätsbegriffe. SETHI UND SETHI diskutierten über 50 Definitionen[68]. Dabei steht die Bedeutung für Produktion und Montage stets außer Frage[69], denn Flexibilität gilt als wesentliches Differenzierungsmerkmal[70]. WIENDAHL führte ein Begriffsystem ein, das im deutschsprachigen Raum Anwendung findet[71]. Unterschieden werden Agilität, Wandlungsfähigkeit, Flexibilität, Rekonfigurierbarkeit und Adaptivität (auch Umrüstbarkeit) unter dem Oberbegriff Veränderungsfähigkeit (engl. Changebility[72]). Diese werden bezüglich der Dimensionen *Marktleistungsebene (Produkt)* und *Produktionsleistungsebene (Produktion)* eingeordnet[73] (siehe Abbildung 2.3). *Flexibilität* selbst ist dann ein Unterbegriff und beschreibt die Fähigkeit eines Systems, es im Rahmen eines prinzipiell vorgedachten Umfangs von Merkmalen sowie deren Ausprägungen an veränderte Gegebenheiten reversibel anzupassen.[74]

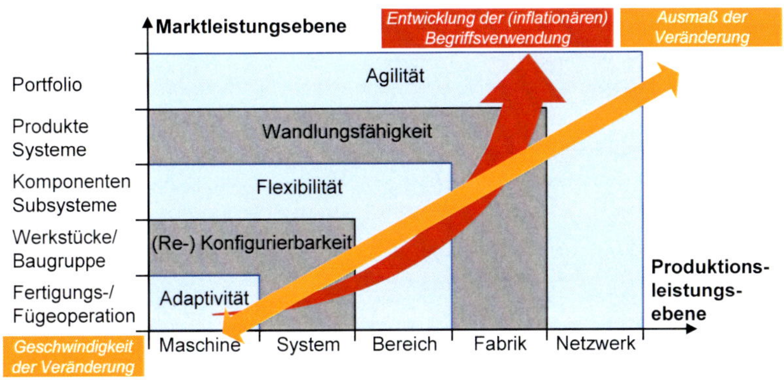

Abbildung 2.3: Flexiblitätsbegriffe in Anlehnung an WIENDAHL[75]

Agilität: Agilität beschreibt die Fähigkeit und Befähigung[76] von Unternehmen und Netzwerken, strategisch auf sich ändernde, unvorhersehbare interne und externe Umstände sowohl reaktiv als auch proaktiv zu reagieren[77]. Für Produktionssysteme bedeutet Agilität die Befähigung zur schnellen Anpassung an den Markt[78] unter Berücksichtigung individueller Kundenbedürfnisse[79].

67 siehe TONI und TONCHIA, 1998, S. 1587ff
68 vgl. SETHI und SETHI, 1990, S. 289
69 LORENZER, 2011, S. 7
70 THOMAS, MUNDT und FRIEDLI, 2013, S. 47
71 siehe bspw. LORENZER, 2011, S. 6f; WIENDAHL, 2002; WIENDAHL, REICHARDT und NYHUIS, 2010
72 ELMARAGHY und WIENDAHL, 2009, S. 12f
73 ZANKER und REISEN, 2016, S. 19
74 WIENDAHL, 2002, S. 124
75 WIENDAHL, REICHARDT und NYHUIS, 2010, S. 126
76 siehe YUSUF, SARHADI und GUNASEKARAN, 1999, S. 35ff; TSOURVELOUDIS und VALAVANIS, 2002, S. 332f
77 BROWN und AGNEW, 1982, S. 29; GANGULY, NILCHIANI und FARR, 2009, S. 411
78 ZHANG und SHARIFI, 2000, S. 507f; ZHANG, 2011, S. 304ff
79 YUSUF, SARHADI und GUNASEKARAN, 1999, S. 36; GOLDMAN u. a., 1996, S. 5, S. 96ff; SHEREHIY, KARWOWSKI und LAYER, 2007, S. 458

Diese umfasst das Erschließen neuer Märkte und den Aufbau neuer Leistungen.[80]

Wandlungsfähigkeit: Wandlungsfähigkeit beschreibt die Fähigkeit und Befähigung der rahmengebenden (organisationalen) Unternehmens- und Systemstruktur, den Fokus des Systemzwecks infolge strategischer Positionierungen aufwandsarm zu verschieben[81]. Ausgehend von internen oder externen Auslösern bedeutet Wandel aktiv eine strukturelle Veränderung durchzuführen[82]. Dies betrifft Fabrikstrukturen, um sich auf eine andere Produktfamilie reaktiv oder proaktiv umzustellen und/ oder die Produktionskapazität zu verändern. Eingriffe betreffen auch Produktions- und Logistiksysteme, Gebäude, deren Einrichtungen, sowie die Aufbau- und Ablauforganisation. Die Umstellung erfordert einen längeren Planungsvorlauf, ist aber in verhältnismäßig kurzer Zeit (taktisch) durchführbar.[83] Ergebnis des Wandels ist eine längerfristig fixierte Abgrenzung der Systemstruktur von der Umwelt[84].

(Re-)Konfigurationsfähigkeit: Die Konfigurationsfähigkeit beschreibt die Fähigkeit zu einer logischen, räumlichen, örtlichen, zeitlichen Anpassung von Systemelementen innerhalb einer rahmengebenden Struktur. Angepasst werden u.a. Funktionalität, Elementstruktur, Technologie und Kapazität[85]. Infolge einer Konfiguration wird die Anordnung der Elemente zur taktischen Zielerreichung fixiert. Nicht nur der aktuell optimale Betriebspunkt ist von Bedeutung, sondern, um den Aufwand der Konfiguration zu rechtfertigen, auch die in naher Zukunft zu erwartenden Produktionsszenarien[86]. Während der Veränderung findet keine Wertschöpfung durch die betroffenen Systemelemente statt; andere Elemente und die übergeordnete Struktur sind betriebsbereit. Die Rekonfigurationsfähigkeit impliziert offene Hard- und Softwareschnittstellen, die ein Mindestmaß an Modularisierung und Standardisierung aufweisen, sodass Systemelemente verändert, substituiert, eliminiert oder hinzugefügt werden können[87].

Adaptivität: Adaptivität ist die Fähigkeit der aufwandsarmen, mühelosen (kurzfristigen) Anpassung[88] gegenüber auftretenden Gegebenheiten bzw. zu erwartenden Gegebenheiten eines Systems im Rahmen des operativen Betriebs online und in Echtzeit[89] zu reagieren. Die Adaption ist eine (autonome) Verhaltensänderung einer Station bzw. Ressource[90] als Teil der Zielerreichung[91]. Die Verhaltensänderung dient der Erreichung von Gleichgewichtszuständen[92] und kann sich reak-

[80] vgl. WIENDAHL, 2002, S. 127
[81] ZAEH, MOELLER und VOGL, 2005, S. 4
[82] WESTKÄMPER, ZAHN u. a., 2000, S. 23ff
[83] WIENDAHL, 2002, vgl. S. 127
[84] NYHUIS u. a., 2008, vgl. S. 87f
[85] WIENDAHL, REICHARDT und NYHUIS, 2010, S. 118ff; WIENDAHL, REICHARDT und NYHUIS, 2010, S. 10
[86] vgl. LORENZER, 2011, S. 11
[87] vgl. KOREN, HEISEL u. a., 1999, S. 529
[88] DUDENREDAKTION, 2019, S. 114
[89] WANG, GIVEHCHI u. a., 2012, vgl. 173
[90] bspw. FLORIAN KARL, 2014, vgl. S. 7f
[91] vgl. ATMOJO, SALCIC und WANG, 2018, S. 2353f
[92] vgl. GÜNTHNER, 2007, S. 47; WYCISK, 2009, S. 83, 90

tiv durch ein Nachführen der Prozessparameter bemerkbar machen[93]. Erfolgt die Veränderung im Zusammenhang einer Prädiktion oder Präskription[94], dann gilt sie als proaktiv.

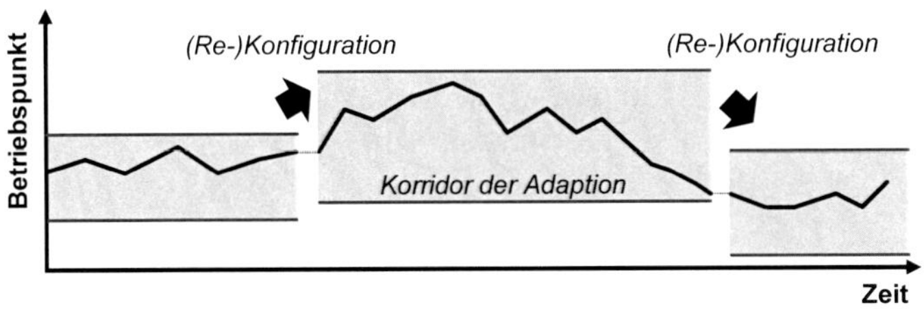

Abbildung 2.4: Unterscheidung von Rekonfiguration und Adaption in Anlehnung an ZÄH ET AL.[95]

2.2 Linienlose mobile Montagesysteme

Nachfolgend wird das LMAS Paradigma, das den primären Untersuchungsgegenstand darstellt, erläutert. Der Handlungsbedarf wird konkretisiert.

2.2.1 Merkmale

Ziel des LMAS ist die Realisierung der marktsynchronen Montage durch die bedarfsgerechte zeitlich-räumlich temporäre Konfiguration der Fabrik, ihrer Stationen sowie Mehrzweckressourcen und folglich ihrer Abläufe und Prozesse. Abbildung 2.5 skizziert den Ansatz, der ursprünglich unter dem Begriff *Free Float Flawless Assembly (F3A)* eingeführt wurde[96].

LMAS dienen der Ausbringung von Produkten in hoher Varianz, wobei notwendige Prozesse ortsunabhängig automatisierbar und durch den temporären Zusammenschluss von mobilen Mehrzweckressourcen realisierbar sind (eingeschränkte Produktkomplexität). Das Produktionsszenario berücksichtigt die Losgröße 1; hohe Montagezeitspreizungen zwischen den herzustellenden Produkten liegen vor. Eine Skalierung kann durch Hinzufügen einzelner Ressourcen erfolgen, sodass das Inkrement im Unterschied zur klassischen Linie gering ausfällt. Der Einsatz von LMAS und von Automation im Allgemeinen wird mit steigenden Lohnkosten rentabler. Ziel ist auch, die Nutzungsdauer des Systems im Verhältnis zur Entwicklungsdauer im Sinne der Nachhaltigkeit gegenüber klassischen Systemen zu verlängern; hinreichende Lebensdauer der Ressourcen vorausgesetzt.

---

[93] vgl. SETHI und SETHI, 1990, S. 295

[94] vgl. KATERINA LEPENIOTI u. a., 2020, S. 57f

[95] ZAEH, MOELLER und VOGL, 2005, S. 5, vgl. WIENDAHL, REICHARDT und NYHUIS, 2015, S. 97

[96] SCHMITT u. a., 2017, vgl. S. 362ff

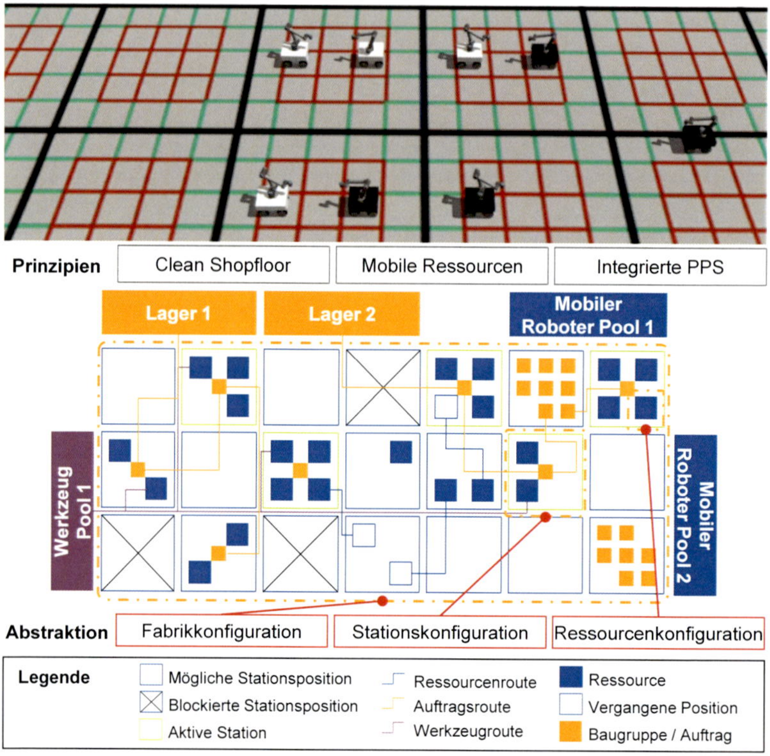

Abbildung 2.5: Die linienlose mobile Montage – Skizze

2.2.2 Prinzipien

Die linienlose mobile Montage basiert auf drei fundamentalen Prinzipien:

Bereitstellung einer hindernisfreien Produktionsfläche (engl. Clean Floar Approach): Durch die Fabrikplanung eine hinreichend große zusammenhängende Produktionsstätte mit so wenig physischen Hindernissen und Fixpunkten (z.B. Stützpfeiler, feste Maschinen, Lagerinfrastruktur) wie möglich bereitzustellen. Andernfalls würden die Fähigkeit zur Rekonfiguration und die Bewegung der mobilen Produktionsmittel kompromittiert werden. Die Produktionsfläche wird daher als großer Bereitstellungsbereich betrachtet, in dem Produktionsprozesse zu jeder Zeit und an jedem Ort ausgeführt werden können.[97] Dabei bleibt Aufgabe der Fabrikplanung das Softlayout

[97] HÜTTEMANN, BUCKHORST und SCHMITT, 2019, S. 725f

zu konkretisieren. D.h. die Nutzungsarten der Flächenbereiche in der Produktionsstätte sind zu spezifizieren, die Produktivflächen, Logistik- bzw. Pufferflächen, Sekundärflächen für das Laden und Konfigurieren der Mehrzweckressourcen, Lagerstätten für Werkzeuge und Ressourcen, d.h. Quellen und Senken für den Zugang zu den Produktivflächen bzw. den Abtransport fertiggestellter Aufträge umfassen.[98]

Insgesamt ist zu erwarten, dass Flächenbedarfe aufgrund eines erhöhten Aufkommens an Transportbewegungen (Aufträge, Teile, mobile Mehrzweckressourcen) höher sind als bei starr verketteten Systemen. Folglich resultiert eine niedrigere Flächenproduktivität.

In der Praxis wird das Verfügbarmachen von hindernisfreien Produktionsflächen auch als *Clean Floor Approach* bezeichnet, der bei der Endmontage von Flugzeugen zum Einsatz kommt[99].

Verwendung von mobilen, universellen Produktionsmitteln: Die Bereitsteilung der Freifläche des LMAS ist Voraussetzung für die Verwendung von überwiegend mobilen bzw. mobilisierten Produktionsfaktoren; zu den Produktionsfaktoren zählen Betriebsmittel und Betriebsstoffe. Produktionsmittel stehen über einen längeren Zeitraum hinweg für die betriebliche Leistungserstellung zur Verfügung (Gebrauchsfaktoren), während Betriebsstoffe substantiell und nicht substanziell in die zu erstellenden Produkte eingehen (Verbrauchsfaktoren)[100]. Die mobilen Mehrzweckressourcen arbeiten im LMAS entweder autark oder konstituieren gemeinsam mit weiteren Ressourcen im Verbund temporäre Montagestationen. Eine Koordination im Verbund ist erforderlich.

Mobile Produktionsmittel sind als aktiv zu charakterisieren, während mobilisierte Mittel von passiver Natur sind und Transportoperationen der aktiven Entitäten erfordern. Zu den aktiven Mehrzweckressourcen zählen autonome mobile Roboter (AMRs) und autonome mobile Manipulatoren (AMMs). AMRs[101] dienen ausschließlich der Durchführung von Transportoperationen (Teile, Produkte, passive Mittel). Sie verfügen über erweiterte Navigationsmöglichkeiten in unstrukturierten Umgebungen im Unterschied zu fahrerlosen Transportsystemen (engl. Automated Guided Vehicles, AGVs)[102]. AMMs kombinieren die Ortsflexibilität der AMRs mit den universellen Fähigkeiten von seriellen, ggfs. kollaborativen 6- bzw. 7-Achs-Kinematiken (Knickarmroboter bzw. Cobots).

Offenkundig zählen alle weiteren flurgebundenen Aktuatoren, flurgebundene und nicht-flurgebundene Unstetigförderer, Werkzeuge und Werkzeugwechsler sowie Messgeräte und Vorrichtungen zu den potentiellen Gebrauchsfaktoren, sofern sie aktiv mobil sind oder passiv mobilisiert werden können. Ihre Verwendung im Montagekontext erfordert die ressourcenindividuelle Versorgung mit Medien, Energie und Informationen.

---

98 HÜTTEMANN, BUCKHORST und SCHMITT, 2019, S. 725

99 siehe SPAETH, 2018; AIRBUS MEDIA RELATIONS, 2018; vgl. DROUOT u. a., 2018

100 WÖHE, DÖRING und BRÖSEL, 2016, S. 306

101 UNGER, MARKERT und MÜLLER, 2018, S. 255f, ČECH u. a., 2020, S.102f

102 VEREIN DEUTSCHER INGENIEURE, 2005, S. 4ff, 7

Ferner kann der Mensch als eine Spezialisierung einer Montageressource betrachtet werden, die vielfältige Fähigkeiten besitzt und unterschiedlichste Prozesse eigenverantwortlich ausführen kann[103]. Die notwendige Ortsflexiblität ist gegeben. Charakteristisch ist, dass Ausführungszeiten von Wiederholung zu Wiederholung und von Person zu Person Schwankungen unterworfen sind[104]. Solche wirken sich auf die Planungskomplexität aus. Auch ist der Mensch im Zusammenhang der Steuerung angemessen an postulierte Informationssysteme (bspw. durch Wearables) und notwendige Werkerassistenzsysteme anzubinden. Der Aspekt der Arbeitssicherheit ist zu betrachten. Nachfolgende Ausführungen gehen aus Determinismus-Gründen stets von einem menschenleeren LMAS aus.

Insgesamt wird ein hoher technologischer Reifegrad von automatisierten und Referenzsystemen gefordert, die idealerweise in geeigneten DevOps-Pipelines[105] eingegliedert sind, sodass aktuelle Softwarebausteine während des Fabrikbetriebs aktualisiert werden können. Dieser Reifegrad geht mit hohen Investitionskosten je Produktionsmittel im Vergleich zu starren Automationslösungen einher. Allerdings ermöglicht das LMAS die inkrementweise Skalierung der Ausbringungsmengen und der Fähigkeiten des gesamten Produktionssystems durch das Hinzufügen einzelner Mehrzweckressourcen. Nach initialer Inbetriebnahme eines LMAS wird keine disruptive Veränderung der Infrastruktur im Sinne des Wandels (siehe Abschnitt 2.1.3) mehr erforderlich, zumindest so lange, bis maximale Ausbringungsmengen durch die verfügbare Fläche beschränkt werden.

Realisierung von dynamischen Abläufen: Die Ausschöpfung der Mobilität der Produktionsmittel erlaubt aufwandsgerecht zu entscheiden, ob die Menge der Teile eines Produktes bzw. ein Montageauftrag zu einer Montagestation transportiert werden soll, oder, ob die Mehrzweckressourcen zum Produkt bewegt werden, um dort eine temporäre Bearbeitungsstation zu konstituieren (*Stations on Demand*). Dies ist dann sinnvoll, wenn der kumulierte Aufwand der Bewegung des Produktes bzw. seiner Teile höher ist als der Aufwand der Bewegung der Ressourcen. Der Hybrid aus beiden Extremen bzgl. Ressourcen- und Auftragsrouten stellt für ein Montageszenario (Auftragslage) auf Ebene der Fabrik den optimalen Betriebspunkt dar. Dieser ist kontinuierlich durch die Feinplanung zu ermitteln und seine Umsetzung durch die Steuerung, auch gegenüber Störungen, resilient sicherzustellen. Optimale Betriebspunkte sind dabei transienter Natur und hängen von den Zuständen der heterogenen Betriebsmittel ab. Dementsprechend existiert weder auf Stations- noch Fabrikebene ein gemeinsamer Takt; die Produktionsaufträge weisen individuelle Durchlaufzeiten auf.

Aus feinplanerischer Perspektive ergeben sich nachfolgende Fragestellungen, die kontinuierlich

[103] Hüttemann, Buckhorst und Schmitt, 2019, S. 728
[104] Schlick, Bruder und Luczak, 2018a, S. 60ff
[105] DevOps ist ein Begriff der Softwareentwicklung und bezeichnet die Auflösung von isolierter Entwicklung und Betrieb. Werkzeuge des sog. Continuous Integration/ Contiuous Deployment, die neue Softwarestände automatisiert verifizieren und an angebundene Entitäten verteilen, sind wesentlicher Bestandteil.

und algorithmisch zu beantworten sind:[106]

- Welche Stationen sollen vorübergehend eingerichtet werden?
- Wo auf dem Shopfloor sollen diese Stationen vorübergehend aufgestellt werden?
- Welche Ressourcen müssen an den intendierten Standorten der Stationen bereitgestellt werden, damit diese gerüstet werden können?
- Welche Montagevorgänge welcher eingehenden Aufträge sollen welcher Station zugeordnet werden?
- In welcher Reihenfolge bzw. zu welchem Zeitpunkt sollen die Montagevorgänge an den temporär konstituierten Stationen ausgeführt werden?

Aus steuerungstechnischer Perspektive, sind folgende Fragen zu beantworten:

- Existiert eine Differenz zwischen geplanter Soll- und gegenwärtig realisierter Ist-Situation?
- Wie ist auf (unvorhergesehene) Ereignisse zu reagieren, um Abweichungen zu kompensieren?
- Welche Maßnahmen kommen grundsätzlich in Frage, welche bedürfen menschlicher Eingriffe, welche sind autonom umsetzbar?
- Können einflussnehmende Ereignisse prädiziert werden, um präskriptiv zu handeln?
- Welche Ressourcen und Entitäten sind bei korrektiven Maßnahmen temporär hinzuzuziehen?

Ein erforderliches Entscheidungsmodell zur Beantwortung dieser Fragestellungen für LMAS ist bislang nicht verfügbar, wird allerdings im weiteren Verlauf dieser Arbeit entwickelt. Die zu erwartende Komplexität schließt pragmatische und verbreitete Exceltools der Arbeitsvorbereitung aus.

2.2.3 (Re-)Konfigurationsfähigkeit

In LMAS spielen die unterschiedlichen Flexibilitätsarten gemäß der in Abschnitt 2.1.3 durchgeführten Begriffsklärung eine Rolle. LMAS weisen die Möglichkeit zur Re-Konfiguration von Systemelementen innerhalb rahmengebender Strukturen auf. Während des Rekonfigurierens stehen die betroffenen Entitäten innerhalb der übergeordneten Strukturen nicht zur Durchführung von (wertschöpfenden) Prozessen zur Verfügung. Es werden die Ebenen Fabrik, Stationen und Ressourcen unterschieden (siehe Abbildung 2.5):[107]

[106] Buckhorst, do Canto und Schmitt, 2022, S. 204ff

[107] Buckhorst, Hüttemann u. a., 2019, S. 229ff; Buckhorst und Schmitt, 2020, S. 1122ff; Buckhorst, Montavon u. a., 2021, S. 449ff; Hüttemann, 2021, S. 84ff; Buckhorst, Grahn und Schmitt, 2022, S. 2ff; Buckhorst, do Canto und Schmitt, 2022, S. 204ff; Buckhorst, Canto u. a., 2022, S. 1450ff

Die Fabrikkonfiguration umfasst auf oberster Abstraktionsebene die temporären Aufstellungsorte der Bearbeitungsstationen und deren geplante Routen. Dabei sind die Mengen der Hindernisse und stationären Ressourcen sowie deren Möglichkeiten zur Versorgung mit Betriebsstoffen zu berücksichtigen. Eine Fabrikkonfiguration weist einen Fähigkeitsvektor bzgl. der möglichen Produkte in ihren maximalen Ausbringungsmengen und erwarteten Durchlaufzeiten auf.

Die Stationskonfiguration beschreibt die temporäre Aggregation spezifischer Ressourcen auf der darunter liegenden Abstraktionsebene. Eine Stationskonfiguration befähigt zur Durchführung einer Menge (technologischer) zeitbehafteter Montageoperationen (Fähigkeitsvektor). Die Durchführung der Operationen kann technologisch entweder auf einzelne Ressourcen oder auf gesamte Stationen zurückgeführt werden. Innerhalb einer Station nehmen die Ressourcen relative Positionen im Ordnungsraster ein. Der freie Arbeitsraum ist ebenfalls Teil dieser Anordnung. Auf die konkrete Ausgestaltung von Stationen und ihren Arbeitsräumen (Stationsblaupausen) wird in Abschnitt 5.4.3 eingegangen.

Die Ressourcenkonfiguration beschreibt den temporären Rüstzustand eines Gebrauchsfaktors, sodass die Ressource spezifische Fähigkeiten aufweist oder sie in Kooperation mit anderen Einheiten emergente Fähigkeiten aufweisen kann.Die Art der Konfiguration unterscheidet sich in Abhängigkeit des Typs der betreffenden Ressource. So kann bspw. ein Werkzeugwechsler für die Ablage bestimmter Werkzeuge konfiguriert sein, während an einen Industrieroboter ein bestimmter Flansch montiert wird, um diese Werkzeuge aufzunehmen.

Damit technologische Montageprozesse durch verschiedene Stationen und Aufträge durch auftragsindividuelle Verkettungen von Stationen realisiert werden können, wird gefordert, dass gleiche (Montage-)Ergebnisse auf unterschiedliche Art und Weise hergestellt werden können. Andernfalls degeneriert die Planungsaufgabe und ein LMAS ist nicht sinnvoll. Ein Feinplan beschreibt einen solchen Ablauf über die Ebenen der Fabrik-, Stations- und Ressourcen-Konfiguration hinweg und umfasst eine mögliche Verkettung von Operationen, um gewünschte (Teil-)Produkte herzustellen. Aufgrund des Mehrzweckcharakters der Einheiten ist für einen alternativen Ablauf nicht zwangsläufig eine Rekonfiguration auf Fabrik-, Stations- oder Ressourcenebene erforderlich. Indes unterscheidet sich die gewählte Verschaltung.

Über die Ebenen hinweg wird ein Mindestmaß an Redundanz, d.h. mehrfaches Vorhandensein der Entitäten und von Fähigkeiten vorausgesetzt[108] einerseits, um im Störfall eine Kompensation zu ermöglichen und andererseits, um einen Flexibilitätskorridor zu schaffen, in dem Betriebspunkte eingestellt werden können.

Auf der Ebene der Stationen und Ressourcen wird zudem ein Mindestmaß an Adaptivität voraus-

[108] Buckhorst und Schmitt, 2020, S. 1124; Buckhorst, Montavon u. a., 2021, S. 449; Buckhorst, Grahn und Schmitt, 2022, S. 1124; Hüttemann, 2021, S. 94, 145; Kluge-Wilkes und Schmitt, 2022, S. 5

gesetzt, das bei der Entwicklung von Stationsblaupausen[109] zu berücksichtigen ist (siehe Anhang C). Eine konfigurierte Station muss befähigt sein, die ihr möglichen Operationen im Rahmen geforderter Toleranzen autonom durchzuführen und Abweichungen durch Regelkreise zu kompensieren.[110]

2.2.4 Abgrenzung und Definition

Die Wahl eines Paradigmas zur Montageorganisation in der Systemplanungsphase hängt von den auf eine Unternehmung wirkenden Faktoren unter Berücksichtigung des Konflikts von Zeit, Qualität, Kosten und Flexibilität sowie den strategischen, unternehmerischen Zielen ab[111].

Dedizierte Montagesysteme (DAS) dienen der Herstellung spezifischer Produkte mit keiner bis geringer Varianz in hohen Ausbringungsmengen und in hoher Geschwindigkeit zu geringen Stückkosten. Starre Linien verknüpfen Stationen (räumliche und zeitliche Verkettung).[112]

Flexible Montagesysteme (FAS) verbinden flexible Stationen niedrigerer Abstraktion, die bpsw. aus Industrierobotern und ergänzender Ausrüstung bestehen. Sie sind durch automatisierte Handhabungssysteme verkettet. Ihr Verbund steht unter der Kontrolle eines Zentralrechners.[113]

Rekonfigurierbare Montagesysteme (RAS) erlauben Veränderungen der Struktur. Dies betrifft sowohl Hard- als auch Softwarekomponenten, sodass Produktionskapazitäten und -funktionalitäten innerhalb einer Produktfamilie. Sie basieren auf Industrierobotik, deren Ausrüstung verändert werden kann und u.U. bereits modular ausgelegt worden ist. Mehrzweckressourcen werden durch Transportsysteme miteinander verbunden.[114]

Linienlose Montagesysteme (LAS), die auch als Matrixsysteme bezeichnet werden, sind rekonfigurierbare Systeme, die individuelle Auftragsrouten ermöglichen und deren Stationen räumlich fixiert, aber deren Operationen zeitlich voneinander entkoppelt sind. Es existiert kein Takt; ein dynamisches Auftragsrouting sowie flexible Transportsysteme, die die freie Verkettung unterstützen, sind obligatorisch.[115]

---

109 Buckhorst, Canto u. a., 2022, S. 1450

110 Buckhorst, Montavon u. a., 2021, S. 451;Buckhorst, do Canto und Schmitt, 2022, S. 205; Buckhorst, Grahn und Schmitt, 2022, S. 8

111 Buckhorst, Montavon u. a., 2021, S. 449; Auerbach u. a., 2011, S. 752; vgl. Küber, 2017, S. 72ff; Jonas und Reinhart, 2000, S. 11ff

112 Lameche u. a., 2017, S. 3511f; Koren, 2010b, S. 155ff; Koren und Shpitalni, 2011, S. 130ff; ElMaraghy, 2005, S. 261ff; Gola und Świc, o. D., S. 228ff

113 Mehrabi, Ulsoy und Koren, 2000, S. 403ff; Mehrabi, Ulsoy, Koren und Heytler, 2002, S. 135ff; ElMaraghy, 2005, S. 261ff; Koren und Shpitalni, 2011, S. 130ff

114 Koren und Shpitalni, 2011, S. 130ff; Koren, Heisel u. a., 1999, S. 527ff; Koren, Hu und Weber, 1998, S. 369ff; Bejlegaard u. a., 2016, S. 32ff; Deif und ElMaraghy, 2007a, S. 128ff; Deif und ElMaraghy, 2007b, S. 557ff

115 Hüttemann, 2021, S. 21ff; Hüttemann, Göppert u. a., 2017, S. 263ff; Greschke, 2018, S. 86ff; Hofmann, 2021; Küpper u. a., 2018, S. 7ff

Tabelle 2.1: Vergleich der charakteristischen Merkmale der Paradimgen der Montagesystemorganisation

Merkmale	DAS	FAS	RAS	LAS	LMAS
Flexibilität	Flexibilität durch Umbau (Wandel)	Rekonfig. von Software, Hardware fix	Rekonfig. von Hard- & Software	Rekonfig. von Hard- & Software (Station, Ressource)	Rekonfig. von Hard- & Software (Fabrik, Station, Ressource)
Planungs-aufgabe	Takt, Eintaktung d. Aufträge	Scheduling, Auftragsrouting	Scheduling, Auftragsrouting	Scheduling, Auftragsrouting	Scheduling, Auftrags- & Ressourcen-routing
Skalier-barkeit	Große Inkremente Multiplikation d. Linien	Mittlere Inkremente Hinzufügen Stationen	Mittlere Inkremente Hinzufügen Stationen	Mittlere Inkremente Hinzufügen Stationen	Geringe Inkremente Hinzufügen Ressourcen
Produkt-fokus	Gebrauchsgüter Massenprodukte	Produkte mit Varianten	Produktfamilien mit Varianten	Variantenreiche Produkte	Kundenindividuelle Produkte
Anfangs-investition	Hoch	Hoch	Mittel	Mittel	Gering
Ausbring-ungsmenge	Hoch	Gering	Mittel	Mittel	Gering-Mittel
Stück-kosten	Gering	Mittel	Mittel bis hoch	Mittel bis hoch	Hoch
Vernetzung	Gering	Zentraler Leitrechner mit Stationsrechner	Zentraler Leitrechner mit Stationsrechner	Cyber-Physische Systeme	Cyber-Physische Systeme
Ressourcen	Starre Automation	Starre Automation	Mehrzweckstationen	Mehrzweckstationen	Mobile Mehrzweckressourcen
Transport	Starre Verkettung Produkttransport	Starre Verkettung Produkttransport	Starre Verkettung Produkttransport	Lose Verkettung Produkttransport	Lose Verkettung Produkt-& Ressourcen-Transport

Umfassende Definitionen zu diesen Stereotypen und ihren Varianten finden sich bei HÜTTEMANN[116]. Hervorzuheben ist, dass die Paradigmen der Montage u.U. an die der Produktion und Fertigung angelehnt sind. In der Montage werden, im Unterschied zur Fertigung, mehrere Teile, kürzere Prozesszeiten und eine höhere Varianz möglicher Prozessabfolgen erwartet[117]. Hier ist die Unterscheidung der Paradigmen bzgl. der Art der Flexibilitätskorridore und der Feinplanungsaufgaben im Zusammenhang der Betriebsphase hervorzuheben (siehe Tabelle 2.1):

Sobald sich das Nachfrageverhalten der Kunden am Markt verändert und bislang hergestellte Gebrauchsgüter nicht mehr die Kundenbedürfnisse befriedigen, sind Anpassungen des Montagesystems erforderlich. Für das DAS bedeutet das einen wesentlichen Eingriff (Wandel). Das FAS erlaubt zumindest im Rahmen eines vorgedachten Umfangs, die Software zu rekonfigurieren. Während dieser Rekonfiguration steht das Gesamtsystem nicht zur Verfügung. Sollte über diesen Umfang hinaus eine Änderung erforderlich sein, so wird ebenfalls ein struktureller Wandel nötig. Das RAS erlaubt eine häufigere, wirtschaftlichere und umfassendere Rekonfiguration zu diskreten Zeitpunkten, sowohl hardware- als auch softwareseitig, wobei betroffene Elemente oder auch Abschnitte in Abhängigkeit der Transportsysteme nicht zur Verfügung stehen. Hier haben LAS durch die freie Verkettung den Vorteil, dass nur die zu rekonfigurierende Station nicht betriebsbereit ist.

[116] HÜTTEMANN, 2021, S. 15ff

[117] HÜTTEMANN, GAFFRY und SCHMITT, 2016, S. 114f; HÜTTEMANN, 2021, S. 56

Das LMAS erlaubt ein häufiges (quasi-kontinuierliches) und lokales (bedarfsgerechtes) Rekonfigurieren, das Teil des operativen Produktionsgeschehens ist. Es schließt die anderen Ansätze nicht aus, sondern mit ein: Die Folge umfassenderer Rekonfigurationen kann sein, dass Ressourcen temporär wie in einem RAS oder LAS angeordnet werden, da gemessen an einer vorhandenen Auftragslage, diese die günstigste Fabrikkonfiguration für die PPS darstellt.

Andererseits wird die Verschiedenartigkeit notwendiger Feinplanungsaufgaben deutlich: Für das DAS erfordert die Systemplanungsphase das Festlegen der Taktzeiten und Stationsgrenzen, wobei die Minimierung der kumulierten Leerzeit eine häufiges Ziel ist.[118] In der Betriebsphase ist dann eine Reihenfolge bei der Eintaktung, ggfs. unter Berücksichtung von Prioritätsregeln (analog zum Job Shop) festzulegen[119]. Für FAS, RAS und LAS sind sowohl Auftragsrouten zwischen den Stationen sowie die Terminpläne für die Stationen zu bestimmen[120]. Für RAS werden Aufträge zudem in Gruppen entsprechend der Produktfamilie unterteilt[121]. Die Übertragbarkeit vorhandener Architekturen und ihrer Partialmodelle, insbesondere ihrer Optimierungsmodelle, ist nicht gegeben, denn das LMAS erfordert integrierte Ansätze zur Bestimmung von Zuordnungen, Reihenfolgen, Terminplänen, Ressourcen- und Auftragsrouten[122].

Eine zusammenfassende Definition für das LMAS unter Berücksichtigung der qualitativen Merkmale, der eingeführten Prinzipien, Abstraktionsebenen und der eingeführten Flexibilitätsbegriffe lautet also:

Ein linienloses mobiles Montagesystem ist ein Montagesystem, das auf mindestens einer Abstraktionsebene (Fabrik, Station, Prozess) Möglichkeiten zur örtlich-räumlichen (Layout) und koinzident zeitlichen (Re-)Konfiguration (Termine) von (teil-)automatisierten mobilen bzw. mobilisierten adaptiven (Mehrzweck-)Ressourcen ermöglicht, die alleine oder im höherwertigen temporär konstituierten Verbund (Kooperation bzw. Kollaboration in Stationen) Prozesse an (großvolumigen) Produkten verrichten, wobei durch integrierte Feinplanung und Steuerungsmaßnahmen Abläufe frei verkettet und realisiert werden.

2.2.5 Handlungsbedarf

Für FAS und RAS als etablierte Ansätze existiert eine Vielzahl an industriellen Umsetzungen in unterschiedlichen Branchen (bspw. Automotive, Aviation)[123,124]. Für LAS gibt es v. a. Beispiele im Forschungskontext, aber auch industrielle Anwendungen im Bereich Automotive. Insbesondere

118 THOMOPOULOS, 1970, S. 593f
119 SELS, GHEYSEN und VANHOUCKE, 2012
120 SAWIK, 1999, S. 164ff; GÖPPERT, MOHRING und SCHMITT, 2021, S. 621ff
121 AZAB und NADERI, 2015, S. 78f
122 BUCKHORST, HÜTTEMANN u. a., 2019, S. 229ff, BUCKHORST und SCHMITT, 2020, S. 1122f
123 für FAS siehe bspw. RABINOWITZ, MEHREZ und SAMADDAR, 1991; SAWIK, 1999; BOGUE, 2008
124 für RAS siehe bspw. WEBER u. a., 2016; JEFFERSON, BENARDOS und RATCHEV, 2016

nutzt die Audi AG für die Montage des Modells R8 in Neckarsulm und in Györ rekonfigurierbare Montageinseln, die durch fahrerlose Transportsysteme verbunden sind. Die Transportsysteme leiten zu montierende Karosserien auf individuellen Auftragsrouten durch die Produktion.[125] Im Rahmen des Projektes freeMove untersuchten Infineon, Phoenix Contact und ZF LAS.[126] Parallel erfolgten Untersuchungen bei der Kuka Systems GmbH im Zusammenhang der Matrix-Produktion: Kuka betreibt in Augsburg eine Pilotanlage, die modulare und rekonfigurierbare roboterbasierte Produktionszellen mittels fahrerloser Tranportsysteme durch individuelle Auftragsrouten verbindet. Für das obligatorische Leitsystem kommt insbesondere die Software Kuka SmartProduction Control zum Einsatz. Die FTS stellen nicht nur Teile bereit, sondern transportieren Werkzeuge und Montagevorrichtungen, um die Zellen zu konfigurieren.[127] Eine weitere Umsetzung der Matrix-Produktion findet sich in der Schaufensterfabrik in Graben-Neudorf von SEW Eurodrive. Fahrwege der Transportsysteme werden zunächst simuliert und optimiert, bevor diese in der Fabrik ausgeführt werden.[128]

Für das Paradigma der linienlosen mobilen Montage (LMAS) ist bislang kein vollständig realisiertes System weder im Forschungskontext noch in der Industrie bekannt. Dieser Umstand ist auf mehrere Faktoren zurückzuführen, die nachfolgend erläutert werden und der Identifizierung des Handlungsbedarfs dienen:

Trotz des erhöhten Leistungspotentials des LMAS ist zu Beginn der Entwicklungsaktivitäten zu erwarten, dass die operative Leistungsfähigkeit geringer ausfällt als die Leistungsfähigkeit anderer etablierten Systeme.[129] Dies ist der in frühen Phasen bestehenden hohen Unsicherheit bzgl. Funktionsfähigkeit und Umsetzbarkeit, Leistungsfähigkeit, Dauer und Kosten zur Etablierung geschuldet.[130] Diese Unsicherheit besteht aktuell auch präskriptiv über den gesamten Systemlebenszyklus[131], denn bislang ist auch keine Methodik für die Entwurfs- und Design-Phase für LMAS-organisierte Produktionssysteme spezifiziert worden. Dementsprechend existieren auch keine Best Practices, die es gestatten, den Nutzen und das Potential des LMAS für bestimmte Produktionsszenarien nicht nur qualitativ, sondern auch mit niedriger Unschärfe quantitativ zu prädizieren. Im Gegensatz dazu ist für die etablierten Systeme eine Vielzahl solcher Best Practices publiziert worden.[132,133,134] Folglich existiert auch keine Entscheidungsvorlage hinsichtlich eines „dominanten Designs“. Ein solches bezeichnet Best Practices und Vorstufen zu etablierten Stan-

125 DPA, 2016; AUDI AG, 2016
126 siehe HÜTTEMANN, 2017
127 siehe SCHAHINIAN, 2018; KUKA SYSTEMS GMBH, 2018
128 SEW EURODRIVE, 2021
129 vgl. LETTL, 2004, S. 22
130 vgl. LETTL, 2004, S. 24
131 siehe ATTRI und GROVER, 2012
132 für das DAS siehe PINNOI und WILHELM, 1998; SWIFT und BOOKER, 2013; EISELE, 2018
133 für das FAS siehe BUKCHIN und TZUR, 2000; SVENSSON HARARI, 2015; EDMONDSON und REDFORD, 2002; GÖTZ, 1991
134 für das RAS siehe EILERS, 2015; JEFFERSON, BENARDOS und RATCHEV, 2016; FOITH-FÖRSTER und BAUERNHANSL, 2015; BRYAN, WANG und ABELL, 2013

dards hinsichtlich offener Fragestellungen.

Während HÜTTEMANN insbesondere die Fragen beantwortete, wie die Leistungsfähigkeit von LMAS im Rahmen der Systemplanung a priori abgeschätzt werden kann, werden nachfolgend die notwendigen Methoden zur integrierten Planung und Steuerung von Abläufen und Konfigurationen in linienlosen mobilen Montagesysteme spezifiziert, um dadurch den operativen Betrieb zu ermöglichen und die entscheidenden Elemente der Feinplanung und Steuerung eines MES zu liefern. Erforderlich ist nach der Analyse des Objektbereichs die semantische und syntaktische Überführung der Beschreibung des Betriebes zur Ableitung eines Informations- und Datenmodells (vgl. FLF1). Es bedarf eines Ordnungsrahmens zur programmiertechnischen Umsetzung (vgl. FLF2) sowie eines geeigneten Optimierungsansatzes zur Bestimmung von auftragsabhängigen quasi-kontinuierlichen Fabrikkonfigurationen (vgl. FLF3) und einer abschließenden Aussage zur Stabilität des Verbundes zwecks Ableitung des dominanten Designs und Beratung der Montagepraxis.

2.3 Zwischenfazit

Der vorangegangene Diskurs diente der Spezifikation des Objektbereichs: die linienlose mobile Montage und ihr operativer Betrieb. Die zur Charakterisierung des Betriebs notwendigen Flexibilitätsbegriffe wurden hergeleitet. Sie dienen insbesondere der Konkretisierung des Potentials, das das LMAS gegenüber anderen Organsiationsparadigmen mit Flexibilitätsanspruch aufweist.

Neben dem LMAS existiert bislang kein Paradigma, das die Fähigkeiten (Ortsflexibilität) mobiler Mehrzweckressourcen unter Berücksichtigung steigender technologischer Reifegrade zu einem gesamten Produktionssystem verdichtet. Folglich ist es das einzige Paradigma, das die quasi-kontinuierliche Rekonfiguration der Fabrik, ihrer Arbeitsstationen und Ressourcen zum operativen Gestaltungselement macht. Das LMAS eignet sich dementsprechend zur wettbewerbsfähigen Montage großer Produkte in niedrigen Losgrößen, die in klassischen Systemen hohe Taktzeitspreizungen induzieren. Das Heben des Potentials geht allerdings mit einer Menge an Voraussetzungen und einer signifikant gestiegenen Komplexität einher. Dazu liegen jedoch erst wenige Untersuchungen der organischen Paradigmastruktur und seiner Leistungsfähigkeit vor; industrielle Umsetzungen sind nicht bekannt.

Ferner begründet die Analyse der Anwendungssysteme der PPS den heuristischen Bezugsrahmen dieser Arbeit und dient der Einordnung der Problemstellung: Die Bestimmung und Umsetzung („Feinplanung- & Steuerung“) von LMAS-Konfiguration ist substantielle Betriebsleitsystemaufgabe (MES), deren Planungshorizont typischerweise im Intervall von Sekunden bis zu einer Schicht liegt. Ihre Realisierung ist Voraussetzung für alle weiteren assoziierten Aufgaben des operativen Betriebs, bspw. des Informationsmanagements, Qualitätsmanagements oder Personalmanagements und ist deshalb von immanenter Wichtigkeit.

3 Anforderungsanalyse – Operativer Betrieb linienloser mobiler Montagesysteme

Nachfolgend werden die Anforderungen an ein System zur Feinplanung und Steuerung der Abläufe und Konfigurationen in LMAS dargestellt, bevor der Stand der Technik an diesen gespiegelt wird. Dabei wird die ANEMONA Methodologie (Abbildung 3.1) berücksichtigt, die die Menge notwendiger Schritte und Modelle auf der Metaebene zur Ausgestaltung eines Ordnungsrahmens darstellt[135]. Sie adressiert holarchische Produktionssysteme, auf die im Abschnitt 4.1.1 eingegangen wird.

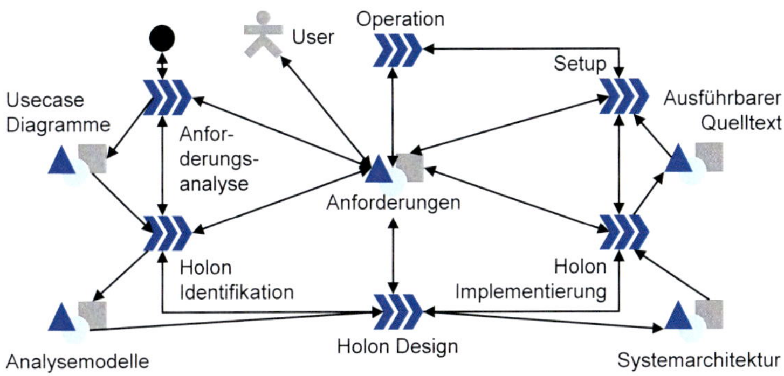

Abbildung 3.1: Der ANEMONA Prozess in Anlehnung an BOTTI UND GIRET[136]

Die Methodologie gliedert sich in den explorativen Forschungsprozess ein, denn sie stellt ein problemrelevantes Verfahren dar, das aus der Produktionspraxis motiviert ist (vgl. Abbildung 1.6). Sie erfordert die Konkretisierung von Zielen, Anforderungen und die Ausarbeitung von Use Case Diagrammen, die für die Implementierung eines Gesamtsystems zentral sind. Relevante Analyseelemente sind das zugrunde gelegte Organisationsparadigma, der zugehörige Geschäftsprozess, die zu steuernden Abläufe des Gesamtsystems sowie Annahmen und Bedingungen[137]. Tabelle 3.1 liefert eine Übersicht, an welcher Stelle diese Elemente im weiteren Verlauf behandelt werden.

135 FENSEL, 2004, siehe S. 1
136 BOTTI und GIRET, 2008, S. 60
137 vgl. BOTTI und GIRET, 2008, S. 94f

Tabelle 3.1: Ergebnisse des ANEMONA Prozesses – Übersicht

ANEMONA Element	Erläuterung	Verweis
Organisation	LMAS Paradigma	Abschnitt 2.2
Geschäftsprozess	Generischer Wertstrom	Abschnitt 3.1
Abstrakte Ziele	Ziele der Feinplanung und Steuerung	Abschnitt 3.1
Aufgabenbereich des Systems	Operativer Betrieb: Feinplanung- und Steuerung, Fragen der LMAS PPS, Ebenen der Rekonfiguration, LMAS Domäne	Abschnitt 2.2.2, Abschnitt 5.3
Zu steuernde Abläufe	Use Case U1: Normalbetrieb Use Case U2: Störbetrieb Use Case U3: Einrichtbetrieb	Abschnitt 3.2, Abschnitt 6.3, Abschnitt 6.5
Anforderungen	Übergeordnete, allgemeine und spezielle Anforderungen an Ordnungsrahmen, Feinplanung und Steuerung	Abschnitt 3.3

3.1 Geschäftsprozess und Ziele

Zugrunde gelegt wird der Geschäftsprozess einer generischen Unternehmung, die großvolumige Produkte in geringer Ausbringsmenge kundenindividuell und vollautomatisiert in einem LMAS montiert.

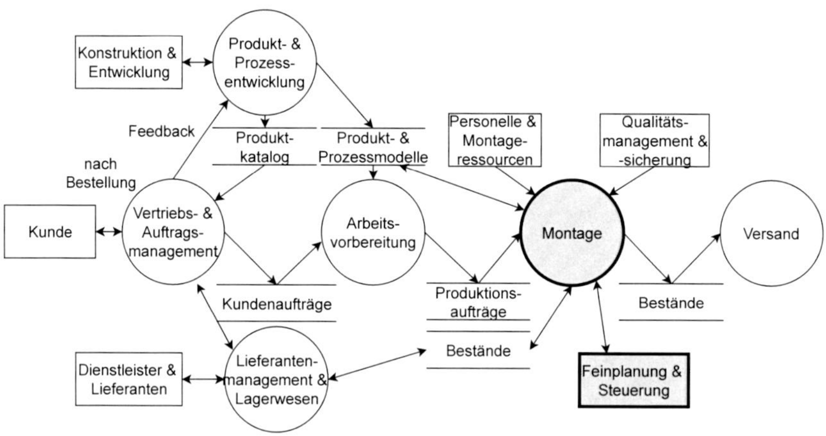

Abbildung 3.2: Generischer Wertstrom einer montierenden Unternehmung, die ein LMAS betreibt

Primäre und sekundäre Aktivitäten sind notwendig, um den Wertstrom zu realisieren. Die praktische Ausgestaltung des Unternehmens wird an dieser Stelle nicht eingegrenzt, jedoch zeigt Abbildung 3.2, dass Schnittstellen des Bereichs der Montage zu anderen Unternehmensbereichen existieren: Das Know-How hinsichtlich der herzustellenden Produkte und der technischen Prozesse ist essentiell. Weiter bedarf es Produktionsfaktoren in ausreichender Menge. Die ausgebrachten Produkte müssen Qualitätsanforderungen gerecht werden. Die Produkte werden u.U. zwischengelagert, bevor sie an die Kunden versendet werden.

Mit Bezug zu den Aufgaben von MES-Systemen (Abschnitt 2.1.2) werden folgende Ziele für die im Rahmen dieser Arbeit zu realisierende Modelle berücksichtigt (siehe Tabelle 3.2): Die Realisierung eingehender Produktionsaufträge (Z1) und der Ausführung von Montageoperationen (Z8) ist essentiell. Dazu ist eine Ablaufplanung erforderlich (Z2). Die Steuerung ist entkoppelt, denn ein Auftragsmanagement kann auch ohne Feinplanungsmodul existieren (Z3). Grundsätzlich ist ein Monitoring der Prozessausführung erforderlich (Z4), um zur Störungsidentifikation und Störungsbehandlung (Z5) zu befähigen. Für die vorgenannten Ziele ist eine Anbindung der Montageressourcen erforderlich (Z6). Schnittstellen zu externen Services – hier Transporte – (Z7) sind möglich. Im Allgemeinen wird eine Dokumentation und Benutzerschnittstelle gefordert, auch um eine a posteriori Auswertung zu ermöglichen.[138]

Tabelle 3.2: ANEMONA Prozesses – Ziele der Feinplanung und Steuerung

ID	Ziel
Z1	Realisierung eingehender Produktionsaufträge
Z2	Feinplanung Montageablauf (unter Berücksichtigung von Systemstati)
Z3	Steuerung der Montage
Z4	Monitoring der Durchführung und Identifikation von Störungen
Z5	Behandlung identifizierter Störungen durch geeignete Strategien
Z6	Anbindung aller montagerelevanter (automatisierter) Entitäten
Z7	Anbindung externer Systeme (bspw. Transportservices)
Z8	Ausführung der wertschöpfenden Operationen
Z9	Dokumentation der Historie der Systementitäten und Aufträge
Z10	Ausgestaltung von Betreiberinteraktionen

3.2 Anwendungsfälle

Für die zu steuernden Abläufe werden nachfolgend drei Szenarien entwickelt. Dabei wird der Normalbetrieb (U1) betrachtet, der den Idealfall der ungestörten Abarbeitung eines Feinplanes ent-

[138] Verein Deutscher Ingenieure, 2016, S. 2, 6, 16, 17, 25, 26, 28, 40, 44, 54; Verein Deutscher Ingenieure, 2020b, S. 9

spricht. In der Praxis sind jedoch Abweichungen zwischen Soll und Ist zu erwarten[139], die auf triviale Verzögerungen (bspw. Latenz der Kommunikation der Vorgaben) oder auf konkrete Störungen (bspw. Ausfall eines AMM) zurückzuführen sind. Dieser Fall wird im Use Case Störbetrieb und Abweichungskompensation (U2) behandelt. Ein LMAS-spezifisches Merkmal ist die kleine Inkrementgröße von Skalierungsmaßnahmen. Dementsprechend wird das Hinzufügen neuer Mehrzweckressourcen im letzten Anwendungsfall, dem Einrichtbetrieb (U3) betrachtet.

U1 Normalbetrieb

Der LMAS Normalbetrieb wird in Abbildung 3.3 in Form eines UML-Anwendungsfalldiagramms dargestellt. Eine Menge von Kundenaufträgen liegt vor. Ein Auftrag ist üblicherweise der Auslöser aller Aktivitäten und bildet gleichzeitig den Datencontainer für alle Informationen und Aufwände, die für die Abarbeitung notwendig sind bzw. dabei entstehen, aus. Für die operative Planungsperiode (eine Schicht) ist der Feinplan zu erstellen, der die Fertigungsaufträge, d.h. gewählte, ggfs. zusammengefasste oder geteilte Kundenaufträge der geforderten Produkte, berücksichtigt.Im Allgemeinen ist es sinnvoll, die Häufigkeit der Fabrikrekonfiguration während einer Planungsperiode zu beschränken: Andernfalls stehen die zeitlichen Aufwände der Rekonfiguration den wertschöpfenden Primärzeiten des Produktivbetriebs gegenüber. Im Unterschied dazu ist von Schicht zu Schicht eine deutliche Änderung der Anordnung auch unter Berücksichtigung veränderter Auftragslagen sinnvoll, weshalb für jede Planungsperiode mindestens eine Optimierung des Ablaufs und der Fabrikkonfiguration angestrebt wird.

Der für eine Schicht geplante Ablauf muss anschließend gesteuert werden. Die entsprechende Schicht des Systems interagiert mit den Agenten der Ressourcen und Produkte. Teile müssen durch die Logistik bereitgestellt und durch Transporteinheiten während des operativen Betriebes zu den Stationen gebracht werden. Ressourcen müssen so konfiguriert werden, dass die geplanten temporären Stationen erzeugt werden können.

Das dargestellte Szenario berücksichtigt zunächst keine produktions- oder kommunikationsbedingten Unterbrechungen (Störungen) oder Verzögerungen. Kontinuierlich wird der Betreiber über die aktuelle Auslastung informiert. Während der laufenden Produktion können neue Aufträge eingehen, die ggfs. durch eine Neuplanung berücksichtigt werden können, sofern die maximale Auslastung des Montagesystems nicht überschritten wird.

U2 Störbetrieb und Abweichungskompensation

Unterschiede zwischen geplantem Soll and ermittelten Ist-Situationen sind auf kausale sowie temporale Abhängigkeiten zurückzuführen. Einerseits kumulieren sich Verzögerungen und Verspätung sowie Latenzen bei der Kommunikation der Vorgaben. Nimmt die Summe der Verzögerungen ein

[139] KATALINIC u. a., 2019, S. 264

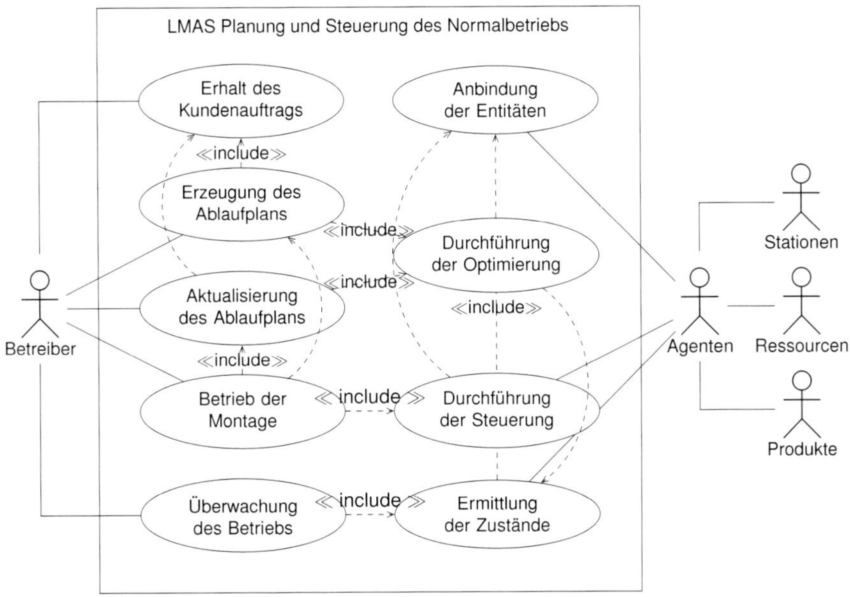

Abbildung 3.3: U1 Normalbetrieb – Use Case Diagramm

gewisses Ausmaß an, sind parallele Handlungsstränge des Ablaufs affektiert und eine Fortsetzung des Plans nachteilig. Auf steuerungstechnischer Ebene ist zu entscheiden, ob durch lokale Maßnahmen weiteren Verzögerungen vorzubeugen oder ob eine Neuplanung durchzuführen ist.

Ursachen der temporalen Divergenzen sind mannigfaltig und mitunter auf Annahmen und Vereinfachungen innerhalb der Planungsmodelle zurückzuführen. Bspw. wird nachfolgend mit mittleren Bewegungsgeschwindigkeiten von Transportfahrzeugen gearbeitet, während realisierte Routen (zusätzliche lokale Hindernisse) sowie Geschwindigkeits- und Beschleunigungsprofile (Anfahren, Bremsen) abweichen können. Weitere Verzögerungen des Ablaufs sind zu erwarten, wenn Ressourcen, Stationen oder Produkte noch nicht notwendige Zustände erreicht haben, die zur Fortsetzung des Ablaufs qualifizieren. Sind umgekehrt Entitäten frühzeitig bereit, sind diese ggfs. Wartebereichen zuzuordnen, damit andere Prozesse nicht behindert werden.

Andererseits kann es zu Störungen kommen, die längerfristige Implikationen mit sich bringen. Insbesondere existieren kausale Abhängigkeiten bei Fehlerfällen und Disruptionen, die eine Fortsetzung des Feinplans hemmen. Zum Beispiel bedeutet der Defekt einer oder mehrerer Ressourcen, dass Stationen, die diese Ressourcen mit einbeziehen, während der Reparaturzeiten nicht mehr betriebsbereit sind. Wieder ist auf steuerungstechnischer Ebene über die Schwere der Störung zu entscheiden und darüber, ob durch lokale Maßnahmen (bspw. Substitution der ausgefallenen Mehrzweckressource durch eine andere nicht ausgelastete des gleichen Typs) eine ausreichende Kompensation möglich ist, oder ob eine Neuplanung notwendig wird. Bei Neuplanung sind in beiden Fällen die aktuellen Zustände aller Entitäten, bspw. die aktuellen Positionen der Ressourcen und Stationen sowie die fertiggestellten und teilweise fertiggestellten Produkte, einzubeziehen.

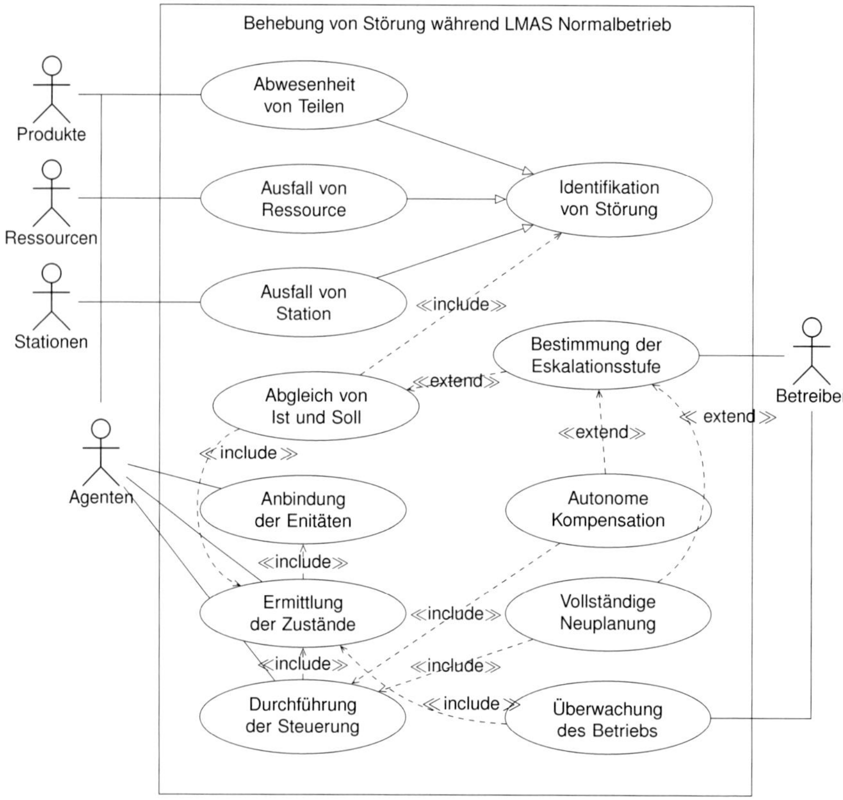

Abbildung 3.4: U2 Störbetrieb und Abweichungskompensation – Use Case Diagramm

U3 Einbindung von neuen Entitäten

Dem System müssen Entitäten (Fähigkeiten, Operationen, Ressourcen, Stationen, Produkte), die im Zusammenhang der Planung berücksichtigt und im Zusammenhang der Steuerung kontrolliert werden, bekannt gemacht werden.

Falls es sich bei der Entität um rein logische Einheiten handelt, erfolgt die Berücksichtigung auch nur softwareseitig. Handelt es sich bei der Einheit, um eine, die als Cyber-Physisches System bezeichnet werden kann, dann ist softwareseitig der Agent zu konfigurieren und hardwareseitig eine Verbindung der Einheit und dem Netzwerk des Montagesystems herzustellen. Handelt es sich bspw. um eine Mehrzweckressource, so sind ihr Typ und ihre Fähigkeiten zu bestimmen. Handelt es sich um eine neue, mögliche Station, so sind alle beschreibenden Informationen bereitzustellen. Analog sind auch Entitäten des LMAS Systems zu entfernen.

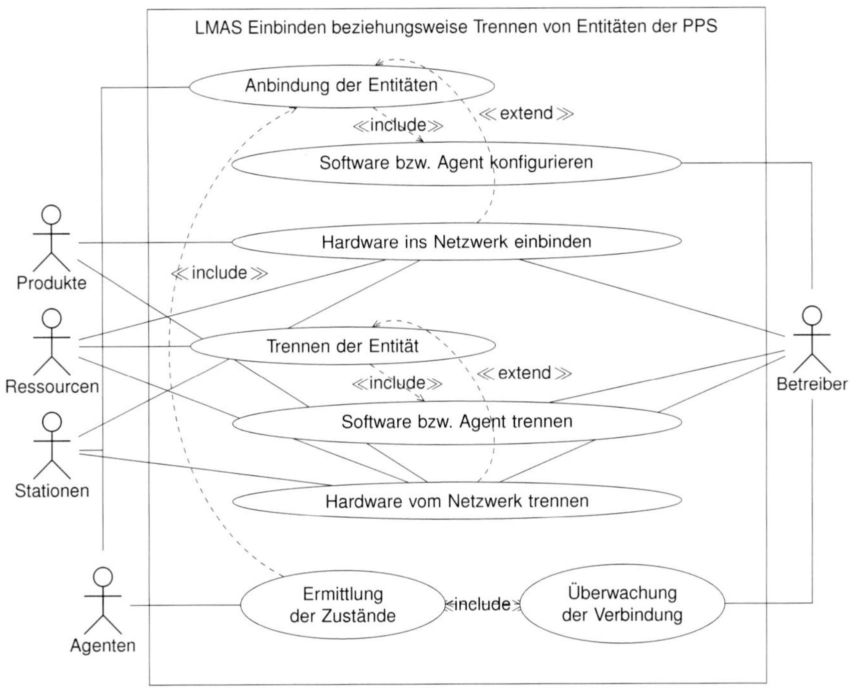

Abbildung 3.5: U3 Einrichtbetrieb: Einbinden bzw. Trennen neuer Entitäten – Use Case Diagramm

3.3 Anforderungen

Es folgt die Darstellung der Anforderungen, die im Rahmen der Analysephase entsprechend der ANEMONA Methodologie identifiziert wurden. Diese umfassen allgemeine übergeordnete Anforderungen. Weitere Anforderungen betreffen den Ordnungsrahmen. Ferner werden spezifische Anforderungen an die Steuerungs- sowie die Feinplanungsaufgabe aufgestellt.

3.3.1 Allgemeine Anforderungen

AA1 Formale Beschreibung des Betriebs der linienlosen mobilen Montage

Eine syntaktische und semantische Beschreibung ist erforderlich, die relevante Entitäten, d.h. Produkte, Ressourcen, Prozesse, Stationen und Shopfloor, im Zusammenhang der Feinplanung und Steuerung von Abläufen und Konfiguration erfasst. Die Modelle determinieren mögliche Freiheitsgrade von Optimierungsbemühungen. Die Definition von Schnittstellen sowie Informations- und Interaktionsmodellen von Implementierungen hängt von dieser Beschreibung ab.

AA2 Ablauf und Fabrikkonfiguration

Eintreffende Aufträge müssen für die nächste Periode geplant und realisiert werden. Die Feinplanung muss aufgrund ihrer Komplexität automatisch erfolgen. Der definierte Ablaufplan muss klären, welche Operationen für welche Aufträge in welcher Reihenfolge und zu welchen Zeitpunkten auf welcher Station in welcher Zelle durchgeführt werden sollen. Der verfügbare Flexibilitätskorridor ist auszuschöpfen. Geplante Abläufe müssen eindeutig und realisierbar sein. Agenten der Steuerung müssen ihnen übertragenen Vorgaben interpretieren und autonom umsetzen.

AA3 Konnektivität und Interaktion

Die Entitäten müssen in das Netzwerk des Montagesystems eingebunden sein, sodass ein Informationsaustausch erfolgen kann. Die Kommunikation muss dazu befähigen, dass Zustände und Zielvorgaben zwischen den Einheiten kommuniziert und interpretiert werden können. Ziele sind autonom umzusetzen und erfordern u.U. eine Verhaltensadaption. Die Zielerreichung erfordert ggfs. Interaktionen mit anderen Entitäten.

AA4 Eindeutigkeit, Gültigkeit und Kollisionsfreiheit beim Planen und Steuern

Es ist für eine Planungssituation zu klären, ob ein Ablauf der Montage unter den gegebenen Voraussetzungen überhaupt möglich ist. Ist dies der Fall, muss ein erzeugter Plan einen fehlerfreien Ablauf gewährleisten. Auch muss ein Planungsergebnis eindeutig sein, sodass eine algorithmische Umsetzung erfolgen kann. Der Ablauf und die Fabrikkonfiguration sollen Optimalitätskriterien genügen. Zurückgelegte Strecken und Bearbeitungszeiten können Teil der Zielfunktion sein.

3.3.2 Anforderungen an den Ordnungsrahmen

AO1 Systemgestaltung und Entwurfsmuster

Eine integrierte Planung kann zentrale und globale Elemente beinhalten, um, unter Verwendung von Zustandsinformationen, Phänomenen wie Myopie und Systemblockaden (engl. Deadlocks) vorzubeugen. Globale Pläne ermöglichen die Ableitung einer Erwartungshaltung an das Systemverhalten. Dies geht mit einer zentralen Überwachung der Umsetzung einher.

AO2 Montageressourcen

Der Ordnungsrahmen muss die LMAS-spezifischen Eigenschaften und der angebundenen Ressource, insbesondere der Fähigkeit zur Rekonfiguration und der Mobilität über die Ebenen des

Systems (Ressource, Station, Fabrik) modellieren und verarbeiten können. Dazu gehört das temporäre Konstituieren von ortsflexiblen Arbeitsstationen durch mobile Mehrzweckressourcen. Die temporäre Zugehörigkeit ist softwareseitig zu realisieren.

AO3 Produktbeschreibung

Die Beschreibung von Produkten muss im Sinne der Durchführung von Montageoperationen ausreichend sein. D.h. Produkte, die aus Teilmontagen (Baugruppen) und diese wiederum aus zwei oder mehr Fügepartnern (Teilen oder Teilmontagen) bestehen, sind zu erwarten. Baugruppen und Produkte können ggfs. durch alternative Vorgangsfolgen hergestellt werden. Den Softwareagenten der Teile und Baugruppen ist nicht nur eine Information über die Lage im Produktverbund, sondern eine Positionsinformation auf dem Shopfloor zu übergeben.

AO4 Prozessbeschreibung und -flexibilität

Abläufe und Montageprozess sind produkt- bzw. auftragsindividuell (Losgröße 1). In Abhängigkeit von der Auftragslage (externe Faktoren) und dem Zustand des Gesamtsystems (interne Faktoren) sollten Freiheitsgrade hinsichtlich unterschiedlicher Vorgangsfolgen erhalten werden. Identische Produkte können demnach auf unterschiedlichem Weg und durch unterschiedlichen Stationen realisiert werden.

3.3.3 Spezielle Anforderungen an Modelle der Feinplanung

SP1 Individuelle Routen und Standortentscheidungen

Ein Modell zur Feinplanung muss den ortsflexiblen Aufbau und den Abbau von Bearbeitungsstationen abbilden. Aus der Menge aller möglichen Stationen ist eine (Teil-)Menge auszuwählen und der Aufstellungsort auf dem Shopfloor festzulegen. Die Routen der Ressourcen zu den Stationen und die Routen der Aufträge zwischen den Stationen sind zu bestimmen.

SP2 Individuelle Zuordnungen von Ressourcen, Stationen, Aufträgen und Operationen

Die Routen hängen von Zuordnungsentscheidungen ab. Einerseits ist über die Menge der ausgewählten Ressourcen zu entscheiden und darüber, zu welchen unterschiedlichen Stationen diese zusammengefasst werden sollen. Andererseits muss die Zuordnung von Operationen, die entlang der Auftragsrouten auszuführen sind, zu den Montagestationen erfolgen.

SP3 Zeiten und Reihenfolgen im Zusammenhang des Ablaufs

Die Ablaufplanung entscheidet über Freigabezeiten, setzt Ankunfts- bzw. Freigabezeiten von mobilen Ressourcen voraus und definiert Reihenfolgen bzw. Termine von Operationen, die an Stationen durchgeführt werden sollen. Damit werden Routen und Zuordnungen um Reihenfolgen bzw. Termine ergänzt.

3.3.4 Spezielle Anforderungen an Modelle der Steuerung

SS1 Realisierung des Ablaufs und Orchestrierung des Montagesystems

Die Planung ist im Montagesystem in der Planungsperiode umzusetzen, weshalb die Steuerung im Rahmen der Kommunikation mit den Agenten der Entitäten Vorgaben weiterleitet, die autonom umzusetzen sind. Eine entscheidende Aufgabe ist der Ist- und Sollabgleich. Treten Divergenzen auf, die die vollständige Abarbeitung gefährden, so sind diese zu identifizieren und Handlungsmaßnahmen abzuleiten, d.h. der Normalbetrieb ist in den Störbetrieb zu überführen und umgekehrt.

SS2 Störungskompensation bei kausalen und temporalen Abhängigkeiten

Im Störbetrieb sind temporale und kausale Abhängigkeiten bei der Bestimmung und Umsetzung von Maßnahmen zu berücksichtigen. Die Maßnahmen sollen konkrete Probleme beseitigen und gleichzeitig einen minimalen Wirkbereich haben, sodass Teile des Gesamtsystems, die sich weiterhin im Normalbetrieb befinden, nicht affektiert werden.

SS3 Zeiten und Reihenfolgen im Zusammenhang des Ablaufs

Beim Steuern und bei der Kompensation von Abweichungen dürfen keine Situationen herbeigeführt werden, auf die das Gesamtsystem keine Antwort hat. Die Agenten müssen so gestaltet sein, dass Eskalationsmöglichkeiten existieren, um Konflikte und Deadlocks aufzulösen.

3.4 Zwischenfazit

Im Vorangegangenen erfolgte die Erläuterung der Ziele der nachgelagerten Modellierung unter Berücksichtigung prioritärer MES Aufgaben. Ferner erfolgte die Erhebung von Anforderungen, die an den Betrieb von LMAS gestellt werden. Insbesondere erfolgte die Skizzierung stereotypischer Betriebsfälle, für die hier die Grundlagen geschaffen werden. Die Explizierung von Zielen, Anforderungen und Use Case wird von der ANEMONA Methodologie gefordert, die in den Forschungsprozess eingegliedert wurde. An den Anforderung wird nachfolgend der Stand der Technik gespiegelt. Für die Analyse des Stands der Technik wurden drei dedizierte Themenfelder identifiziert: Beschreibung, Steuerung und Feinplanung. Die Ziele in Kombination mit den Use Cases liefern die Grundlage der Ausgestaltung von Interaktionsmodellen zwischen zu identifizierenden Entitäten.

Die erhobenen Anforderungen implizieren bereits Annahmen und Simplifikationen. Diese werden STACHOWIAKS modelltheoretischer Weisung gerecht, einen Kompromiss zwischen Abbildungsmerkmal (Modell ist Abbild des Originals) und Verkürzungsmerkmal (Modell beschreibt vereinfachte Realität) zu finden, um ein Modell mit den relevanten Eigenschaften aufzustellen[140]. Damit gelten die Anforderungen und Randbedingungen, nach denen die erste forschungsleitende Fragestellung (FLF1) mitunter fragt als erfasst. Ihre abschließende Beantwortung erfolgt in Abschnitt 5.5 nachdem auch die relevanten Objekte der Modellierung formal beschrieben worden sind.

[140] STACHOWIAK, 1973, S. 131f

4 Ansätze der Montageplanung und -steuerung

Nachfolgend wird der Stand der Technik und Forschung dargelegt. Insbesondere wird die bislang postulierte Eignung von holarchischen Steuerungsarchitekturen für LMAS begründet. Dazu wird in Abschnitt 4.1 auf Planungs- und Steuerungsarchitekturen eingegangen. Ein wesentliches Element dieser sind Optimierungsansätze, weshalb in Abschnitt 4.2 auf die gemischt-ganzzahlige lineare Optimierung eingegangen wird. Notwendige Grundlagen werden erläutert und relevante Modelle präsentiert. Erfüllungsgrade der LMAS Anforderungen aus Kapitel 3 werden sowohl für bestehende Referenzarchitekturen als auch für Optimierungsmodelle ermittelt. Das Kapitel schließt in Abschnitt 4.3 mit einem Zwischenfazit.

4.1 Planungs- und Steuerungsarchitekturen und ihre Elemente

Planungs- und Steuerungsarchitekturen folgen allgemeinen Entwurfsmustern.[141] Nachfolgend wird auf die hier relevanten Multiagentensysteme (MAS) und holonische Produktionssysteme (HMS, engl.: Holonic Manufacturing Systems) eingegangen (Abschnitt 4.1.1). Referenzarchitekturen, die diesen Mustern folgen, werden dargelegt (Abschnitt 4.1.2) und ihre Charakteristika den LMAS Anforderungen gegenüber gestellt (Abschnitt 4.1.3).

4.1.1 Entwurfsmuster

Für Systeme der Produktion wurden in jüngster Vergangenheit übergreifende Referenzarchitekturen vorgestellt, deren Konzeptionalisierung, Standardisierung und weitere Spezifizierung fortschreitet. Zu diesen Referenzarchitekturmodellen gehören das Referenzarchitekturmodell der Industrie 4.0 (RAMI 4.0)[142], die Industrial Internet Reference Architecture (IIRRA)[143] oder die Industrial Value Chain Reference Architecture (IVRA)[144]. Sie betreffen sog. Cyber-Physische Produktionssysteme (CPPS), die Smart Factory (SF) bzw. das Industrial Internet of Things (IIoT). Der Begriff *Referenzmodell* wird dabei als ein allgemein genutztes und als zweckmäßig anerkanntes Modell definiert, auf dessen Grundlage spezifische Modelle abgeleitet werden können[145]. Eine *Architektur* stellt die Kombination von Elementen eines Modells aufbauend auf Prinzipien und Regeln zum Zweck seiner Konstruktion, Weiterentwicklung und Nutzung dar[146].

[141] CRUZ SALAZAR u. a., 2019, c.f. VEREIN DEUTSCHER INGENIEURE, 2018, c.f. S. 7ff
[142] siehe bspw. DIN DEUTSCHES INSTITUT FÜR NORMUNG E. V., 2016b
[143] siehe bspw. INDUSTRIAL INTERNET CONSORTIUM, 2019
[144] siehe bspw. INDUSTRIAL VALUE CHAIN INITIATIVE, 2018
[145] DIN DEUTSCHES INSTITUT FÜR NORMUNG E. V., 2016c, S. 8
[146] DIN DEUTSCHES INSTITUT FÜR NORMUNG E. V., 2016c, S. 6

Jedoch führen uneinheitlich verwendete Terminologien, heterogene Strukturen und Komplexität dazu, dass es kein internationales Verständnis darüber gibt, welches der Referenzmodelle unter welchen Umständen idealerweise zu verwenden ist[147]. Allen liegen Entwurfsmuster zugrunde, die selten expliziert werden und nicht nur Frameworks oder programmiertechnische Realisierungen, sondern ebenfalls die konzeptionelle Struktur betreffen[148]. Da sich Systemarchitekten dieser Muster bewusst sein sollten[149], werden diese hier dargelegt.

Verteilungs- und Ordnungsrelationen

Architekturansätze können entlang zweier Dimensionen der *örtlichen Konzentration von Systemelementen* sowie den *Ordnungsrelationen zwischen den Entitäten* klassifiziert werden (siehe Abbildung 4.1)[150]. Die erste Dimension betrifft den Grad der Zentralisierung. Zentralität bezieht sich auf die Eigenschaft, dass Struktur- oder Steuerungselemente an einem Ort (monozentrisch) oder an wenigen Orten (polyzentrisch) aggregiert sind. Im Kontext von IoT-Plattformen zeichnen sich zentralisierte Systeme durch die Funktionalitäten an einem Ort, meist in der Cloud, aus.[151]

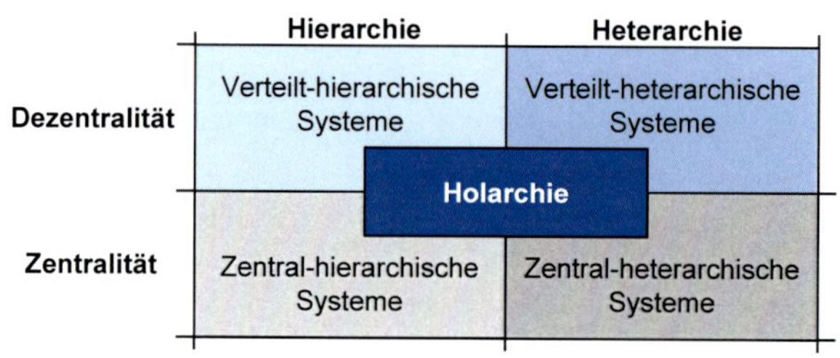

Abbildung 4.1: Konzentration und Ordnungsrelationen in Informationssystemen

Dezentralisierung bedeutet die Verlagerung von Funktionen auf verschiedene ausführende Stellen. Das makroskopische Verhalten wird durch Interaktionen und die Nutzung lokal gewonnener Informationen erreicht[152]. Jede Entität muss sich dabei im Gesamtgefüge einfinden, um mit den umgebenden Entitäten zu interagieren. Der Vorteil dezentraler Ansätze ist, dass Änderungen in einem (Teil-)System im Idealfall keine Änderungen in anderen (Teil-)Systemen erfordern.[153] Der Nachteil ist, dass die Teilsysteme eines dezentralen Systems in der Praxis eben doch ein Minimum an zentraler Koordination benötigen, um die gemeinsamen Systemziele zu erreichen[154].

[147] vgl. BADER, MALESHKOVA und LOHMANN, 2019, S. 151f
[148] WOLF und HOLVOET, 2007
[149] vgl. WOOLDRIDGE und JENNINGS, 1999, S. 21f; WEYNS u. a., 2004
[150] BUCKHORST, GRAHN und SCHMITT, 2022
[151] MOCNEJ u. a., 2018
[152] WOLF und HOLVOET, 2007
[153] HUGOSON, 2009
[154] vgl. MARIK und MCFARLANE, 2005, S. 33

Die *Ordnungsrelationen zwischen den Entitäten* können in hierarchische, heterarchische und hybride, sogenannte holonische Ansätze unterteilt werden. Eine Hierarchie beschreibt die Gesamtheit der Entitäten in einer Rangordnung. Sie enthält eine gerichtete Befehls- und Reaktionsstruktur zwischen den Einheiten auf hoher und niedriger Ebene[155]. Eine baumartige Struktur mit einem obersten Element wird als Monohierarchie bezeichnet. Eine Struktur mit Elementen eines azyklischen Graphen heißt Polyhierarchie.

Im Gegensatz dazu sind (Teil-)Systeme in einer Heterarchie auf einer horizontalen Ebene organisiert. Jede Entität kann mit allen sie umgebenden Entitäten zusammenarbeiten, ohne die Führung oder Erlaubnis einer übergeordneten Entität zu benötigen.[156] Die (Sub-)Systeme sind folglich als autonom zu bezeichnen[157].

Die Holarchie stellt einen Hybrid dar. Sie besteht aus Holonen, die kooperierende Gruppen bilden und sich bei Bedarf in diese Gruppen hinein- bzw. aus ihnen herausbewegen. Zwischen ihnen bestehen dementsprechend veränderliche, temporäre Über- und Unterordnungsbeziehungen[158]. Der *Holon*-Begriff wurde von KOESTLER eingeführt und beschreibt in lebenden Organismen die Eigenschaft, ein Ganzes zu sein, das wiederum Teil eines Ganzen ist[159].

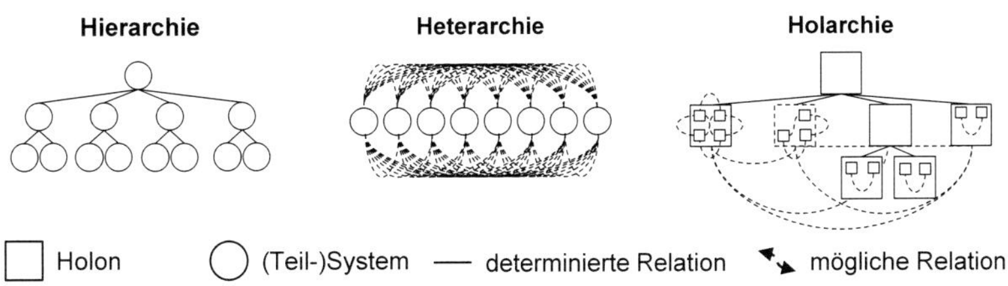

Abbildung 4.2: Stereotypische Ordnungsrelationen[160]

Im Zusammenhang der Über- bzw. Unterordnungsrelationen werden zwei Ausprägungen unterschieden (siehe Abbildung 4.3):[161] Im ersten Fall modifizieren die übergeordneten Systeme die Ziele der untergeordneten. Folglich ändert sich das Verhalten durch andere Stellsignale bei der Prozessausführung. Die Rückmeldung erfolgt ex-ante. Im zweiten Fall ändert das übergeordnete System das interne Prozessmodell des unterlagerten und verändert dabei implizit das Verhalten bei der Prozessausführung. Die Rückmeldung ex-post.

155 BONGAERTS u. a., 2000
156 vgl. DUFFIE, 2008, S. 7ff
157 vgl. VAN DE MORTEL-FRONCZAK und ROODA, 1997, S. 213ff
158 WANG und HAGHIGHI, 2016
159 KOESTLER, 1967
160 vgl. KATALINIC u. a., 2019, S. 263
161 vgl. BIERWIRTH, 2000; MÖNCH, 2006, S. 16, 21

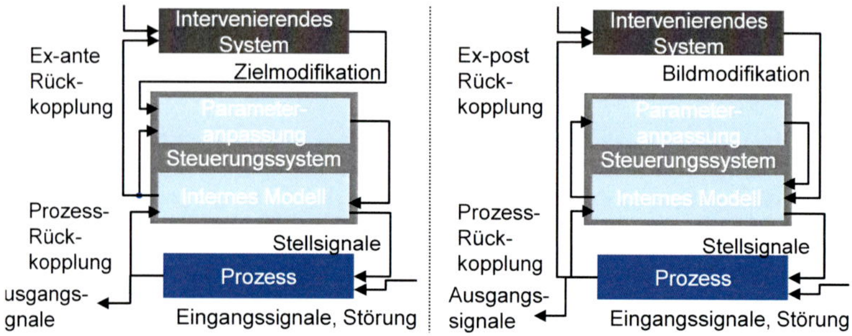

Abbildung 4.3: Stereotypische Beziehungen zwischen über- und untergeordneten Steuerungssystemen in Anlehnung an MÖNCH und SCHNEEWEISS[162]

Multiagentensysteme (MAS) und holonische Fertigungssysteme (HMS)

Eine Ausprägung verteilt-heterarchischer Produktionssysteme sind Multiagentensysteme (MAS)[163]. Ein Agent agiert in seiner Umgebung (Zweck), macht Beobachtungen, hat sein internes Wissen (Intelligenz), führt Aktionen aus (Adaption) und interagiert (Interaktion), um die dem Agenten innewohnenden Ziele (Autonomie) zu erreichen[164].

Ein Vorteil von MAS ist, dass ihre Arbeitsumgebungen nicht vollständig und/oder formal spezifiziert sein müssen. Daraus ergibt sich gleichzeitig ein Nachteil, der von Produktionsplanern diskutiert wird: das Fehlen eines zentralen hierarchischen Managements aufgrund der streng heterarchischen Struktur kann zu unvorhersehbaren Deadlocks führen, insbesondere dann, wenn sich das Verhalten der Agenten autonom anpasst[165]. Eine Ausprägung holarchischer Strukturen sind holonische Produktionssysteme (engl. Holonic Manufacturing Systems, kurz HMS) , die in den 90er Jahren entwickelt wurden[166]. Es wird auch von holarchischen Steuerungsarchitekturen (engl. Holonic Control Architecture, kurz HCA) gesprochen[167]. Sie rückten zuletzt wieder in den Fokus, da die Anforderungen für CPPS der Industrie 4.0 erfüllt werden[168]. Insbesondere weist ein Holon einen informationsverarbeitenden Teil und oft einen physikalischen Verarbeitungsteil[169] analog zu einem Cyber-Physischen System (CPS) auf (vgl. Abb. 4.4). Ihnen werden folgende Eigenschaften zugeordnet:[170]

162 MÖNCH, 2006, S. 21, SCHNEEWEISS, 1999, S. 29
163 vgl. JENNINGS, 2001, S. 35ff
164 MONOSTORI, VÁNCZA und KUMARA, 2006
165 HUGOSON, 2009
166 CHRISTENSEN, 1994
167 CARDIN, DERIGENT und TRENTESAUX, 2018, CHRISTENSEN, 1994
168 GRÄSSLER und PÖHLER, 2017; DERIGENT, CARDIN und TRENTESAUX, 2021
169 vgl. THARUMARAJAH, WELLS und NEMES, 1998
170 CHRISTENSEN, 1994, DERIGENT, CARDIN und TRENTESAUX, 2021

- **Autonomie**: Fähigkeit eines Holon, die eigenen Pläne und/oder Strategien zu erstellen, auszuführen und zu kontrollieren
- **Kooperation**: Ein Prozess, bei dem Holone gemeinsam akzeptierte Pläne entwickeln und diese ausführen
- **Ordination bzw. Rekursivität**: Ein Holon kann Teil eines anderen Holons sein. Diese gegenseitige Abhängigkeit kann vorübergehend sein und ändert sich, wenn die Holone autonom handeln und ihre inhärenten Ziele verfolgen, welches zu co-abhängigen Hierarchien von Subsystemen führt (auch Janus-Effekt[171] genannt).

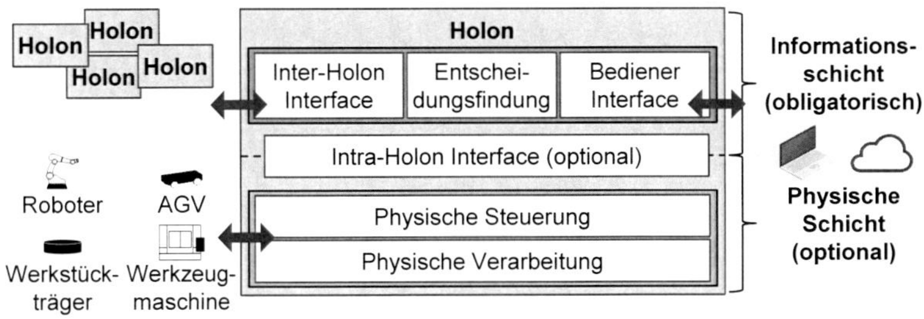

Abbildung 4.4: Aufbau eines Holons - Ähnlichkeit zum Cyber-physischen System (CPS) in Anlehnung an WANG UND HAGHIGHI[172]

Eine HCA dient dazu, emergente Arbeitsabläufe zu erreichen. Die Holone sind dazu in starre, überlagernde hierarchische Muster eingebettet, um grundlegende Kooperationsregeln zu definieren und die Autonomie der Holone zu beschränken[173]. Die Architekten bestimmen den anfänglichen Grad der Holonautonomie. Später können Holone auf höherer Ebene dafür verantwortlich sein, dass sich Holone auf niedrigerer Ebene während des Systembetriebs anpassen.[174]

Konkret unterscheiden JIMENEZ ET AL. statische von dynamische HCAs. Für statische beginnt die Betriebsphase in einem initialen Modus, der mit einer unveränderlichen teil-hierachischen und teil-heterarchischen Strukturierung der Systementitäten einhergeht. Diese verändert sich über die Laufzeit nicht. Eine dynamische HCA startet ebenfalls in einem initialen Modus, der aber induziert durch Stimuli (periodisch oder ereignisbasiert) umgeschaltet wird. Das Umschalten kann dabei eine Reaktion auf unerwartete Ereignisse darstellen oder der Verbesserung der Leistungsfähigkeit des Gesamtsystems dienen.[175]

171 CARDIN, DERIGENT und TRENTESAUX, 2018
172 WANG und HAGHIGHI, 2016, S. 3
173 CHRISTENSEN, 1994
174 CARDIN, DERIGENT und TRENTESAUX, 2018
175 JIMENEZ, BEKRAR, ZAMBRANO-REY u. a., 2017, S. 4230, ZAMBRANO REY u. a., 2014, S. 57

Offenkundig weisen HMS und MAS Ähnlichkeiten auf, so dass über ihre Äquivalenz diskutiert wird: BUSSMANN hebt die komplementären Schwerpunkte beider hervor. HMS befasst sich mit der Gesamtstruktur der Produktion und insbesondere mit der Integration von Anlagen, Steuerung und Mitarbeitenden, während MAS sich auf die Gestaltung von Informationsverarbeitung konzentriert.[176] WANG unterstreicht die Differenzierung der Foki und argumentiert über die historische Genese[177]. GIERT UND BOTTI betonen, dass MAS einen Architekturansatz für Softwaresysteme im Allgemeinen darstellen, während HMS stets produktionsspezifisch sind. Des Weiteren argumentieren sie, dass Rekursivität das entscheidende Unterscheidungsmerkmal zwischen einem Agenten und einem Holon ist. Allerdings wird diese durch keine MAS-Definition ausgeschlossen, sodass sie letztlich rekursives Verhalten für Agenten vorschlagen[178]. Im Gegensatz dazu hält WANG die Kombination von Agent und Holon für vorteilhaft[179]. Auch verweist LEITAO auf MARIK und schlägt vor, den Agenten als Entscheidungsblock (Cyber-Teil) eines Holons zu verstehen, der eine Schnittstelle zu den IEC61499 Funktionsblöcken (FB) bildet[180]. Folglich schrumpft der Agent zu einer lokalen Steuerungseinheit, die über entsprechende Schnittstellen lokale Entscheidungen trifft und Hardware steuert. Dann agiert er in einer holarchischen und nicht mehr in einer heterarchisch Systemstruktur.

4.1.2 Referenzarchitekturen und -modelle

Nachdem der HMS Begriff geklärt wurde, werden nachfolgend HCA-Referenzmodelle dargelegt. Es folgt die Untersuchung der Übertragbarkeit auf das LMAS.

PROSA und ATRI

Eine verbreitete HCA ist die Product Resource Order Staff Architecture (PROSA)[181]. Sie liefert ebenfalls Richtlinien der Ausgestaltung und ist die Grundlage der ANEMONA Methodologie[182]. Unterscheiden werden drei Basis-Holone, die den objektorientierten Konzepten der Aggregation und Spezialisierung folgen:[183]

Ressourcenholone repräsentieren physikalische Produktionsressourcen und umfassen einen informationsverarbeitenden Teil, der der Steuerung der jeweiligen Ressource dient. Sie verfügen über die Methoden der und Wissensrepräsentationen zur Organisation, Nutzung und Kontrolle.

176 BUSSMANN, JENNINGS und WOOLDRIDGE, 2004
177 WANG und HAGHIGHI, 2016
178 vgl. GIRET und BOTTI, 2004, S. 655
179 WANG und HAGHIGHI, 2016
180 vgl. LEITÃO, 2009; MARIK und MCFARLANE, 2005
181 BARBOSA u. a., 2015b, S. 100, BOTTI und GIRET, 2008, S. 17, VAN BRUSSEL u. a., 1998
182 vgl. BOTTI und GIRET, 2008, S. 110ff
183 BOTTI und GIRET, 2008, S.17; VAN BRUSSEL u. a., 1998, S. 257f

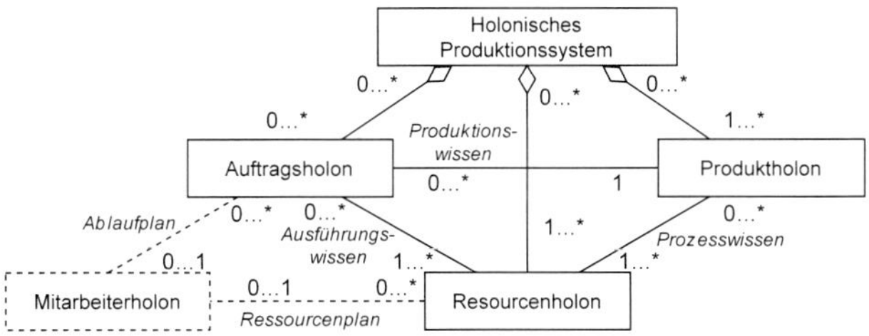

Abbildung 4.5: PROSA in Anlehnung an VAN BRUSSEL ET AL. in UML2 Notation

Produktholone enthalten das Prozess- und Produktwissen. Dazu gehören Informationen über den Produktlebenszyklus, Benutzeranforderungen, Design, Prozesspläne, Stücklisten und Qualitätssicherungsverfahren.

Auftragsholone repräsentieren Aufgaben und sind für die Ressourcenzuweisung, die Betriebssteuerung und die Produktionsüberwachung sowie die pünktliche Fertigstellung von Produkten zuständig.

Optional sind sogenannte **Personalholone** (engl. Staff Holons), die der Befähigung von Prozessen dienen. Motiviert wurden sie durch die Arbeitsorganisation nach HOMMES ET AL.[184] und unterstützen die Arbeit der Basisholone durch die Versorgung mit Informationen zu spezifischen Facetten von Entscheidungsproblemen.[185]

In 2019 erfolgte Namensänderung zur Activity Resource Type Instance (kurz ARTI) Architektur, um den Entwicklungen im Zusammenhang der Industrie 4.0 gerecht zu werden und eine einheitlichere Terminologie zu schaffen.[186]

Eine Umsetzung lieferte FLETCHER für eine Verpackungszelle bestehend aus 6-Achs-Knickarmroboter und Gurtbandförderer.[187]. Eine Variante wurde durch GRÄSSLER UND PÖHLER für eine Beispielfabrik, bestehend aus einer Drehmaschine, einem 3D-Drucker sowie einem Bearbeitungszentrum vorgestellt.[188].

[184] VALCKENAERS u. a., 1998

[185] VAN BRUSSEL u. a., 1998, S. 260

[186] VALCKENAERS, 2019, S. 14f, BORANGIU, CARDIN u. a., 2019, S. 21ff

[187] FLETCHER u. a., 2003, S. 537

[188] GRÄSSLER und PÖHLER, 2017, S. 141ff

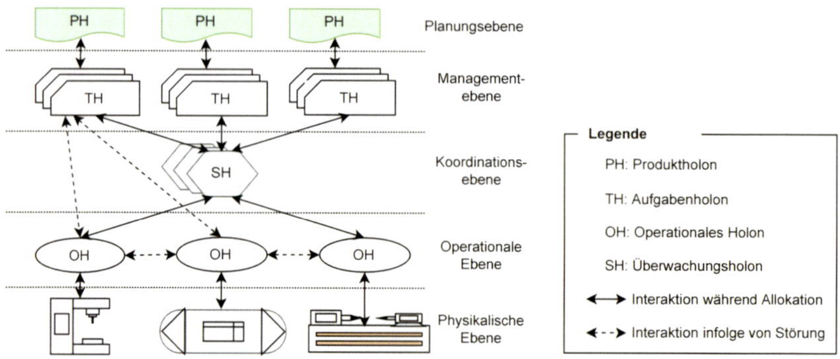

Abbildung 4.6: ADACOR in Anlehnung an LEITAO UND RESTIVO

ADACOR

Die ADAptative holonic COntrol aRchitecture (kurz ADACOR) definiert vier Holonklassen: Produktholone (engl. product holon, kurz PH), operationale Holone (engl. operational holon, kurz OP), Aufgabenholone (engl. task holon, kurz TH) und Überwachungsholone (engl. supervisor holon, kurz SH)[189]. Operationale Holone, Produkt- und Aufgabenholone entsprechen den Ressourcen-, Produkt- und Auftragsholonen von PROSA[190]. LEITAO UND RESTIVO erklären, dass sich Überwachungsholone von Mitarbeiterholonen (PROSA) unterscheiden, denn sie dienen der Aggregation temporärer Hierarchien, die aus operationalen Holonen bestehen und die durch die Überwachungsholone koordiniert werden. Ziel dieser Hierarchien ist die Optimierung des Systembetriebs (siehe Abbildung 4.6). Jedes Holon besteht besteht aus einer obligatorischen, logischen Entität (engl. Logical Control Device, kurz LCD), die sich in drei Komponenten zur Kommunikation (ComC), zur Entscheidungsfindung (DeC) und in eine Schnittstelle zu physikalischen Komponenten (PIC) gliedert[191].

ADACOR unterscheidet zwischen zwei Zuständen auf Gesamtsystemebene: stationärer Zustand und transienter Zustand (dynamische HCA). Während der Abarbeitung von Produktionsszenarien befindet sich das System im stationären Zustand, d.h. es existieren fixierte hierarchische Strukturen, die Zeitplänen folgen und durch Überwachungsholone koordiniert werden. In Folge einer Störung (z. B. Ausfall einer Ressource) wechselt das System in den transienten Zustand, in dem die Holone heterarchisch interagieren.[192] Dazu weist jedes operationale Holon einen Autonomie-

[189] LEITÃO und RESTIVO, 2006, S. 122f; LEITAO, 2004, S. 61f
[190] LEITÃO und RESTIVO, 2006, S. 122
[191] LEITÃO und RESTIVO, 2006, S. 123; LEITAO, 2004, S. 93ff
[192] LEITÃO und RESTIVO, 2006, S. 127

und Pheromonfaktor auf, der sich auf die Freiheitsgrade des Holons selbst und der benachbarten Holone regelbasiert auswirkt.[193]

Eine beispielhafte Implementierung lieferten ebenfalls LEITAO ET AL. für einen 6-Achs-Knickarmroboter und eine Omron SPS.[194]. Es wurde auf das Java Agent Development Framework (kurz JADE) zurückgegriffen. Die Mechanik der Architektur wurde dargelegt[195], allerdings wurden die Regelwerke zur Optimierung des Betriebspunktes sowie die Schwellenwerte der Autonomie- und Pheromonfaktoren nicht expliziert.

ADACOR^2

ADACOR^2 basiert auf evolutionären Zuständen im Unterschied zu dem stationären und dem transienten Systemzustand in ADACOR[196]. Zudem wurde zur Terminplanung durch die Überwachungsholone ein genetischer Ansatz vorgeschlagen[197]. DERIGENT ET AL bezeichnen beide Ansätze allerdings als sehr ähnlich[198], denn sie zielen weiterhin auf RMS-[199] und FMS- organisierte[200] ab. Die dynamische HCA unterscheidet Veränderungen in zwei Dimensionen: Die Mikroebene betrifft die selbstorganisierte kleinschrittige Verhaltensänderung der individuellen Holone aufgrund externer Randbedingungen (Evolution). Die Makroebene betrifft die strukturelle Organisation der Beziehungen zwischen den Holonen (siehe Abbildung 4.7, links). Dabei folgende Niveaus unterschieden:[201]

- *Emergenz*: Die Veränderung der Holonbeziehungen ist die Konsequenz der Verhaltensänderung auf Mikroebene.
- *Logisch-strukturelle Selbstorganisation*: Die individuellen Holone versuchen die eigene Allokation in der Holarchie zu optimieren.
- *Physikalisch-strukturelle Reorganisation*: Infolge eines externen Eingriffs werden ggfs. die Positionen der physikalischen Entitäten verändert. Operationale Holone müssen den neuen physikalischen Relationen folgen.

Stimuli (bspw. Auftragsstornierungen oder Störungen der Ressourcen) induzieren die logisch-strukturelle Selbstorganisation (siehe Abbildung 4.7, rechts). Dazu weisen die operationalen Ho-

193 LEITÃO und RESTIVO, 2006, S. 126
194 vgl. LEITÃO, BOISSIER u. a., 2003, S. 42f, LEITÃO, CASAIS und RESTIVO, 2005, S. 41f
195 siehe LEITAO, COLOMBO und RESTIVO, 2005, S. 62, 65
196 BARBOSA u. a., 2015b, S. 102
197 BARBOSA u. a., 2015c
198 DERIGENT, CARDIN und TRENTESAUX, 2021, S. 1805
199 BARBOSA u. a., 2015b, S. 103
200 BARBOSA u. a., 2015b, S. 107; BARBOSA u. a., 2015a, S. 65f
201 BARBOSA u. a., 2015b, S. 103f

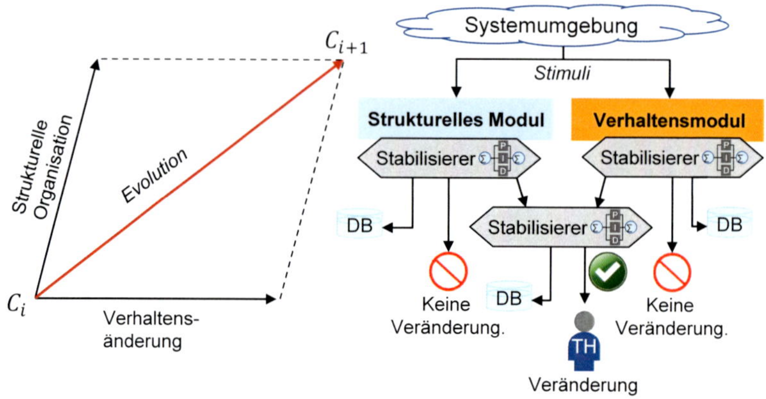

Abbildung 4.7: ADACOR² in Anlehnung an LEITAO UND RESTIVO

lone ein strukturelles Modul und ein Verhaltensmodul auf. Datenbankverbindungen, dienen der Informationsbereitstellung der regelbasierten Entscheidungsengines[202]. Um zu verhindern, dass das System sich in einem kontinuierlichen Veränderungszustand befindet, wird eine mehrschichtige Stabilisiererstruktur eingesetzt, die an PID-Regelprinzipien angelehnt ist.

Für eine Umsetzung stand das AIP PRIMECA FMS der Université de Valenciennes et du Hainaut-Cambrésis zur Verfügung. Dieses besteht aus sechs Arbeitsstationen, die durch ein AGV miteinander verkettet sind. Zur Implementierung wurde JADE verwendet. Eine Verbesserung der Gesamtfertigstellungszeit durch ADACOR² gegenüber ADACOR konnte nachgewiesen werden.[203]

POLLUX

JIMENEZ ET AL schlagen die HCA Pollux vor, die auf FMS[204] abzielt. Zur Feinplanung wird eine Variante des Flexible Jobshop Scheduling Problems (FJSP) verwendet.[205]. Das konstituierende Element des Modells sind *Entscheidungsentitäten* (engl. Decisional Entities), die folgende Elemente umfassen: ein oder mehrere Ziele, eine Entscheidungsfindungstechnik, sog. Governance-Parameter, eine Kommunikationskomponente, eine Datenspeicherkomponente und eine Ausführungskomponente (siehe Abbildung 4.8, links). Die Entitäten werden nach REY entlang dreier statischer Ebenen, einer Koordinationsschicht, einer operationalen Schicht und physikalischen Schicht

202 BARBOSA u. a., 2015b, S. 104
203 BARBOSA u. a., 2015b, S. 108; BARBOSA u. a., 2015a, S. 65ff
204 JIMENEZ, BEKRAR, TRENTESAUX u. a., 2015, S. 1094, ROA, JIMENEZ und ZAMBRANO-REY, 2019, S. 23
205 JIMENEZ, BEKRAR, TRENTESAUX u. a., 2015, S. 1094, JIMENEZ, BEKRAR, ZAMBRANO-REY u. a., 2017, S. 4230

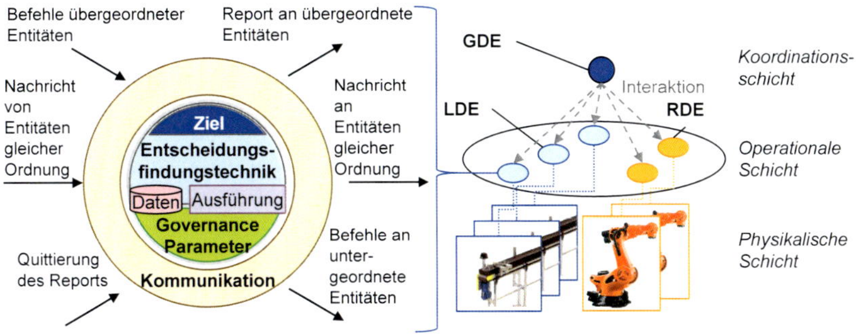

Abbildung 4.8: Pollux in Anlehnung an JIMENEZ ET AL.

strukturiert[206]. Dort treten die Entitäten in Form lokaler Entscheidungsentitäten (engl. Local Decisional Entity, kurz LDE), auf Produktionsmittel bezogene Entscheidungsentitäten (engl. Resource Decisional Entity, kurz RDE) und als eine globalen Entscheidungsentität (engl. Global Decisional Entity, kurz GDE) auf (siehe Abbildung 4.8, rechts).

Die paarweise Relation zwischen den Governance-Parmatern der GDE und einer LDE klärt mögliche Interaktionen.[207] Ein zwingendes Verhältnis bedeutet, dass die LDE der globalen Planung unterliegt. Ein eingeschränktes Verhältnis bedeutet, dass Instruktionen der GDE der LDE vorgeschlagen, aber nicht zwangsläufig umgesetzt werden. Ein erlaubendes Verhältnis bedeutet, dass die GDE keinen Einfluss auf die Entscheidungsfindung LDE hat[208].

Der Umschaltmechanismus dieser dynamischen HCA geht initial von einem globalen prädiktiven Arbeitsplan für das Gesamtsystem aus. Treten während der Ausführung wiederholt Disruptionen auf, lösen sich zunehmend mehrere Entitäten von diesem Plan und der übergeordneten GDE, bis sämtliche LDE und RDE ihren eigenen reaktiven Steuerungspolicen unterliegen[209]. Dies impliziert allerdings, dass in Abhängigkeit von der Dauer des Systembetriebes das Gesamtsystem stets mehr zu einem heterarchischen Multiagentensystem degeneriert.

Im Gegensatz zu ADACOR/ADACOR^2 wird die reaktive Planungspolice der Holone der operationalen Schicht expliziert. Sie basiert auf einem genetischen Algorithmus[210]. Der initiale Globalplan ein FJSP-Modell bestimmt[211]. Die Validierung des Ansatzes erfolgte auf der AIP-PRIMECA Infrastruktur[212].

206 ZAMBRANO REY u. a., 2014
207 JIMENEZ, BEKRAR, ZAMBRANO-REY u. a., 2017, S. 4236f
208 JIMENEZ, BEKRAR, ZAMBRANO-REY u. a., 2017, S. 4237
209 JIMENEZ, BEKRAR, ZAMBRANO-REY u. a., 2017, S. 4237f
210 siehe JIMENEZ, BEKRAR, ZAMBRANO-REY u. a., 2017, S. 4240ff
211 TRENTESAUX u. a., 2013, S. 1206
212 siehe JIMENEZ, BEKRAR, ZAMBRANO-REY u. a., 2017, S. 7035ff

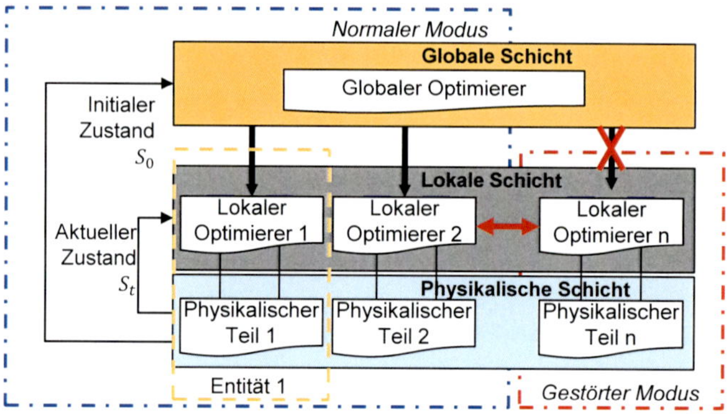

Abbildung 4.9: ORCA in Anlehnung an PACH ET AL.

ORCA

PACH ET AL schlagen für FMS die dynamische HCA *Optimized and Reactive Control Architectur* (ORCA) vor. Sie erlaubt die Abarbeitung eines globalen Plans parallel zu reaktiven lokalen Verhaltensweisen untergeordneter Entitäten. Analog zu Pollux ist sie in drei statischen Schichten organisiert (siehe Abbildung 4.9).[213]

Die globale Schicht enthält einen Optimierer, der ausgehend von einem initialen Zustand einen Ablaufplan für das Gesamtsystem bestimmt und diesen an die untergeordneten Holone kommuniziert. Die Holone der lokalen Schicht sind mit physikalischen Entitäten verknüpft und arbeiten im ungestörten Zustand den Arbeitsplan ab. Dem globalen Optimierer liegt eien disjunktes FJSP Variante zugrunde.[214]

Die lokalen Optimierer stehen in keiner lateralen Verbindung zueinander und beginnen ihre Arbeit im normalen Modus. Infolge einer Disruption schalten nur betroffene Entitäten in den gestörten Modus und ignorieren den zugewiesenen globalen Plan. Analog zur Pollux Architektur können Entitäten, die sich im normalen Modus befinden, und solche, die sich im gestörten Modus befinden, koexistieren.

Die Verknüpfung aus einem lokalen Optimierer und zugehörigen physikalischen Produkten bezeichnen PACH ET AL in Anlehnung an MEYER ET AL auch als „intelligente Produkte (IP)“[215]; sie entsprechen einer Kombination des PROSA Auftrags- und Produktholons. Ihre lokale Optimierung basiert auf der Potentialfeldmethode: Das IP kennt die Menge der zur Fertigstellung erforderlichen

[213] PACH u. a., 2014, S. 709
[214] PACH u. a., 2014, S. 709f
[215] siehe MEYER, FRÄMLING und HOLMSTRÖM, 2009, S. 140ff

Services. Alle eingebundenen Maschinen auf der physikalischen Ebene strahlen in Abhängigkeit ihrer jeweiligen Verfügbarkeit und Auslastung Potentialfelder ab. Ein IP empfängt diese und superponiert zusätzlich abgeschätzte Transportaufwände zu den in Frage kommenden ortsfesten Maschinen, um eine Zuordnungsentscheidung zu treffen.

Konzeptuell sieht PACH auch Rekursivität für die GDE und LDE vor. D.h., dass einem GDE untergeordnete LDE wiederum GDE für eine weitere untergeordneten LDE sein kann.[216]

Varianten

Neben den dargestellten Referenzarchitekturen existieren Varianten, die sich an den genannten und ihren Entwurfsmustern orientieren. Abbildung 4.10 bringt diese in einen zeitlichen Zusammenhang.

Beispielsweise orientiert sich die *Product, Resource, Order, Simulation Isoarchical System (PROSIS)* Architektur für FMS an PROSA[217]. Allerdings wird von einer strengen Heterarchie der Holone ausgegangen, bei der alle Entscheidungsentitäten sowohl zeitlich als auch funktional mit der gleichen Entscheidungskapazität und Autorität ausgestattet sind[218]. Diese wird als Isoarchie (engl. Isoarchy) bzw. in Anlehnung an BONGAERTS ET AL[219] als flache holonische Form bezeichnet[220]. Die HCA enthält zudem ein Simulationsholon, das der Prognose des Systemzustandes dient. [221]

Die *Holonic Component Based Architecture (kurz HCBA)* orientiert sich ebenfalls an PROSA (Holonic Component Based Architecture)[222]. Sie thematisiert die Übertragung des komponentenbasierten Entwicklungsansatzes (engl. Component-based Development), den Bottom-Up Ansatz der Softwareentwicklung und das „Plug & Play"-Prinzip für holonische Produktionssysteme.[223]

216 PACH, 2014, S. 34
217 vgl. PUJO, BROISSIN und OUNNAR, 2009, S. 1039ff; PUJO, DUBROMELLE und OUNNAR, 2010, S. 103
218 vgl. PUJO, BROISSIN und OUNNAR, 2009, S.1040f
219 BONGAERTS u. a., 2000
220 PUJO, DUBROMELLE und OUNNAR, 2010, S.102
221 DERIGENT, CARDIN und TRENTESAUX, 2021, S.1803
222 DERIGENT, CARDIN und TRENTESAUX, 2021, S.1803
223 CHIRN und MCFARLANE, 2000b, S. 219, CHIRN und MCFARLANE, 2000a, S. 3701ff

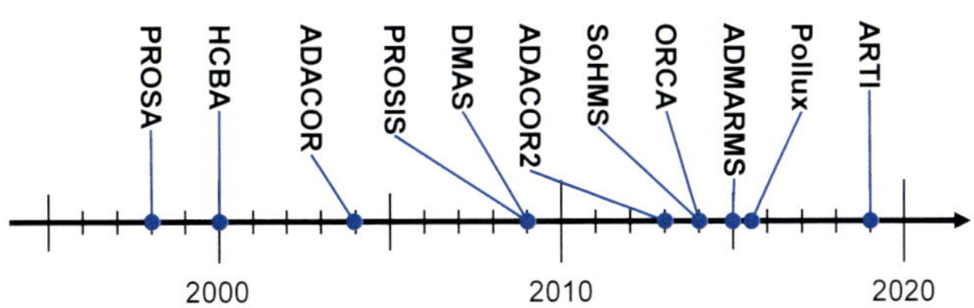

Abbildung 4.10: Zeitstrahl: Veröffentlichungen von Referenzarchitekturen für MAS und HMS

Weiterhin orientiert sich die *Service-oriented Holonic Manfucturing System Architektur (kurz So-HMS)* an PROSA[224] und ADACOR[225]. Sie dient dem Service-orientierten Retrofitting bestehender Hardwarekompenten von FMS. Diese werden über eine Low-Level Middleware (LLM) miteinander verknüpft, um synchron Zustände der Hardware und Sensoren abzufragen und asynchron die Zustände der Aktuatoren der übergeordneten Systemschichten, der Medium-Layer Middleware (MLM), zu modifizieren. Die MLM ist wiederum mit einer SoHMS-Schicht verknüpft, die eine Datenbankanbindung und Mensch-Maschine Interfaces bereithält.[226]

Das Akronym *DMAS* ist doppelt belegt. Einerseits steht es für das *Delegate Multiagentensystem.* Ihr liegen drei wesentliche Entwurfsmuster zu Grunde:[227] Ein Nachrichtenmuster für Agenten, das Verhalten und Zustände umfasst, ein Verhaltensmodul, das diese Nachrichten verwendet sowie eine Pheromoninfrastruktur (ähnlich zu ADACOR) für Agenten auf Basis von Ameisenalgorithmen (engl. ant colony optimization, kurz ACO).VERSTRAETE ET AL schlagen auf Basis von PROSA eine DMAS Gesamtarchitektur vor[228] und fokussieren, ähnlich zu HCBA, einen strukturierten Softwareentwicklungsansatz.

Andererseits meint das Akronym das DMAS das *Distributed Multiagentensystem*, das FAS adressiert[229]. Der Ansatz ist ähnlich zu ADACOR, Pollux und ORCA, denn er unterscheidet eine Entscheidungsschicht und eine operationale Schicht sowie Überwachungsagenten (SA), lokale Agenten (LA) und Remoteagenten (RA)[230]. Im Unterschied zu ORCA interagieren die LA sowohl lateral als auch ebenenübergreifend mit dem SA, um heuristisch ein FJSP durch Einlastungsregeln zu lösen. Das SA bestimmt dazu eine Prioritätmatrix, während die LA untereinander die Allokation und die Reihenfolge der Aufträge auf Basis dieser Matrix ermitteln[231].

Die ADMARMS Architektur stellt einen agentenbasierten Ansatz dar, der auf RMS abzielt[232]. Das Akronym steht für *Axiomatic Design of a Multi-Agent Reconfigurable Mechatronic System.* Zentral ist eine Designmethodolgie. Denn FARID UND RIBEIRO kritisieren die geringe Anzahl industrieller Umsetzungen vorhandener Referenzarchitekturen und führen dies auf die Nichtberücksichtigung quantitativer Rekonfigurierbarkeitsmaße beim Entwicklungsprozess zurück[233]. Deshalb konsolidieren sie die Entwurfsmuster von PROSA, ADACOR und HCBA[234] und ergänzen diese um eine mathematischen Repräsentation einer Produktionssystemwissensbasis.[235].

224 MORARIU, MORARIU und BORANGIU, 2013, S. 1062
225 DERIGENT, CARDIN und TRENTESAUX, 2021, S. 1808
226 GAMBOA QUINTANILLA u. a., 2016, S. 239, QUINTANILLA, CARDIN und CASTAGNA, 2014, S. 239
227 HOLVOET, WEYNS und VALCKENAERS, 2009
228 VERSTRAETE u. a., 2008
229 MAOUDJ u. a., 2019, S. 1629
230 vgl. MAOUDJ u. a., 2019, S. 1631
231 vgl. MAOUDJ u. a., 2019, S. 1632
232 FARID und RIBEIRO, 2015, S. 1142
233 FARID und RIBEIRO, 2015, S. 1143
234 FARID und RIBEIRO, 2015, S. 1150f
235 FARID und RIBEIRO, 2015, S. 1145

4.1.3 Eignungsbewertung im Anwendungszusammenhang des Betriebs linienloser mobiler Montagesysteme

Nachfolgend dargestellte Tabelle spiegelt die Anforderungen an den Ordnungsrahmen von linienlosen mobilen Montagesystemen (siehe Abschnitt 3.3.2) an den verfügbaren HCA Referenzarchitekturen (siehe Tabelle 4.1). Eine LMAS-spezifische Referenzarchitektur muss auf Basis der vorangegangenen Analyse des Stands der Technik bestimmte Gestaltungselemente umfassen:

- Definition der relevanten Holone für Produkte, Ressourcen, Aufträge und unterstützende Aufgaben sowie Spezifikation ihrer Interaktionen und Zustände (hier Fokus auf Ortsflexibilität und räumlich-zeitlich transiente Montagestationen).
  (vgl. allgemeine Anforderungen AA1, AA3 und Ziele Z6, Z7, Z9, Z10)
- Definition von statischen und hierarchischen Systemebenen zur a priori Organisation der Holone entsprechend eines Organisationsparadigmas (hier LMAS).
  (vgl. allgemeine Anforderungen AA2, AA3 und Ziele Z1, Z2, Z3)
- Mechanik eines globalen oder lokalen Schaltmechanismus, der das Gesamtsystem oder Teile davon zwischen einem transienten Zustand der Rekonfiguration und einem statischen Zustand verändert.
  (vgl. allgemeine Anforderungen AA2, AA4 und Ziele Z1, Z3, Z8)
- Regelbasierte Ereignisengine, die die Menge der zu behandelnden Störungen und die Menge der Reaktionen (holon-spezifisch) beinhaltet.
  (vgl. allgemeine Anforderungen AA3, AA4 und Ziele Z3, Z4, Z5)
- Optionale Umsetzung eines Reasoning-Mechanismus, um Bottom-Up Verbesserungsmöglichkeiten des Systemzustandes gegenüber eines Planziels zu erreichen (Evolution).
  (vgl. allgemeine Anforderungen AA2, AA3 und Ziele Z2, Z3, Z4)
- Im Unterschied zu PROSA, ADACOR und ADACOR^2 ist eine Konkretisierung der prädiktiven Feinplanungsmodelle und deren Integration in die Steuerung erforderlich.
  (vgl. allgemeine Anforderungen AA1, AA4 und Ziele Z2, Z3)

Die Umsetzung eines Reasoning-Mechanismus wird als optional charakterisiert, denn das Potential hängt von dem Grad der Optimalität der übergeordneten Feinplanung ab. Wird ein Totalmodell optimal gelöst, sind keine Verbesserungen durch laterale Interaktionen und lokale Entscheidungsansätze der Entitäten zu erwarten (siehe ORCA). Solche ergeben sich nur in Folge von Störungen.

Im Zusammenhang der Anforderungen (siehe Tabelle 4.1), die an die Modellierung von Ressourcen gestellt werden (AO2), beinhalten alle dargestellten Architekturen das Gestaltungselement

Mehrzweckressource. Trotz berücksichtigter Rekonfigurierbarkeit wird durch keinen Ansatz die Ortsflexibilität von AMMs adressiert. Ausschließlich ADACOR^2 sieht eine physikalisch-strukturelle Reorganisation der Ressourcen vor, allerdings in der Art, dass diese die Folge von einem externen Eingriff darstellt.

Tabelle 4.1: Eignung von Architekturmodellen für die linienlose mobile Montage

			PROSA bzw. ATRI	ADACOR	ADACOR^2	ORCA	POLLUX
Ressourcen	AO2	Mehrzweckressource „mobiler Roboter“	◕	◑	◕	◕	◔
		Mehrzweckressource „Montagestation“	●	●	●	●	●
		Fabrikmodell und Shopfloormanagement	◑	◔	◔	◕	◕
		Mobilität Roboter / Positionswechsel Stationen	◔	◔	◕	○	○
		Temporäre Zu- bzw. Überordnung	◑	◕	◕	◑	◑
Produkt	AO3	Bauteile und Baugruppen	●	◕	◕	◔	○
		Bauteil- bzw. Baugruppen-Lokalisierung	◑	◑	◑	◕	○
Prozess	AO4	Produktindividuelle Auftragssequenz	◑	◑	◑	◑	◑
		Anpassung der Auftragssequenz während der Umsetzung	◕	●	●	●	●
Entwurfsmuster	AO1	Globale Planungselemente	◑	◕	◑	●	●
		Zentrale Steuerungs- und Monitoringelemente	◑	◕	◑	◕	◕
		Dezentrale, autonome Ausführungselemente	●	●	●	●	●
		Elemente der Störungskompensation	◔	◕	◔	◑	◑

Legende

● Anforderung erfüllt;
◕ Anforderung konzeptuell erfüllt, Anpassung erforderlich;
◑ Anforderung nicht erfüllt, Extension möglich;
◔ Anforderung nicht erfüllt, Anpassung aufwändig;
○ Anforderung nicht erfüllt, Anpassung nicht sinnvoll

Nicht alle Referenzarchitekturen behandeln Unterschiede zwischen verschiedenen Ressourcentypen. In PROSA wird die Aggregation von Equipment, Arbeitsstationen, Shopfloor und Fabrik konkretisiert. Diese erben vom generischen Ressourcenholon (RH)[236]. Im Zusammenhang von ADACOR wird außerdem eine Ontologie konkretisiert, die auf die *Descriptive Ontology for Linguistic and Cognitive Engineering (kurz DOLCE)* verwiest[237].

Im LMAS Zusammenhang ist analog zu PROSA eine solche Aggregation erforderlich. Insbesondere ist der Shopfloor abzubilden, denn der Belegungsgrad verfügbarer Flächen ist zu erfassen und bei der Entscheidung über Aufstellorte zu berücksichtigen. In einer frühen Version von Pollux und in ORCA wird der Shopfloor ausschließlich über seine statischen Restriktionen durch die GDE und LDE berücksichtigt[238]. In einer späteren Pollux-Version wird ihm der auszuführende Gesamtarbeitsplan zugeordnet[239]. Allen Modellen gemein ist, dass grundsätzlich eine temporäre Über- bzw. Unterordnungsrelation zwischen Holonen bestehen kann, allerdings wird diese über die Aufträge bzw. Überwachungsholone, nicht aber über die physikalische Position und dem temporären Verbund von Ressourcen zu Stationen, realisiert.

Hinsichtlich der beschreibenden Elemente von Produkten (Anforderung AO3) schlägt PROSA analog zur Behandlung von Ressourcen eine Aggregation der Produktstruktur vor[240]. In ADACOR und ADACOR^2 dient das Produktholon nur der Repräsentation möglicher Produkte, die Teil des Produktionsprogrammes einer Fabrik sind[241], nicht aber der Nachverfolgung der Bauzustände. In ORCA stellt das intelligente Produkt (IP) das primäre Holon dar, welches den Auftrag steuert; allerdings wird nicht auf eine Produktstruktur eingegangen[242]. Pollux sieht kein Produktholon vor und fokussiert die Prozessperspektive.

Allen Modellen gemein ist, dass individuelle Auftragssequenzen realisiert werden können. Eine Anpassung der Auftragssequenz ist ebenfalls ein HMS inhärentes Merkmal. Dementsprechend ist die Mechanik der Anpassungen stets vorhanden.

Hinsichtlich der Anforderungen an die Entwurfsmuster (AO1) sind unitäre globale Planungselemente auf einer aggregierten Abstraktionsebene in PROSA, ADACOR und ADACOR^2 explizit nicht vorgesehen; allerdings ist dies in ORCA und POLLUX der Fall. ORCA und POLLUX konkretisieren eine übergeordnete drei-geteilte statische Hierarchie[243], denn sie weisen eine bessere Optimalität und Performance über längere Zeiträume und eine niedrigere Myopie auf[244].

Allen Referenzarchitekturen ist gemein, dass für HCAs dezentrale, autonome Ausführungselemen-

[236] siehe VAN BRUSSEL u. a., 1998, S. 259
[237] siehe BORGO und LEITÃO, 2004, S. 677ff
[238] siehe JIMENEZ, BEKRAR, TRENTESAUX u. a., 2015, S. 1095
[239] siehe JIMENEZ, BEKRAR, ZAMBRANO-REY u. a., 2017, S. 4242f
[240] VAN BRUSSEL u. a., 1998, S. 260f
[241] BARBOSA u. a., 2015b, S. 101
[242] PACH u. a., 2014, S. 710
[243] SCHNEEWEISS, 1999, S. 222f, SCHNEEWEISS, 2003, S. 226
[244] PACH u. a., 2014, S. 706

te vorgesehen werden. Allerdings unterscheidet sich der konzeptionelle Grad der Autonomie der Elemente wesentlich. In ADACOR und ADACOR^2 ist dieser veränderlich und spiegelt sich in einem Autonomiefaktor wider. In ORCA und POLLUX ist der Freiheitsgrad statischer Natur und orientiert sich am globalen Planungsansatz.

Analoge Aussagen können bzgl. der Elemente der Störungskompensation getroffen werden. PROSA und ADACOR^2 umfassen die Mechanik der Kompensation, liefern aber keine Informationen zu postulierten, regelbasierten Ereignisengines, die Algorithmen der Störungskompensation umfassen. Für ADACOR wurden diese durch „Wenn-Dann“-Regeln für Maschinenausfälle, Auftragsmodifikationen bzw. Stornierungen und Verspätungen dargelegt[245]. In POLLUX wird für den Ausfall von Maschinen der Einfluss auf die Governance-Parameter expliziert[246]. In ORCA wird sich ebenfalls auf die Behandlung des Maschinenausfalls beschränkt[247]. Bei Maschinenausfällen wird stets Redundanz, d.h. das Vorhandensein alternativer Maschinen mit gleichen Fähigkeiten vorausgesetzt.

4.2 Optimierungsmodelle und Planungsprobleme

Vorangegangene holarchische Architekturmodelle sehen übergeordnete Feinplanungsmodelle vor, die auf zu Grunde gelegte Organisationsparadigmen zugeschnitten sind. Diese Modelle sind u.a. Gegenstand der kombinatorischen Optimierung. Solche Whiteboxansätze erlauben einerseits das Studium der Problemstruktur. Andererseits liefern sie mögliche Referenzen bzgl. Optimalität und Laufzeiten für alternative exakte und heuristische bzw. lernende Algorithmen. Für das LMAS wird sich nachfolgend auf solche Methoden und Verfahren beschränkt, um für den Betrieb das bisweilen fehlende Offlinemodell und damit eine Referenz im Sinne eines Totalmodells bereitzustellen. Im Abschnitt 4.2.1 werden Grundlagen der gemischt ganzzahligen Optimierung erläutert. In Abschnitt 4.2.2 werden klassische und neuartige Problemklassen des Operations Research dargelegt, die bei flexiblen Produktionsystemen Anwendung finden. In Abschnitt 4.2.3 erfolgt die Untersuchung der Erfüllungsgrade der LMAS Anforderungen und die Ableitung des Forschungsbedarfs. Die Analyse liefert die Entscheidung für einen Modellansatz.

4.2.1 Grundlage: Gemischt-ganzzahlige lineare Optimierung

Die gemischt-ganzzahlige lineare Optimierung (engl. mixed-integer linear program, MILP) ist ein Spezialfall der gemischt ganzzahligen nichtlinearen Optimierung (engl. mixed-integer non-linear program, MINLP)[248].

[245] Leitao, 2004, S. 150ff
[246] Jimenez, Bekrar, Trentesaux u. a., 2015, S. 1096
[247] Pach u. a., 2014, S. 719
[248] Kallrath, 2013, S. 14

Definition

Die Vektoren $\underline{x}^T = (x_1, ..., x_{n_c})$ und $\underline{y}^T = (y_1, ..., y_{n_d})$ enthalten n_c-viele kontinuierliche und n_d-viele ganzzahlige Entscheidungsvariablen der zusammenhängenden Teilmengen $X \subseteq \mathbb{R}^{n_c}$ und der diskreten, beschränkten Teilmenge $V \subseteq \mathbb{Z}^{n_d}$. Dann wird das gemischt-ganzzahlige nichtlineare Optimierungsproblem mit dem zusammengesetzten Vektor $\underline{x}_{\oplus} = \underline{x} \oplus \underline{y}$ einer Zielfunktion $f(\underline{x}, \underline{y})$, n_e Gleichungsbedingungen $\underline{h}(\underline{x}, \underline{y})$ und n_i Ungleichungsbedingungen $\underline{g}(\underline{x}, \underline{y})$ durch

$$\min \left\{ f(\underline{x}, \underline{y}) \;\middle|\; \begin{matrix} \underline{h}(\underline{x}, \underline{y}) = 0 \\ \underline{g}(\underline{x}, \underline{y}) \geq 0 \end{matrix} \;,\; \begin{matrix} \underline{h} : X \times V \to \mathbb{R}^{n_e} \\ \underline{g} : X \times V \to \mathbb{Z}^{n_i} \end{matrix} \;,\; \begin{matrix} \underline{x} \in X \subseteq \mathbb{R}^{n_e} \\ \underline{y} \in V \subseteq \mathbb{Z}^{n_d} \end{matrix} \right\} \tag{4.1}$$

charakterisiert.

Jeder Vektor $\underline{x}_{\oplus}$, der die Nebenbedingungen erfüllt, heißt zulässiger Punkt. Das Vektorpaar $(\underline{x}^*, \underline{y}^*)$ heißt optimale Lösung, wenn es zulässig ist und für alle zulässigen Punkte $(\underline{x}', \underline{y}')$ gilt $f(\underline{x}^*, \underline{y}^*) \leq f(\underline{x}', \underline{y}')$. [249]

Für MILP gilt ferner, dass die Zielfunktion durch $f(\underline{x}, \underline{y}) = \underline{c}^T \underline{x}_{\oplus}$, die Randbedingungen durch $h(x, y) = A\underline{x}_{\oplus} - \underline{b}$ und $g(\underline{x}, \underline{y}) = \underline{x}_{\oplus}$ beschrieben werden. Dabei sind $A \in \mathbb{R}^{m \times n}$, $\underline{b} \in \mathbb{R}^m$, $\underline{c} \in \mathbb{R}^n$ mit $n = n_c + n_d$ und $n_d \geq 1$.[250] Da $\underline{x}_{\oplus}$ Schlupfvariablen enthält, gilt $h(x, y) = 0$. Für ein $\underline{x}^*_{\oplus}$ ohne Schlupfvariablen ist dies äquivalent zu $h(x, y) \leq 0$[251].

Die Darstellung wird als Matrixschreibweise bezeichnet, im weiteren Verlauf wird ebenfalls von der Normalform Gebrauch gemacht[252].

Sind n_d = 0 und $g(\underline{x}, \underline{y}) = g(\underline{x}) = \underline{x}$, handelt es sich um ein lineares Optimierungsproblem (auch lineares Programm)[253].

Liegt der Optimierung nicht nur eine Zielfunktion $f(\underline{x}, \underline{y})$, sondern liegen mehrere, bspw. n_z-viele, ggfs. dichotome Optimierungsziele zugrunde, dann werden diese mit $Z_i(\underline{x}, \underline{y}), i = 1, ..., n_z$ bezeichnet. Eine zulässige Lösung $(\underline{x}^*, \underline{y}^*)$ heißt dann pareto-optimale Lösung, wenn es keine andere zulässige Lösung $(\underline{x}', \underline{y}')$ mit $Z_i(\underline{x}', \underline{y}') \leq Z_i(\underline{x}^*, \underline{y}^*)$ und $\min_i \{sign(Z_i(\underline{x}', \underline{y}') - Z_i(\underline{x}^*, \underline{y}^*))\} = -1$ für alle $i = 1, ..., n_z$ gibt.[254]

[249] KALLRATH, 2013, S. 14
[250] KALLRATH, 2013, S. 15
[251] DEMPE, 2006, S. 171
[252] bspw. DOMSCHKE u. a., 2015, S. 21f
[253] KALLRATH, 2013, siehe S. 15
[254] KALLRATH, 2013, vgl. S. 187

Lösungsverfahren

Verfahren, die optimale Lösungen für kombinatorische Optimierungsprobleme bestimmen, werden als exakte Verfahren bezeichnet[255]. Sie dienen mitunter der Generierung von Referenzlösungen, d.h. der Bewertung heuristischer Verfahren[256]. Ein trivialer Ansatz ist die vollständige Enumeration: Alle Lösungen des Problems werden aufgezählt und deren Zielfunktionswerte miteinander verglichen. Offenkundig ist dieses Vorgehen nicht effizient.[257] Zur unvollständigen Enumeration zählen Branch-and-Bound Verfahren, die auf LAND UND DOIG zurückgeführt werden[258]. Dabei wird das Problem auf den einzelnen Entscheidungsvariablen verzweigt (engl. branch), und es werden ggfs. Ganzzahligkeitsbedingungen relaxiert (LP-Relaxierung). Durch den Simplex-Algorithmus können dann für die relaxierten Teilprobleme Schranken der Zielfunktion ermittelt werden (engl. bound).[259] Die Auswahl der zu untersuchenden, weiter zu verzweigenden Teilprobleme kann durch die Tiefensuche (Depth-First-Search) erfolgen. Dabei ist das Ziel, in kurzer Zeit eine gültige Lösung zu konstruieren. Dem steht die Breitensuche (Breadth-First-Search) gegenüber, bei der stets die Teilprobleme mit den besten Schranken weiter bearbeitet werden. Dies geschieht in der Erwartungshaltung, dass sich eine optimale Lösung in der Nähe einer unteren Schranke befindet.[260] In beiden Fällen werden Teilprobleme nur untersucht, sofern die zugehörige Schranke unterhalb der bislang günstigsten Lösung befindet. Andernfalls wird der Teilproblembaum verworfen (engl. prune).

Zu den exakten Verfahren gehören auch Schnittebenenverfahren[261], die von GOMORY[262] bearbeitet wurden. Zentraler Gedanke ist ebenfalls, dass die optimale Lösung eines ganzzahligen Problems eine gültige Lösung seiner LP-Relaxierung darstellt. Deshalb wird diese Relaxation solange durch zusätzliche Hyperebenen verschärft, ohne dabei ursprünglich mögliche ganzzahlige Lösungen auszuschließen, bis die Lösung der verschärften LP-Relaxierungen die Ganzzahligkeitsbedingungen erfüllt.[263]

Dem im weiteren Verlauf der Arbeit verwendeten Solver Gurobi liegt eine Kombination des Branch-and-Bound und des Schnittebenenverfahrens zu Grund, das als Branch-and-Cut bezeichnet wird[264]. Es wird zudem um einen Presolve-Schritt ergänzt, der der Reduzierung der Problemkomplexität durch die Eliminierung von linear abhängigen Entscheidungsvariablen dient[265].

255 DOMSCHKE u. a., 2015, S. 153
256 HOFMANN, 2021, S. 29
257 DOMSCHKE u. a., 2015, S. 152
258 LAND und DOIG, 1960
259 KALLRATH, 2013, S. 84
260 DOMSCHKE u. a., 2015, S. 140ff
261 DOMSCHKE u. a., 2015, S. 134f
262 GOMORY, 1958
263 vgl. KALLRATH, 2013, S. 84
264 siehe GUROBI OPTIMIZATION, 2016, S. 31
265 siehe GUROBI OPTIMIZATION, 2016, S. 24

4.2.2 Optimierungsmodelle für flexible Produktionssysteme

Nachfolgend werden Zuordnungs-, Reihenfolge-, Routing- und Standortprobleme kurz behandelt, denn die feinplanerischen LMAS Fragestellungen liefern eine solche Indikation (siehe 2.2.2). Insbesondere weisen kombinierte Modelle einen gewissen Überdeckungsgrad zum LMAS Planungsproblem auf, weshalb diese ausführlicher behandelt werden.

Zuordnungen

Das Zuordnungsproblem (engl. Assignment Problem) wird u.a. von HILLIER UND LIEBERMANN behandelt[266]. Ziel ist es, Entitäten (Mitarbeitende, Maschinen, Fabriken) zu bestimmten Aufgaben mit minimalen Kosten (Aufwand) zuzuordnen. Dabei wird von einer gleichen Anzahl an Entitäten und Aufgaben ausgegangen. Ein effizientes Lösungsverfahren (ungarische Methode) lieferte KUHN[267]. Sind die Anzahl der Entitäten und der Aufgaben verschieden, wird vom „unbalancierten" Zuordnungsproblem (engl. unbalanced assignment problem) gesprochen[268]. Zur Lösung werden typischerweise Entitäten und Aufgaben „kopiert", bis deren Anzahl gleich ist, und die ungarische Methode angewandt werden kann[269].

Reihenfolgen

Reihenfolgeprobleme (engl. Sequencing) werden mitunter von KASNA UND KUMAR erläutert[270]. Eine allgemeine Formulierung findet sich ebenfalls bei BAKSHI[271]. Ziel ist die Bildung von Bearbeitungsreihenfolgen für eine Menge von Aufträgen, deren Operationen eine Menge an Maschinen erfordert. Jeder Auftrag erfordert dabei genau einen Prozess je Maschine. Minimiert werden bspw. die Gesamtfertigstellungszeit oder Kosten. Beim Sequencing werden keine Transporte berücksichtigt.

Routen

Eines der bekanntesten Routenprobleme stellt das Problem des Handlungsreisenden (Traveling Salesman Problem, kurz TSP) dar[272]. Ziel ist es, dass jeder Standort, bis auf die Startposition, in einer Menge an fixierten Standorten durch eine Entität (Person bzw. Fahrzeug) genau einmal

266 siehe HILLIER und LIEBERMAN, 2015, S. 348
267 KUHN, 1955
268 BETTS und VASKO, 2016, S. 296f
269 BETTS und VASKO, 2016, S. 297
270 KASANA und KUMAR, 2004
271 BAKSHI und ARORA, 1969
272 ELSHERBENY, 2010, S.123

besucht wird. Die zurückzulegende Strecke wird minimiert. Eine Generalisierung stellt das multiple TSP dar, bei dem mehrere Handlungsreisenden eingesetzt werden. Als *Vehicle Routing Problem (VRP)* werden m-TSP bezeichnet, bei dem eine Menge an Fahrzeugen ausgehend von einem bzw. mehreren Depots aus starten, um alle Stationen mit einer bestellten Menge an Gütern zu beliefern. Zwischen den Standorten bzw. Stationen und dem Depot existieren Kosten, die mit einem Transport assoziiert werden. Das Problem wird auf DANTZIG zurückgeführt[273] und ist NP-schwer[274]. Weisen die Fahrzeuge eine Beladungskapazität auf, wird das Problem auch als Capacitated VRP (CRVP) bezeichnet[275]. Andere Varianten berücksichtigen Zeitfenster, innerhalb derer die Belieferung stattfinden soll (Vehicle Routing Problem with Time Windows (VRPTW)), erfordern die periodische Belieferung der Standorte[276] oder erlauben die Belieferung eines Standortes durch mehrere Fahrzeuge (Split Delivery Vehicle Routing Problem (SDVRP))[277].

Standorte

Das Problem der Entscheidung für einen oder mehrere Versorgungsstandorte wird sowohl als Single- bzw. Multi-Facility Location Problem (kurz FCL) also auch (Fixed Cost) als Median Problem bezeichnet[278]. Gewählte Standorte versorgen Kunden (auch Agenten genannt), wobei die Versorgung mit einem Kostenprofil (typischerweise Distanzen) einhergeht[279]. Können dabei beliebige Standorte auf einer planaren Fläche in Frage kommen, handelt es sich um das Continuous Facility Loaction Problem im Unterschied zum Discrete Facility Location Problem. Letzterem liegt ein Netzwerk zugrunde. Erfüllt die gewählte Distanzfunktion die Dreiecksungleichung, handelt es sich um metrische Facility Location Probleme, andernfalls um nicht-metrische. Wenn die Standorte beschränkte Kapazitäten zur Versorgung der Agenten aufweisen, dann handelt es sich um das Capacitated FCL[280]. Andernfalls handelt es sich um das Uncapacitated FCL[281]. Alle vorangegangenen Varianten sind NP-Schwer. Ein aktuelles Klassifizierungsschema liefern NASIRI ET AL[282]. Kombinationen des FCL mit dem VRP erweitern die Standortentscheidungen zusätzlich um die Frage, welche Fahrzeugrouten zur Versorgung der Agenten idealerweise zu wählen sind. Sie werden als Location-Routing Problem bezeichnet und mitunter von SCHNEIDER UND DREXEL sowie KARAOGLAN UND ALTIPARMAK bearbeitet[283].

273 siehe DANTZIG und RAMSER, 1959
274 LENSTRA und KAN, 1981, S. 224f
275 ROJAS-CUEVAS u. a., 2018, S. 2,BRANDÃO DE OLIVEIRA und VASCONCELOS, 2010, S. 126
276 FRANCIS, SMILOWITZ und TZUR, 2008, bspw. S. 74
277 ARCHETTI und SPERANZA, 2008, bspw. S. 122
278 siehe AZIZ u. a., 2020, HOCHBAUM, 1982
279 AZIZ u. a., 2020, S. 1807
280 bspw. KACPRZYK und LIU, 2009, S. 157f
281 bspw. LI, 2011
282 NASIRI, FALLAH und DAVOUDPOUR, 2022
283 SCHNEIDER und DREXL, 2017, KARAOGLAN und ALTIPARMAK, 2015

Maschinenbelegungsplanung

Das Sequencing ist ein Spezialfall der Klasse der Maschinenbelegungsprobleme (engl. job scheduling), die alle Ein-Maschinen-, Mehr-Maschinen-, Open-Shop-, Flow-Shop- und Job-Shop-Modelle umfassen[284]. Diese zielen darauf ab, für eine Menge an Aufträgen und für eine Menge an Ressourcen günstige Belegungspläne zu bestimmen.

GRAHAM ET AL. schlugen durch das Tripel $\alpha|\beta|\gamma$ eine strukturierte Klassifikation vor[285], die weite Verbreitung findet[286]. α charakterisiert die Maschinenumgebung, β die Auftragscharakteristika und γ die Zielfunktion[287].

Job-Shop-Modelle zielen auf Produktionssysteme ab, die typischerweise nach dem Prinzip der Werkstattfertigung organisiert sind. Für jeden Auftrag ist eine Maschinenreihenfolge bei der Abarbeitung einzelner Operationen zu berücksichtigen. Die Reihenfolgen sind auftragsspezifisch. Auch kann ein Auftrag eine Maschine auslassen oder auf ihr mehrfach bearbeitet werden. Allerdings steht von jedem Typ genau eine Maschine zur Verfügung.[288] Eine Klassifizierung für Job Shop Probleme wurde durch ABDOLRAZZAGH-NEZHAD UND ABDULLAH[289] vorgestellt. Diese ist allerdings nicht überschneidungsfrei zu GRAHAM'S Schema. Eine Generalisierung des bereits NP-schweren JSP stellt das flexible Job-Shop-Problem (engl. Flexible Job Shop Problem (FJSP)) dar[290]. Für die Ausführung von mindestens einer Operation steht nicht nur eine, sondern stehen mehrere Maschinen zur Verfügung.[291]

CHAUDHRY UND KAHN liefern einen Überblick über ca. 400 unabhängige Publikationen zu FJSP und charakterisieren das Problem im Allgemeinen durch folgende Eigenschaften:[292]

- Es existiert eine Menge J, die n Aufträge enthält, die durch eine Menge M an Maschinen bearbeitet werden müssen.
- Jeder Auftrag J_i besteht aus einer Sequenz an b_i Operationen $\{o_{i1}, o_{i2}, ...o_{ib_i}\}$
- Jede Operation eines Auftrags muss ausgeführt werden, um diesen fertig zu stellen. Ferner erfordert eine Operation o_{ji} eine Maschine $m_k \in M$, die in der Lage ist, die Operation auszuführen. Dazu wird eine Prozesszeit p_{jik} benötigt.
- Alle Maschinen in M stehen ab dem Zeitpunkt $t = 0$ zur Verfügung.

[284] GRAHAM u. a., 1979, S. 287
[285] GRAHAM u. a., 1979, S. 288
[286] siehe HOFMANN, 2021, S. 11ff, vgl. ACKER, 2011, S. 21ff
[287] Auf eine ausführliche Erläuterung der Klassifizierung wird an dieser Stelle verzichtet und auf die Primärquelle verwiesen.
[288] ACKER, 2011, S. 23
[289] ABDOLRAZZAGH-NEZHAD und ABDULLAH, 2017, S. 429ff
[290] XIE u. a., 2019, S. 67
[291] ACKER, 2011, S. 23
[292] vgl. CHAUDHRY und KHAN, 2016, S. 552

- Alle Aufträge in J stehen ab dem Zeitpunkt $t = 0$ zur Verfügung.
- Eine Operation o_{ji} kann stets nur von einer Maschine m_k gleichzeitig bearbeitet werden.
- Es existieren keine Reihenfolgebeziehungen zwischen den Operationen unterschiedlicher Jobs, d.h. sie sind unabhängig voneinander.
- Präemption ist nicht erlaubt, d.h. eine Operation kann nach Bearbeitungsbeginn nicht unterbrochen und später fortgesetzt werden.
- Transportzeiten zwischen den Maschinen sowie Rüstzeiten sind in den maschinenspezifischen Prozesszeiten inkludiert.

Kann jede Operationen auf jeder Maschine ausgeführt werden, wird die Variante auch als *totales FJSP* bezeichnet. Andernfalls wird das Problem auch als *partiales FJSP* bezeichnet.[293]

Eine spezifische Variante des FJSP wird durch NOURBI ET AL beschrieben, die als Flexible Job Shop Scheduling Problem with Transportation Times and Many Robots (FJSPT-MR) bezeichnet wird. Sie stellt die Kombination zweier NP-schwerer Probleme, dem FJSP und dem Routing mobiler Transportroboter (VRP) dar[294]. Die Kombination wird auf BILGE UND ULUSOY zurückgeführt, die ein nicht-lineares MIP aufstellten und einen iterativen Lösungsansatz präsentierten[295]. Eine Variante, die nur ein Transportfahrzeug verwendet (FJSPT-SR), wurde durch HUNRIK UND KNUST bearbeitet, die eine Tabu-Suche zur Lösung vorschlugen[296]. Tabelle 4.2.2 fasst ähnliche Ansätze zusammen. Auch finden sich Varianten, bei denen explizit zwei Transportfahrzeuge eingesetzt werden. Die Merkmale des FJSP sind für das FJSPT-MR wie folgt zu ergänzen:[297]

- Jeder Auftrag J_i erfordert nicht nur die Durchführung all seiner Operationen o_{ji}, sondern zusätzlich die Durchführung von $b_i - 1$ Transportoperationen $\{t_{i1}, t_{i2}, ...t_{i,b_i-1}\}$
- Für die Durchführung erforderlicher Transporte steht eine Menge R an Robotern zur Verfügung, die r Transportroboter enthält. Jeder dieser Roboter kann zu einem Zeitpunkt maximal einen Auftrag transportieren.
- Ein Transport eines Auftrags J_i wird bei zwei konsekutiven Operationen o_{ij} und o_{ij+1}, die auf den Maschinen m_k bzw m_{k+1} ausgeführt werden, erforderlich. Führt ein Roboter r_h diesen aus, wird der Transport mit $t^{r_h}_{m_k,m_{k+1}}$ bezeichnet.
- Bewegt sich ein Roboter im unbeladenen Zustand zwischen den zwei Maschinen, wird der Transport durch $t'^{r_h}_{m_k,m_{k+1}}$ bezeichnet.

293 CHAUDHRY und KHAN, 2016, S. 553, KACEM, HAMMADI und BORNE, 2002, S. 1ff
294 NP-schwere und Klassifikation von Routing Problemen: LENSTRA und KAN, 1981, S. 221
295 BILGE und ULUSOY, 1995
296 HURINK und KNUST, 2005
297 NOURI, DRISS und GHÉDIRA, 2016, S. 276f, [298]

Alle Prozess- und Transportzeiten stellen Eingangsgrößen des FJSPT-MR dar. Während für FJSP und JSP die Zielfunktionen terminorientiert (Fertigstellungszeit), kapazitätsorientiert (Auslastung), durchlaufzeitorientiert (Verspätungen) sind[299], wird beim FJSPT-MR die späteste Fertigstellungszeit (engl. Makespan C_{max}) optimiert.

Publikation	Akronym	Zielfunktion	Lösungsansatz
NOURI, DRISS und GHÉDIRA, 2016	FJSPT-MR	C_{max}	Kombination aus GA und Tabusuche
BILGE und ULUSOY, 1995	FJSPT-MR	C_{max}	Kombination: Heuristik für Maschinenbelegungsplan und gleitendes Fenster
HURINK und KNUST, 2005	FJSPT-SR	C_{max}	Einstufig: Tabusuche, Zweistufig: Maschinenbelegungsplan, anschließend Routenplanung
ABDELMAGUID u. a., 2004	FJSPT-MR	C_{max}	Kombination: GA und heuristisches Schema
DANG und NGUYEN, 2016	FJSPT-MR	C_{max}	Kombination: GA und Heuristik (Präemption)
NOURI, BELKAHLA DRISS und GHÉDIRA, 2016	FJSPT-SR	C_{max}	Kombination: GA und Tabusuche
CHAUDHRY, RAFIQUE u. a., 2022	FJSPT-MR	C_{max}	GA
HOMAYOUNI und FONTES, 2019	FJSPT-MR	C_{max}	MILP
CHAUDHRY, MAHMOOD und SHAMI, 2011	FJSPT-2R	C_{max}	GA
LACOMME, LARABI und TCHERNEV, 2013	FJSPT-MR	C_{max}	PPS: Mehrstufige Ablaufoptimierung
CAUMOND u. a., 2009	FJSPT-SR	C_{max}	MILP
ZHANG, MANIER und MANIER, 2012	FJSPT-MR	C_{max}	Kombination: GA und Tabusuche
GNANAVEL BABU u. a., 2010	FJSPT-2R	C_{max}	Metaheuristik: Differentielle Evolution

Tabelle 4.2: Flexible Job Shop Scheduling with Many Robots – Übersicht

Simultane Maschinenbelegungs- und Standortplanung

Während bei JSP Varianten Maschinenstandorte als gegeben angenommen werden, gibt es Modelle, die Standort- und Scheduling-Probleme gleichzeitig betrachten. Durch den integrierten Ansatz im Unterschied zum sequenziellen Ansatz (d. h. unter Verwendung der Ausgabe eines der Probleme als Eingabe des anderen) wird die Modellierungskraft der Terminplanung für reale Pro-

[299] vgl. ACKER, 2011, S. 26ff, GRAHAM u. a., 1979, S. 290

bleme erhöht.[300] Der Ansatz wird auf HENNES UND HAMACHER zurückgeführt und als Simultaneous Scheduling and Location Problem (ScheLoc) bezeichnet. Das 1-P-ScheLoc (eine Maschine auf einer planaren Fläche) stellt die Verknüpfung aus dem Single Facility Location Problem und dem Ein-Maschinen-Problem dar. Der Ansatz gilt als vorteilhaft, sobald eine bewegliche Maschine eingesetzt werden soll, deren Standortentscheidung nicht nur strategischer oder taktischer, sondern operativer Natur ist.[301] Das Problem wird durch folgende Eigenschaften charakterisiert:

- Es existiert eine Menge J, die n Aufträge enthält, die alle an einer Maschine m ohne Unterbrechung bearbeitet werden müssen und eine Prozesszeit p_j erfordern. Eine Unterteilung in einzelne Operationen erfolgt nicht.
- Die Position $\underline{x}$ der Maschine m kann dabei auf dem planaren Shopfloor $\underline{x} \in F \subseteq \mathbb{R}^2$ gewählt werden.
- Jeder Auftrag $j \in J$ weist zu Beginn eine Lagerposition $\underline{a}_j \in F$ auf und ist nach einer Ankunftszeit $\sigma_j \geq 0$ dort verfügbar.
- Ein Auftrag j kann mit einer konstanten Geschwindigkeit v_j ab Ankunft seine Position verändern (transportiert werden).
- Erreicht ein Auftrag j die Maschine m, kann mit der Bearbeitung begonnen werden, sofern die Maschine nicht blockiert ist. Diese Freigabezeit wird durch $r_j(\underline{x}) := \sigma_j + \frac{1}{v_j} dist(\underline{a}_j, \underline{x})$ bestimmt. Dabei stellt $dist(\cdot, \cdot)$ eine konvexe Distanzfunktion auf F dar.
- Eine Bearbeitungsreihenfolge, in der die Aufträge ausgeführt werden können, kann durch die Permutation π über $J = 1, ..., n$ beschrieben werden. Dabei bedeutet $\pi(i) = j$, dass der Auftrag j an i-ter Stelle der Sequenz ausgeführt wird. Die Menge aller Permutationen von $J = 1, ..., n$ wird mit Π_n bezeichnet.

Im Sinne vollständiger Enumeration können die Fertigstellungszeiten für alle Aufträge und eine Permutation π durch folgenden rekursiven Zusammenhang berechnet werden:

$$C_{\pi(1)}(\underline{x}) = r_{\pi(1)}(\underline{x}) + p_{\pi(1)}, \tag{4.2}$$

$$C_{\pi(i)}(\underline{x}) = \max\{C_{\pi(i-1)}, r_{\pi(i)} + p_{\pi(i)}\}, \quad \forall i \in 2, ..., n \tag{4.3}$$

Die Fertigstellungszeit bestimmt sich durch:

$$C_{max}(\underline{x}) = \max\{C_1(\underline{x}), ..., C_n(\underline{x})\} = C_{\pi(n)}(\underline{x}) \tag{4.4}$$

300 ELVIKIS, HAMACHER und KALSCH, 2009, S. 361

301 HENNES, 2002

Das 1-P-ScheLoc als parametrisches lineares Programm (LP) lautet dann:

$$\min C_{\pi(n)}(\underline{x}) \tag{4.5}$$

$$C_{\pi(i)}(\underline{x}) \geq C_{\pi(i-1)}(\underline{x}) + p_{\pi(i)}, \ \forall i \in 2, ..., n \tag{4.6}$$

$$C_{\pi(i)}(\underline{x}) \geq r_{\pi(i)}(\underline{x}) + p_{\pi(i)}, \ \forall i \in 1, ..., n \tag{4.7}$$

$$\pi \in \Pi_n \tag{4.8}$$

$$\underline{x} \in F \tag{4.9}$$

Wird die Standortentscheidung vernachlässigt, ergibt sich in GRAHAM'S KLASSIFIKATION ein Problem, dass mit $1|r_i|C_{max}$ bezeichnet wird[302]. Es kann gelöst werden, indem die Aufträge in aufsteigender Reihenfolge ihrer Freigabezeiten sortiert werden. Diese Regel wird als Earlieast Release Date Rule (ERD) bezeichnet.

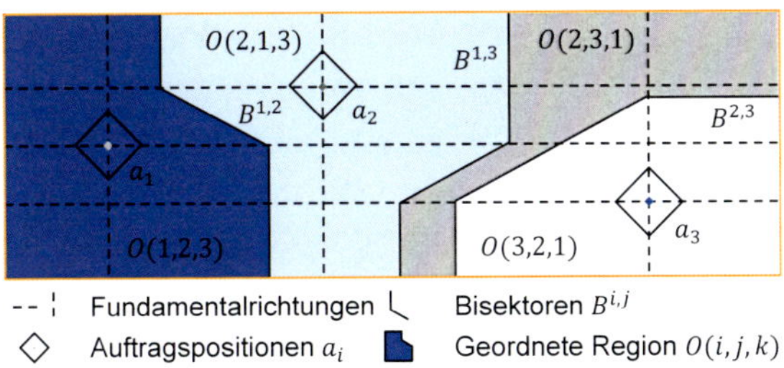

Abbildung 4.11: Geordnete Weber Regionen und Bisektoren

Zur Lösung des planaren ScheLoc werden geordnete Weber Regionen (OWR) gebildet, die eine gleichbleibende Permutation hinsichtlich der Freigabezeiten der Aufträge aufweisen: $O = \{\underline{x} \in F \| r_{\pi(1)}(\underline{x}) \leq ... \leq r_{\pi(n)}(\underline{x})\}$. Die Anzahl aller Permutationen beträgt $n!$. Die Regionen werden durch die Menge der Bisektoren $B^{i,j} = \{\underline{x} \in F | r_i(\underline{x})\} = r_j(\underline{x})\}$ begrenzt (siehe Abbildung 4.11). ELVIKIS ET AL. zeigten, dass für die Klasse der polyedrischen Gauges an Distanzfunktionen, das Gesamtproblem in k lineare Programme unterteilt werden kann, wobei k polynominal bzgl. der Menge an Aufträgen und bzgl. der Anzahl an Extrema der Einheitskugel der gewählten Gauge ist.[303] Sie schlugen drei polynominale Algorithmen vor, die diese Eigenschaft ausnutzen. Zwei stellen dabei globale Suchansätze dar, während der dritte auf einer lokalen Suchheuristik basiert. Der erste verwendet finite Mengen potentieller Lösungsmengen und wird als *Finite Dominating Set (FDS)* bezeichnet. Die übrigen bedienen sich linearer Programmiertechniken.[304]

Tabelle 4.2.2 fasst weitere Publikationen zusammen, die sich mit Varianten des ScheLoc sowie

[302] HENNES, 2002, S. 3

[303] ELVIKIS, HAMACHER und KALSCH, 2007, S. 5

[304] ELVIKIS, HAMACHER und KALSCH, 2009, S. 362ff

einer effizienten Lösung beschäftigen.

KALSCH UND DREZNER betrachtet bspw. das 1-P-ScheLoc-Problem. Neben dem Makespan (C_{max}) wird eine alternative Zielfunktion, die sog. Total Completion Time betrachtet. Sie stellt die Summe der einzelnen Fertigstellungszeiten dar: $\sum_{i=1}^{n} C_{\pi(n)}(\underline{x})$. Neben grundlegenden Eigenschaften der Modelle und unteren Schranken wird gezeigt, dass 1-P-ScheLoc-Probleme mit euklidischen, geradlinigen (rectiliniear) und allgemeinen l_q-Normen sehr effizient durch den *big triangle small triangle*-Verzweigungs- und Grenzwertansatz gelöst werden können. [305]

SCHOLZ betrachtete einen geometrischen Branch-and-Bound-Ansatz für 1-P-ScheLoc-Probleme, der im Vergleich zu den Algorithmen von ELVIKIS ET AL eine bessere Performance zeigte.[306]

Im Unterschied zu den an die Problemstruktur ausgerichteten Lösungsansätzen formulierten RAJABZADEH ET AL gemischt ganzzahlige lineare Programme zur Minimierung des Makespan. Diese adressieren einerseits den kontinuierlichen Fall (planar, $\underline{x} \in F \subseteq \mathbb{R}^2$) und andererseits den diskreten Fall (auch D-ScheLoc genannt), der HENNES UND HAMACHER'S Knoten Version entspricht. Allerdings erfolgt die Modellierung für eine Menge an gleichartigen Maschinen $m \in M$, die parallel betrieben werden können (m-D-ScheLoc); die Prozesszeiten sind dabei unabhängig von der gewählten Maschine.[307]

HESSLER UND DEGHDAK formulierten ein MILP für das diskrete parallele Maschinen Makepan ScheLoc Problem (m-D-ScheLoc, auch als discrete multi machine scheloc (DPMM) bezeichnet). Sie schlugen verschiedene Schranken und Clustering-Heuristiken zur Problemlösung vor, bei denen Jobs in Cluster aufgeteilt werden und jeder Cluster einem der möglichen Maschinenstandorte zugewiesen wird.[308] Im Anhang in Abschnitt F.1 wird ein MILP dargelegt, das an das Modell von HESSLER UND DEGHDAK angelehnt ist und im LMAS Zusammenhang das Abschätzen von oberen und unteren Schranken gestattet.

Im Gegensatz zu den vorangegangen, deterministischen Betrachtungsweisen setzen sich LIU UND LIU mit stochastischen ScheLoc-Problemen für parallele Maschinen auseinander. Dabei unterliegen die Bearbeitungszeiten einer Unsicherheit, die bspw. durch individuelle Bearbeitungsgeschwindigkeiten von Mitarbeitern oder durch Auftragsschäden verursacht werden. Minimiert wird die gewichtete Summe der Aufstellkosten der Maschinen und der Gesamtfertigstellungszeit.[309]

LAWRYNOWICZ UND JOZEFCZYK betrachten eine diskrete Version des ScheLoc Problems, bei dem die Maschinen der Menge $m_k \in M$ maschinenspezifische Prozesszeiten für die Auftragsbearbeitung p_{ik} aufweisen. Zudem vergleichen sie numerisch die sequentielle Lösung des Reihenfolge-

305 KALSCH und DREZNER, 2010, vgl.
306 SCHOLZ, 2012b, vgl. S. 109ff
307 RAJABZADEH, ZIAEE und BOZORGI-AMIRI, 2016, vgl. S. 573 ff
308 HESSLER und DEGHDAK, 2017
309 M. LIU und R. LIU, 2019

und des Standortproblems gegenüber dem integrierten ScheLoc Modell und stellen eine Verbesserung von bis zu 125% des Makespans fest. Weiterhin wird ein memetisches Lösungsverfahren vorgeschlagen, welches auf einer Tabu-Suche basiert.[310]

WANG ET AL liefern ebenfalls eine MILP Formulierung des m-D-ScheLoc Problems. Sie stellen allerdings eine multikriterielle Zielfunktion auf, die neben dem Makespan auch die Aufstellungskosten der Maschinen an den diskreten, potentiellen Standorten berücksichtigt. Um das multikriterielle Problem zu lösen, schlagen sie eine Variante der ϵ-Constraint Methode vor[311].[312]

310 M. ŁAWRYNOWICZ und J. JÓZEFCZYK, 2019

311 Bei dieser Methode wird eine der Zielfunktion optimiert, während die anderen zu Randbedingungen konvertiert werden, die bei einem Minimierungsproblem oberhalb einer Schranke ϵ liegen müssen; siehe DEB, 2008, S.12f

312 Y. WANG, P. WU und J. CHENG, 2020

Pub.	Typ	Zielfunktion	Lösungsansatz
HENNES, 2002	1-D-ScheLoc (node) 1-N-ScheLoc: General Graph (absolut)	C_{max}	Node: Untere Schranke und Sortierung absteigende Bearbeitungszeiten Absolut: ERD Regel und OWRs
ELVIKIS, HAMACHER und KALSCH, 2007	1-P-ScheLoc	C_{max}	ERD Regel und OWRs: Lineare Programmierung
ELVIKIS, HAMACHER und KALSCH, 2009	1-P-ScheLoc	C_{max}	Globale Suche: Finite Dominating Set Globale Suche: Lineare Programmierung Lokale Suche: Lineare Programmierung
KALSCH und DREZNER, 2010	1-P-ScheLoc	C_{max} $\sum_{i=1}^{n} C_{\pi(n)}(\underline{x})$	Big Triangle Small Triangle Branch-and-Bound
SCHOLZ, 2012a	1-P-ScheLoc	C_{max}	Geometrischer Branch-and-Bound
RAJABZADEH, ZIAEE und BOZORGI-AMIRI, 2016	m-D-ScheLoc m-P-ScheLoc	C_{max}	MILP: Branch-and-Cut (GAMS Solver)
HESSLER und DEGHDAK, 2017	m-D-ScheLoc	C_{max}	MILP: Branch-and-Cut (CPLEX Solver) Cluster-Heuristiken Lokale Suche
M. LIU und R. LIU, 2019	sample average approximation (SAA) m-D-ScheLoc Conditional Value-at-Risk (CVaR) m-D-ScheLoc	C_{max}	MILP: SAA (CPLEX Solver) MILP: CVaR (CPLEX Solver)
M. ŁAWRYNOWICZ und J. JÓZEFCZYK, 2019	m-D-ScheLoc	C_{max}	Memetischer Algorithmus auf Basis Tabu-Suche
Y. WANG, P. WU und J. CHENG, 2020	Bi-kriterielles m-D-ScheLoc	C_{max} $\sum_{l \in L} c_l x_l$	MILP: ϵ-Constraint Methode

Tabelle 4.3: Simultaneous Scheduling and Location - Übersicht

4.2.3 Eignungsbewertung im Anwendungszusammenhang der prädiktiven Feinplanung linienloser mobiler Montagesysteme

Tabelle 4.4 stellt die Anforderungen der LMAS Feinplanung (Abschnitt 3.3.3) den Problemklassen gegenüber. Die Analyse, zeigt dass stets gemischt-ganzzahlige lineare Formulierungen existieren, die durch Enumeration sowie Branch-and-Bound bzw. -Cut allerdings mit hohem zeitlichen Aufwand gelöst werden können. Historisch erwachsen aus ursprünglichen Problemen Generalisierungen mit komplexeren Randbedingungen und mehrkriteriellen Zielfunktionen. Bemühungen der Mathematik fokussieren die Untersuchung der Strukturen, um polinominale Algorithmen zur Lösung zu erarbeiten. Die Produktionswissenschaft fokussiert ihre Applikation im Anwendungszusammenhang (bspw. Verwendung von FJSP in HCAs).

Keine der Klassen bildet die Feinplanungsfragestellung integral ab: Zwar würden Assignment Modelle sich für die Zuordnung von Stationen zu Positionen, Ressourcen zu Stationen oder Aufträgen zu Stationen eignen, allerdings immer fokussiert auf eine dieser Aufgaben. Eine mehrstufige Optimierung stellt einen pragmatischen Ansatz dar, der jedoch nicht zwangsläufig zum Optimum des Gesamtproblems führt. Sequencing Ansätze eignen sich dazu, Reihenfolgen und Termine für Arbeitsstationen zu bestimmen, allerdings würden sie keine Zuordnungen von Aufträgen zu Stationen und von Mehrzweckressourcen zu Stationen liefern. VRP Modelle hingegen liefern Auftrags- bzw. Transportrouten, betrachten aber nicht die Termin- und Reihenfolgebeziehungen, die für Montageprozesse charakteristisch sind. Auch enthalten sie keine Standortentscheidungen. Hierzu würden wiederum FCL-Varianten in Frage kommen, die allerdings keine Aussagen bzgl. der Auftragsreihenfolgen liefern.

Der höchste qualitative Eignungsgrad kann den FJSP-MR und m-P-ScheLoc Modellen zugeordnet werden. Denn FJSP-MR erfüllen die Anforderungen an den Transport von Aufträgen und der gleichzeitigen Festlegung von Reihenfolgen und Terminen. Die Maschinenstandorte sind indes ortsfest, die Maschinen nicht konfigurierbar. Das m-P-ScheLoc fokussiert die Standortentscheidung für parallele Maschinen und beantwortet sowohl Routing als auch Zuordnung- und Reihenfolgefragestellungen. Deshalb erfolgt eine Generalisierung im LMAS Zusammenhang. Sie ist erforderlich, denn bekannte Formulierungen berücksichtigen die nachfolgenden Aspekte nicht:

- In m-P-ScheLoc erfolgt eine Zuordnung in der Granularität der Aufträge, nicht aber für elementare Operationen. Dazu ist eine Erweiterung des Routings (Auftragsrouten in Losgröße 1) notwendig; Montagevorranggraphen der Produkte sind zu berücksichtigen. Ferner ist in der Praxis ein Transport zu angrenzenden Lagersystemen die Regel. Insgesamt sind Transportgeschwindigkeiten für Aufträge und mobile Ressourcen spezifisch, denn Teile und Produkte variieren in Größe und Gewicht.
- Den Arbeitsstationen sind analog zum FJSP individuelle Fähigkeitsprofile aufzuprägen, die den Mehrzweckcharakter von Entitäten im LMAS berücksichtigen. Dies schließt die Durchführung von Operationen in stationsspezifischen Prozesszeiten ein.
- Die Stationen sind die Folge einer Zuordnung von Ressourcen zu diesem temporären Verbund. Dabei sind Rüstzeiten zu berücksichtigen, bevor die Station bei der Planung von Be-

arbeitungsreihenfolgen und -terminen berücksichtigt werden kann. Da Stationen über den Lebenszyklus wiederholt an unterschiedlichen Positionen aufgebaut werden, sind die Startpositionen der mobilen Ressourcen je Iteration zu berücksichtigen.

Tabelle 4.4: Eignung gemischt-ganzzahliger Optimierungsmodelle für das Planungsproblem der linienlosen mobilen Montage

			Assignment	Sequencing	Vehicle Routing	Facility Location	Flexible Job Shop	Sim. Scheduling Location
Routen & Standorte	SP1	Auf-/Abbau von Stationen	◑	○	○	◕	○	●
		Routen für mobilisierte Ressourcen	○	○	◑	○	●	○
		Transport von Aufträgen	○	○	◑	◕	◕	◕
Zuord-nung	SP2	Mobile Ressourcen zu Stationen	◑	○	○	○	○	◔
		Aufträge bzw. Operationen zu Stationen	◑	◑	◑	◕	◑	●
Termine & Reihenfolgen	SP3	Ankunfts- bzw. Freigabezeiten Aufträge	○	◑	◑	○	◕	●
		Ankunfts- bzw. Freigabezeiten Ressourcen	○	◑	◑	○	◔	◔
		Reihenfolge & Termine von Operationen an Stationen	○	◑	○	○	●	◕
		Reihenfolge & Termine von Auf-/Abbau von Stationen	○	◑	○	◑	◔	◕

Legende

● Problem (bzw. -varianten) bilden Anforderung vollständig und als integralen Bestandteil ab;
◕ Problem (bzw. -varianten) bilden Anforderung teilweise und als integralen Bestandteil ab;
◑ Problem (bzw. -varianten) bilden Anforderung teilweise, aber nicht als integralen Bestandteil ab;
◔ Problem (bzw. -varianten) bzgl. Anforderung erweiterbar;
○ Problem (bzw. -varianten) erfüllt Anforderung nicht

4.3 Zwischenfazit

Nachdem zuvor das LMAS spezifiziert, die fehlenden Modelle identifiziert und die Anforderungen an diese konkretisiert wurden, erfolgte die Analyse des Stands der Technik. Diese zeigte, dass vorhandene Ansätze weder für eine Steuerungssystemarchitektur noch zur Feinplanung des Betriebs unmittelbar verwendbar sind. Allerdings sind Gestaltungselemente teilweise übertragbar.

Hinsichtlich der Architektur liefert das Entwurfsmuster *holonisches Produktionssystem*, im Gegensatz zu streng heterarchischen Multiagenten Systemen, die topologisch temporären Über- und Unterordnungsrelationen, die von LMAS, ihren Stationen und Ressourcen benötigt werden. Den Ausgangspunkt der nachfolgenden Modellierung stellen ORCA und POLLUX dar, die aus einer produktionspraktischen Perspektive die Notwendigkeit globaler Feinplanungsmodelle für flexible Systeme begründen.

Für ein Gesamtsystem sind weiterhin die in Kapitel 2.2 qualitativen Systembestandteile und ihr Verhalten in ein semantisches und syntaktisches Beschreibungsmodell zu überführen. ADACOR und ADACOR^2 zeigen methodisch, dass ein solches aus Gründen der Wiederverwendbarkeit und Vergleichbarkeit in Form einer Ontologie umgesetzt werden sollte. Deutlich wird zudem, dass für den Systembetrieb Abweichungen (online) von prädiktiven, global-optimalen Ablaufplänen immer dann sinnvoll sind, wenn schnell auf Störungen zu reagieren ist. Einerseits unterbinden diese die Fortsetzung des geplanten Ablaufes. Andererseits ist die Ermittlung eines neuen global-optimalen Ablaufplanes nicht in den geforderten Rechenzeiten realistisch.

Für die Feinplanung liefert das m-P-ScheLoc Problem einen Anhaltspunkt für einen Whitebox-Ansatz. Es weist eine hohe Modellierungskraft auf, falls die Festlegung von Maschinenstandorten neben der integralen Bestimmung von Ablaufplänen nicht nur langfristig strategischer, sondern kurzfristig operativer Natur ist. Es beantwortet dennoch die LMAS PPS Fragestellungen nicht vollständig und bedarf einer Adaption auf den Kontext der Montage.

5 Formalisierung – Operativer Betrieb linienloser mobiler Montagesysteme

Ziel des 5. Kapitels ist, die in Abschnitt 2.2 erfolgte (qualitative) Beschreibung des Forschungsgegenstands in eine formale zu überführen. Diese dient der Ableitung eines Ordnungsrahmens sowie der programmiertechnischen Anbindung der Feinplanung. Dabei orientiert sich die Beschreibung an den Arbeiten von MÖNCH[313], EWERT[314] und HÜTTEMANN[315]. Entsprechend den Anforderungen umfasst die Notation Produkte und ihre Teile sowie die LMAS-Entitäten Ressource, Station und Fabrik und deren Integration in der LMAS Domäne. Es werden im Sinne des Referenzarchitekturmodells der Industrie 4.0 stets Typen von Instanzen unterschieden.[316] Der Typ stellt die Blaupause einer abgeleiteten Entität dar. Er umfasst Merkmale, die für seine Instanzen charakteristisch sind. Eine Instanz ist eindeutig identifizierbar und prägt die Merkmale genau eines Typen aus[317]. Beispielsweise liefert nachfolgend ein Operationstyp alle Details, die notwendig sind, um eine Operation auszuführen. Zwei verschiedene Operationen vom gleichen Typen werden allerdings unterschiedlichen Produkten zugeordnet. Dadurch lassen sich individuelle Details bei der Ausführung zu Dokumentationszwecken den Instanzen zuordnen. Typen weisen demnach grundsätzlich keine Zustände auf.

Das Kapitel gliedert sich nun wie folgt: Zunächst werden Produkttypen und Produkte eingeführt (Abschnitt 5.1). Anschließend werden die Entitäten (Fabrik, Station, Ressource) zunächst generisch, und dann spezifisch definiert (Abschnitt 5.2). Es folgt das vollständige Beschreibungsmodell der LMAS Domäne im Zusammenhang des operativen Betriebs. Nachgelagert werden unterstützende Algorithmen zur Bildung von Montagereihenfolgen sowie der Erzeugung von Shopfloor-Graphen erarbeitet (Abschnitt 5.3). Das Kapitel mündet in einem Zwischenfazit und der Beantwortung der ersten forschungsleitenden Fragestellung FLF1 (Abschnitt 5.5).

5.1 Produkttypen und Produkte

Das Produkt ist das Ergebnis sämtlicher wertschöpfender Aktivitäten der industriellen Montage; so auch im LMAS. Die nachfolgende formale Produkttypbeschreibung trennt die Struktur und die technologisch unterschiedlichen Möglichkeiten der Herstellung durch unterschiedliche Arbeitsfolgen

[313] siehe MÖNCH, 2006, S. 16ff
[314] siehe EWERT, 2014, S. 69ff
[315] siehe HÜTTEMANN, 2021, S. 93ff
[316] vgl. HILDEBRANDT u. a., 2017, S. 4; ALCÁCER und CRUZ-MACHADO, 2019, S. 900
[317] INTERNATIONAL ELECTROTECHNICAL COMMISSION, 2020, S. 13ff

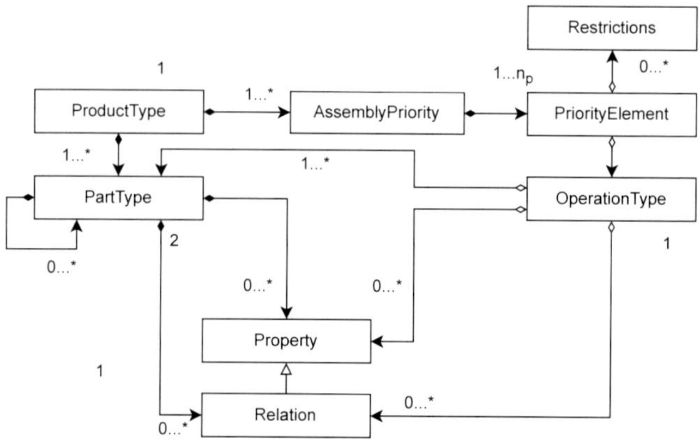

Abbildung 5.1: Produkttyp – Klassendiagramm

voneinander. Sie berücksichtigt die Anforderung AO3. Das zugehörige Klassendiagramm wird in Abbildung 5.1 dargestellt. Instanzen sind nicht Teil der Darstellung und finden sich in Abbildung 5.3.

Ein Produkttyp p ist Teil einer endlichen Menge an Produkttypen $\mathcal{P}$, d.h. $p \in \mathcal{P}$. Dabei gilt:

$$\mathcal{P} \subseteq \mathcal{T}_{\mathcal{P}}^{\alpha} \times \mathcal{E}_{\mathcal{P}}^{\beta} \times \mathcal{R}_{\mathcal{P}}^{\gamma} \tag{5.1}$$

Ein Produkttyp besteht aus einer endlichen Anzahl α an Teiletypen, die in der Praxis Baugruppen höherer Ordnung darstellen können, die wiederum aus Teiletypen und Baugruppen niedriger Ordnung bestehen. Teiletypen können mehrfach einem Produkttyp zugeordnet werden, wenn diese mehrfach verwendet werden.

$$\mathcal{T}_{\mathcal{T}} \subseteq \mathcal{T}_{\mathcal{T}}^{\delta} \times \mathcal{R}_{\mathcal{T}}^{\epsilon} \times \mathcal{E}_{\mathcal{T}}^{\zeta} \tag{5.2}$$

Ferner werden Produkt- und Teiletypen zusätzlich durch Eigenschaften und Relationen charakterisiert. Eine Eigenschaft $e \in \mathcal{E}$ wird hier als eine binäre Relation (auch geordnetes Paar) bzw. ein Key-Value-Pair $e = (k, v)$ mit $k \in K$ und $v \in V$ definiert. Dabei werden keine spezifischen Merkmale für die (Multi-)Menge der Keys K oder ihrer Elemente sowie der (Multi-)Menge der Values V oder ihrer Elemente gefordert.

$$\mathcal{E} \subseteq K \times V \tag{5.3}$$

Eine Relation wird hier definiert als die Beziehung zwischen η-vielen Teiletypen, die durch θ-viele

Eigenschaften konkretisiert wird.

$$\mathcal{R} \subseteq \mathcal{T}^{\eta} \times \mathcal{E}^{\theta} \tag{5.4}$$

Im Zusammenhang der Montage werden vor allem Fügeoperationen zwischen zwei Fügepartnern betrachtet, d.h. $\eta = 2$. Dabei wird für Relationen gefordert, dass für zwei Teiletypen $t_i, t_{ii} \in \mathcal{T}$ gilt $t_i \neq t_{ii}$.

Besteht ein Teiletyp nicht aus weiteren Teiletypen, wird er als Elementarteiletyp $t_0 \in \mathcal{T}_0$, bezeichnet und ausschließlich durch die Menge seiner Eigenschaften $\mathcal{E}_{t_0}$ charakterisiert.

Für ein Elementarteiletype $t_0 \in \mathcal{T}_0$ mit der Anzahl $|\mathcal{E}_{t_0}| \geq 1$ an Eigenschaften gilt:

$$\mathcal{T}_0 \subseteq \mathcal{E}^{|\mathcal{E}_{t_0}|} \tag{5.5}$$

Die Blaupausen wertschöpfender Aktivitäten werden als Operationstypen $o_p \in \mathfrak{O}_p$ bezeichnet. Die Ausführung der Instanz eines Operationstypen o_p betrifft einen Produkttyp $p \in \mathcal{P}$ und seine Teiletypen $t_p \in \mathcal{T}_p$. Sie wirkt sich in der Form aus, dass

- eine Eigenschaft erzeugt oder verändert wird,
- ein Teiletyp und/oder neue Relationen hinzugefügt sowie Eigenschaften ergänzt und/oder verändert werden,
- ein Elementarteiletyp geschaffen wird.

Das Schaffen eines Elementarteils erfolgt in der Regel durch zerspanende Prozesse der Fertigung und ist hier nicht weiter Gegenstand.

Während $p \in \mathcal{P}$ die Produktstruktur erklärt, enthält eine Arbeitsfolge $w_p \in \mathcal{W}_p$ Expertenwissen über mögliche Folgen von Operationstypen $o_{p,i}$, die unter Berücksichtigung von zusätzlichen Restriktionen (bspw. zeitliche Anforderungen) ausgeführt werden müssen. Dabei sind unterschiedliche, sogenannte Vorgangsfolgen (siehe Abschnitt 5.3 und 5.4.1) möglich. Ein Arbeitsfolgenelement $w_{p,i}$ eines Produkttyps p wird als ein 2-Tupel definiert.

$$w_p := \langle o_{p,i}, \mathfrak{R}_{o_{p,i}} \rangle \tag{5.6}$$

mit

- $o_{p,i} \in \mathfrak{O}_p$: Operationstypen eines Produkttyps $p \in \mathcal{P}$,

- $\mathfrak{R}_{o_{p,i}}$: Menge an Restriktionen, die den Operationstyp $o_{p,i}$ betreffen.

Eine Arbeitsfolge w_p ist ein n_p-Tupel, das Arbeitsfolgenelemente $\mathcal{w}_{p,i}$ in der Reihenfolge, in der diese ausgeführt werden müssen, enthält:

$$w_p := \langle \mathcal{w}_{p,1}, ..., \mathcal{w}_{p,n_p} \rangle \tag{5.7}$$

Während bislang nur Produkt-, Teile- und Operationstypen betrachtet worden sind, stellen Produkt und Teile konkret hergestellte bzw. herzustellende Objekte dar. Bei Operationen (Instanzen) handelt es sich um Aktivitäten, die Einfluss auf Produkt- bzw. Teilezustände und deren Beschaffenheit nehmen. Produkte, Teile und Operationen weisen jeweils genau einen entsprechenden Typ auf und folgen diesem strukturell. Aufträge werden im weiteren Verlauf in der Losgröße 1 ausgeführt und werden dadurch mit genau einem Produkt assoziiert. Dabei bezeichnet $p \in P$ ein Produkt, $t \in T$ ein Teil und $o \in O$ eine Operation. Die nachfolgenden Abbildungen liefern die zugehörigen Typen:

$$hasType_T : T \rightarrow \mathcal{T} \text{ bzw. } hasType_P : P \rightarrow \mathcal{P} \text{ bzw. } hasType_O : O \rightarrow \mathfrak{O} \tag{5.8}$$

Die Ausführung $f(o_p)$ einer Operation $o_p \in O_p$, die einem Operationstyp $\mathcal{o}_p \in \mathfrak{O}_p$ entspricht ($hasType(o_p) = \mathcal{o}_p$ und $hasType(p) = \mathcal{p}$), wirkt sich auf den Zustand des Bearbeitungsobjektes aus und wird durch folgende Abbildung beschrieben:

$$f : P_p \times Z_p \times Z_{p,t} \rightarrow Z_p \times Z_{p,t} \times P_p \tag{5.9}$$

Die Menge der Zustände Z_p bezeichnet Zustände des Produktes p (Instanz eines Produkttyps), die Menge der Zustände $Z_{p,t}$ bezeichnet Zustände der Teile des Produktes p.

5.2 Entitäten

Um Produkte und Teile, die der vorangegangenen Produkttypendefinition folgen, ausbringen zu können, bedarf es bearbeitender, wertschöpfender Entitäten. Dazu werden Fabriken, in denen Stationen betrieben werden können, die wiederum Ressourcen umfassen, unterschieden. Allerdings weisen ihre Beschreibungen auf unterschiedlicher Abstraktionsebene (Fabrik, Station, Ressource) gewisse Selbstähnlichkeiten auf, weshalb zunächst eine generische Beschreibung der sog. LMAS-Entitäten auf Basis dieser Selbstähnlichkeit erfolgt. Die Beschreibung berücksichtigt die Anforderung an den Ordnungsrahmen AO1, AO2 und AO4 sowie die allgemeine Anforderung AA2.

Eine LMAS-Entität $\ell \in \mathcal{L}_a$ weist eine Ordnung $O(\ell) = a$ auf. Die Abbildung bildet auf die drei

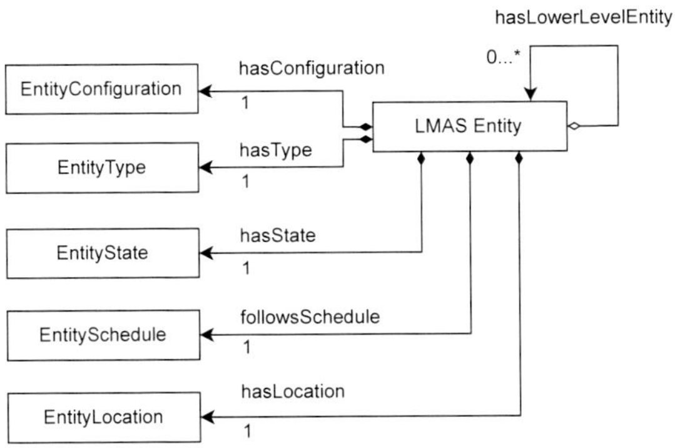

Abbildung 5.2: LMAS Entitäten – Klassendiagramm

unterschiedlichen Ebenen: Fabrik, Station bzw. Ressource ab.

$$O : \mathcal{L}_a \rightarrow \{1, 2, 3\} \tag{5.10}$$

Die Menge der LMAS-Entitäten ist wie folgt definiert:

$$\mathcal{L}_a \subseteq \mathcal{L}^{\iota}_{a-1} \times EC_a \times ET_a \times EZ_a \times EW_a \times T, \text{ mit } a \geq 2 \tag{5.11}$$

Dabei bezeichnen

- $\mathcal{L}^{\iota}_{a-1}$ ι-viele LMAS-Entitäten niedrigerer Ordnung,
- EC_a die Konfiguration der Entität,
- ET_a den Typ der Entität,
- EZ_a den Zustand der Entität,
- EW_a den Arbeitsplan der Entität,
- T den Zeitpunkt.

Für Ressourcen, d.h. $a = 1$, lautet der Zusammenhang:

$$\mathcal{L}_1 \subseteq EC_1 \times ET_1 \times EZ_1 \times EW_1 \times T \tag{5.12}$$

Erfordert die Praxis über die drei hier verwendeten Abstraktionsebenen zusätzliche Ebenen (bspw. Fabrikebenen von Wiendahl et al.[318]), erlaubt Abbildung 5.2 diese Erweiterung.

[318] siehe ElMaraghy und Wiendahl, 2009, S. 11, Wiendahl, Reichardt und Nyhuis, 2010, S. 131

5.2.1 Fabrik

Entität

Eine Fabrik ist eine LMAS Entität der 3. Ordnung. Sie umfasst zu einem Zeitpunkt $\tau \in T$ eine gewisse Anzahl ϕ an Stationen, die der globale Fertigungsplan vorsieht.

$$\mathcal{L}_3 \subseteq \mathcal{L}_2^{\phi} \times FC \times FT \times FZ \times FW \times T \tag{5.13}$$

Konfiguration

Eine Fabrikkonfiguration $fc \in FC$ ist ein Tupel, das folgende Elemente zusammenfasst:

$$fc := \langle \mathfrak{S}, SC_{fc}, ST_{fc}, \mathcal{P}_{fc}, \mathcal{E}_{fc} \rangle \tag{5.14}$$

mit

- $\mathfrak{S}$ dem Shopfloor,
- SC_{fc} der Menge der möglichen Stationskonfigurationen,
- ST_{fc} der Menge der möglichen Stationstypen,
- $\mathcal{P}_{fc}$ der Menge der möglichen Produkttypen,
- $\mathcal{E}_{fc}$ der Menge der Eigenschaften, die die Fabrik weiter beschreiben.

Eine Fabrikkonfiguration muss gewisse Konsistenzbedingungen erfüllen: Einerseits müssen die zugelassenen Stationskonfigurationen die notwendigen Fähigkeitsvektoren aufweisen, um die geforderten bzw. erlaubten Produkttypen herstellen zu können. Andererseits muss der Shopfloor $\mathfrak{S}$ so ausgestaltet sein, dass ausreichend Platz für den Aufbau der Stationen, die den zugelassenen Stationskonfigurationen folgen, vorhanden ist.

Die Rekonfiguration der Fabrik wird definiert als eine Abbildung:

$$\mathfrak{C}_3 : FC \times FZ \rightarrow FC \times FZ \times T \tag{5.15}$$

Entsprechend des in Abschnitt 2.2 eingeführten Rekonfigurationsbegriffs für LMAS, erfordert $\mathfrak{C}_3$, dass alle Entitäten von niedrigerer Ordnung nicht operativ verfügbar sein werden und entsprechende Zustände eingenommen haben bzw. die Fabrik als Ganzes den geeigneten Fabrikzustand $fz \in FZ$ aufweist. Mit Abschluss der Fabrikrekonfiguration können diese wieder aktiv werden, und die Fabrik hat ebenfalls einen Zustand. Die Rekonfiguration wird eine gewisse Zeit in Anspruch nehmen, die durch $\Delta\tau \in T$ charakterisiert wird.

Typ

Der Fabriktyp fasst Eigenschaften zusammen, die das Gesamtsystem charakterisieren:

$$FT \subseteq \mathfrak{E}^{\kappa}_{\mathcal{L}_3} \tag{5.16}$$

Diese können einerseits zu Klassifizierungszwecken beschreibende Eigenschaften bspw. Namen sein (z.B. („Factory Class Name [string]“ , „Truck Frame Assembly“)), andererseits kann es sich hier um infrastrukturelle Eigenschaften handeln, die nicht ohne disruptive Eingriffe und bauliche Maßnahmen die Eigenschaften der Fabrik verändern (z.B. („Ceiling Height [m]“ , „5.00“)). D.h. diese Eigenschaften sind zu einem Zeitpunkt $\tau \geq 0$ des Fabrikbetriebes konstant und nicht durch Fabrikrekonfigurationen veränderlich; denn ihre Veränderung erfordert Wandel.

Zustand

Die Menge FZ umfasst die möglichen Zustände $z_{\mathcal{L}_3}$ der Fabrik. Es werden folgende Zustände definiert:

$$z_{\mathcal{L}_3} \in \{\tilde{d}_{\mathcal{L}_3}, \tilde{r}_{\mathcal{L}_3}, \tilde{c}_{\mathcal{L}_3}, \tilde{e}_{\mathcal{L}_3}\} \tag{5.17}$$

mit

- $\tilde{d}_{\mathcal{L}_3}$: die Fabrik kann rekonfiguriert werden,
- $\tilde{r}_{\mathcal{L}_3}$: die Rekonfiguration der Fabrik wird durchgeführt,
- $\tilde{c}_{\mathcal{L}_3}$: die Fabrik ist rekonfiguriert und kann ihre Arbeit wieder aufnehmen,
- $\tilde{e}_{\mathcal{L}_3}$: die Fabrik und ihre untergeordneten Einheiten arbeiten wertschöpfend.

Fabrikplan

Der Fabrikplan $fw \in FW$ stellt den Globalplan aller geplanten Abläufe dar und beantwortet die feinplanerischen Fragestellungen (siehe Abschnitt 2.2.2). Weiter lassen sich aus dem Fabrikplan für die Entitäten niedrigerer Ordnung entsprechende lokale Pläne ableiten. Zu einem Zeitpunkt $\tau \in T$ ist ein Globalplan fw zu einem gewissen Grad abgearbeitet. Eine detaillierte Beschreibung der enthaltenen Entscheidungen erfolgt in Abschnitt 7.1.3.

5.2.2 Station

Entität

Eine Station $s \in \mathcal{L}_2$ ist eine LMAS Entität der 2. Ordnung. Sie umfasst zu einem Zeitpunkt $\tau \in T$ ψ-viele Ressourcen.

$$\mathcal{L}_2 \subseteq \mathcal{L}_1^{\psi} \times SC \times ST \times SZ \times SW \times T \tag{5.18}$$

Für zu planende Stationen wird vorausgesetzt, dass potentielle Typen und Konfigurationen im Zusammenhang der Fabrikplanung und Prozessentwicklung erzeugt worden sind. Um diesen Entwicklungsprozess zu unterstützen, finden sich Hinweise im Anhang (Abschnitt C).

Typ

Ein Stationstyp $st \in ST$ weist unveränderliche Eigenschaften $\mathcal{E}_{ST}^{\mu}$ und bestimmte Fähigkeiten $c \in F_{ST}$ auf. Die Fähigkeiten charakterisieren, in welcher Zeit eine Station des Stationstyps st einen Operationstypen o durchführt:

$$F_{ST} \subseteq \mathfrak{O} \times T \tag{5.19}$$

Dann gilt für Stationstypen:

$$ST \subseteq F_{ST}^{\nu} \times \mathcal{E}_{ST}^{\xi} \tag{5.20}$$

Konfiguration und Rüsten

Während HÜTTEMANN die Konfiguration einer Station als Eigenschaft eines Stationstyps versteht[319], werden hier die Stationskonfigurationen als eigene Menge verstanden, die durch ein kartesisches Produkt in die Menge der Entitäten $\mathcal{L}_2$ einfließen. Das heißt, dass einer spezifischen Entität sowohl ein Stationstyp $st \in ST$ als auch eine Konfiguration $sc \in SC$ zugewiesen wird. Vorteil ist dann, dass im Allgemeinen alternative (räumliche) Anordnung von verschiedenen Ressourcentypen für gleiche Fähigkeiten sorgen können. Dies entspricht auch den in Abschnitt 2.1.3 eingeführten Flexibilitätsbegriffen. Im Grenzfall gibt es dann für einen Typen genau eine Konfiguration. Dieser Grenzfall wird im Zusammenhang der Feinplanung als anerkannte praktische Vereinfachung berücksichtigt.

[319] HÜTTEMANN, 2021, S. 85ff

Eine Stationskonfiguration wird also definiert als ein Tupel $sc \in SC$, das folgende Elemente zusammenfasst:

$$sc := \langle \mathfrak{A}, RC^{\rho}_{sc}, RT^{\rho}_{sc}, \mathcal{E}^{\upsilon}_{sc} \rangle \tag{5.21}$$

wobei

- $\mathfrak{A}$ die Nutzung der Fläche charakterisiert, die innerhalb der Station zur Verfügung steht,
- RC^{ρ}_{sc} die mit der Stationskonfiguration einhergehenden Ressourcenkonfigurationen charakterisiert, dabei gibt ρ die Anzahl der relevanten Ressourcen an,
- RT^{ρ}_{sc} die Ressourcentypen angibt, die zur Nutzung der Station entsprechend RC_{sc} konfiguriert sein müssen, und
- $\mathcal{E}^{\upsilon}_{sc}$ zusätzliche die Konfiguration charakterisierende Eigenschaften umfasst.

Die Nutzung der Fläche innerhalb der Station ($\mathfrak{A}$) wird hier nicht weiter konkretisiert. Im Allgemeinen kann diese Fläche diskret oder kontinuierlich modelliert werden (siehe Anhang, Abschnitt C). Die Art der Modellierung kann sich dabei von Konfiguration zu Konfiguration unterscheiden. Auf dieser Basis ergeben sich die Intrastationspositionen, zu denen die Ressourcentypen in ihrer geforderten Konfiguration zugeordnet werden. Diese Abgrenzung ist hier zweckmäßig, denn das notwendige Tupel an Informationen über Stationskonfigurationen und -typen für die Feinplanung und Steuerung unterscheidet sich von den erforderlichen Informationen zur technologischen Realisierung von Prozessen (Engineering). Für die Feinplanung und Steuerung der LMAS organisierten Fabrik ist die Prozess- und Stationsentwicklung als abgeschlossen zu betrachten und gegeben.

Die Rekonfiguration einer Station wird dann im Allgemeinen definiert als folgende Abbildung:

$$\mathfrak{C}_2 : SC \times SZ \rightarrow SC \times SZ \times T \tag{5.22}$$

$\mathfrak{C}_2$ erfordert, dass alle Entitäten von niedrigerer Ordnung (d.h. Ressourcen) nicht operativ verfügbar sein werden und entsprechende Zustände eingenommen haben bzw. die Station als Ganzes einen geeigneten Stationszustand in SC aufweist. Mit Abschluss der Stationsrekonfiguration können diese wieder aktiv werden. Die Durchführung der Rekonfiguration erfordert die Zeit $\Delta\tau \in T$.

Neben der Rekonfiguration ist eine Station vor ihrem Betrieb zu rüsten. Das Rüsten wird ebenfalls durch eine Abbildung beschrieben. Das Rüsten erfordert Zeit und geht mit einer Änderung des Zustandes einher. Die implementierten Zustände SZ und die zusätzlich notwendigen Transitionen werden in Abschnitt 6.4 weiter erläutert.

$$\mathfrak{R}_2 : \mathcal{L}_2 \times SZ \rightarrow \mathcal{L}_2 \times SZ \times T \tag{5.23}$$

Stationsplan

Ein Stationsplan $w_s \in SW$ ist ein n_s-Tupel, das die Stationsplanelemente w_s entsprechend der geplanten Abarbeitungsreihenfolge enthält. Ein Stationsplanelement w_s ist ein 4-Tupel, das zu einer geplanten Zeit $\tau \in T$ mit einer nächsten Aktion $a \in \mathcal{A}$ beginnt. Die Menge der Aktionen $\mathcal{A}$ umfasst dabei die möglichen Funktionen des Rüstens $\mathfrak{R}_{2,s}$, des Rekonfigurierens $\mathfrak{C}_{2,s}$, der Abarbeitung von Operationen $f(o_p)$ sowie das Auflösen der Station $\mathfrak{D}_s$. Eine Aktion betrifft u.U. eine Operation $o_{p,i}$, die in diesem Fall an dritter Stelle des Tupels mit aufgeführt wird (ansonsten bleibt diese leer). Über die eindeutige Zuordnung von Operationen im Unterschied zu Operationstypen und $f(o_p)$ ist das betroffene Produkt p als implizite Information enthalten. Die von einer Aktion unmittelbar betroffenen temporären Ressourcen R_s der Station werden an vierter Stelle mit ausgewiesen.

$$w_s := \langle \tau, a, o_{p,i}, R_s \rangle \tag{5.24}$$

5.2.3 Ressource

Entität

Eine (mobile bzw. mobilisierte) Ressource ist notwendig, um eine Station aufzubauen. Ressourcen werden hier als das atomare Element der LMAS Entitäten 1. Ordnung verstanden. Diese werden folgendermaßen charakterisiert:

$$\mathcal{L}_1 \subseteq RC \times RT \times RZ \times RW \times T \tag{5.25}$$

Typ

Die unveränderlichen Eigenschaften von Ressourcen werden im zugehörigen Ressourcentyp zusammengefasst.

$$RT \subseteq \mathcal{E}^{\mu}_{RT} \tag{5.26}$$

Konfiguration und Rüsten

Ressourcen weisen eine Konfiguration auf, die beispielsweise den Rüstzustand weiter erklärt. Auf eine weitere Detaillierung über durch Rekonfiguration veränderliche Eigenschaften wird verzichtet.

$$rc := \langle \mathcal{E}^{\chi}_{rc} \rangle \tag{5.27}$$

Die Rekonfiguration der Ressource wird definiert als eine Abbildung:

$$\mathfrak{C}_1 : RC \times RZ \rightarrow RC \times RZ \times T \tag{5.28}$$

Im Stationsverbund sind die Ressourcen einzurüsten. Die zugehörige Funktion wird durch folgende Abbildung angegeben:

$$\mathfrak{R}_1 : \mathcal{L}_1 \times RZ \rightarrow \mathcal{L}_1 \times RZ \times T \tag{5.29}$$

Die Elemente in der Menge der Zustände RZ, die die Ressourcen einnehmen, werden ebenfalls in Abschnitt 6.4 behandelt.

Ressourcenplan

Der Ressourcenplan $w_r \in RW$ ist ein n_r-Tupel, das die Ressourcenplanelemente $\mathcal{w}_r$ in der Reihenfolge der notwendigen Abarbeitung enthält. Ein Ressourcenplanelement $\mathcal{w}_r$ ist ein 5-Tupel, das zu einer geplanten Startzeit und ausgehend von einer Startposition $l \in L$ einer Ressource auf dem Shopfloor die nächste Bewegung bestimmt. Diese wird durch einen Zielort (Ressourcentransport) $g \in L$, eine Zielstation $s \in \mathcal{L}_2$, in der die Ressource temporär gerüstet wird, und eine dazu erforderliche Zielkonfiguration $rc \in RC$ charakterisiert.

$$\mathcal{w}_r := \langle \tau, l, g, s, rc \rangle \tag{5.30}$$

5.3 Domäne

Die nachfolgend dargestellte Abbildung 5.3 integriert die vorangegangenen Konzepte und Modellelemente des operativen Betriebs in Form eines Klassendiagramms. Die LMAS Entitäten sind dabei zentral dargestellt und weisen in Abhängigkeit ihrer Ordnung entsprechende Ausprägungen an Assoziationen auf.

Hervorzuheben ist, dass die Möglichkeit der Ausführung von Operationen alleine auf der Ebene von Stationen angesiedelt ist. Dies stellt in der Anwendung keine Einschränkung dar, denn Stationen können auch aus einer einzigen Ressource bestehen. Innerhalb der Station wird für diese dann weiterhin die notwendige Konfiguration gefordert, sodass mit Bezug zum Stationstypen dis-

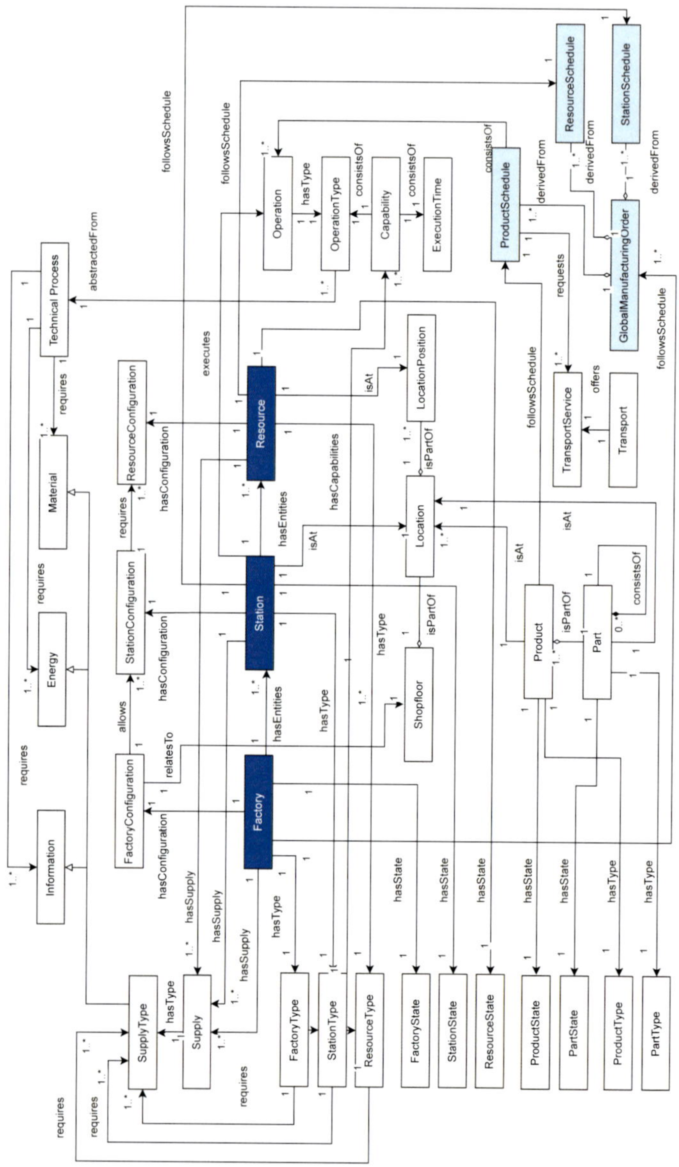

Abbildung 5.3: LMAS Domäne – Klassendiagramm

krete Fähigkeiten vorhanden sind.

Die Pläne der Entitäten sind in der Abbildung ebenfalls hervorgehoben dargestellt. Während Pläne der LMAS Entitäten im vorangegangenen Abschnitt behandelt wurden, wird hier auf den Arbeitsplan des Produktes (ProductSchedule) weiter eingegangen: Für Produkttypen wurden Arbeitsfolgen in Abschnitt 5.1 definiert.

Ein Arbeitsplanelement wird wie folgt modelliert:

$$v_p := \langle \tau_{ts_p}, ts_p, s_{o_p}, o_p, \tau_{o_p}, \pi_{o_p} \rangle \tag{5.31}$$

mit

- τ_{ts_p}: ggfs. geplanter Beginn des Transportes,
- ts_p: ggfs. notwendiger Auftragstransport vor Ausführung der Operation o_p,
- s_{o_p}: Station, an der Operation o_p ausgeführt werden soll und zu der der Transport erfolgt,
- o_p: auszuführende Operation,
- τ_{o_p}: geplanter Beginn der Operation o_p,
- π_{o_p}: ggfs. zu berücksichtigende Priorität gegenüber anderen Vorgängen.

Ein Arbeitsplanelement enthält, falls nötig, einen Transport ts_p zur Bearbeitungsstation. Transporte beziehen sich dabei auf Auftragsrouten, d.h. Bewegungen des zu bearbeitenden Auftrags von einer Station zur nächsten. Dabei handelt es sich um eine gängige Simplifikation der Montagesteuerung. Auch ist die Teilelogistik entsprechend des heuristischen Bezugsrahmens nicht Gegenstand der Betrachtung (siehe Abschnitt 1.3). Zur Ausführung der Auftragsrouten wird ein Transportservice aufgerufen, der eine Schnittstelle zum Flottenmanagementsystem darstellt. Sollten Teiletransporte in weiterführenden Arbeiten von Bedeutung sein, so eignen sich hier teilespezifische Arbeitspläne (in Hellgrau dargestellt), die ebenfalls mit dem Transportservice interagieren.

Die Ausführung der Operation o an einer Station s geht mit entsprechender Ausführungszeit $\Delta\tau$ einher, die sich über den Stationstypen ($hasType(s) = st$) ableiten lässt, denn dieser enthält die entsprechenden Fähigkeiten F_{st}.

τ_{o_p} als geplanter Beginn der Ausführung ist eine Möglichkeit, Termine zu konkretisieren. Auch ein frühester und spätester Ausführungsbeginn kann hier ergänzt werden.

Ein Arbeitsplan a_p bezieht sich letztendlich auf die Herstellung eines Produkts p eines Types p in Losgröße 1 (Auftrag). Der Arbeitsplan a_p ist ein n_p-Tupel, das Vorgangselemente v_p in der Reihenfolge, in der diese ausgeführt werden müssen, enthält:

$$a_p := \langle v_{p,1}, ..., v_{p,n_p} \rangle \tag{5.32}$$

Nach Ausführung des letzten Vorgangs v_{p,n_p} weist das Produkt p die Sollstruktur auf, die durch den Produkttyp p spezifiziert wurde.

In der Abbildung 5.3 sind im oberen Bereich solche Klassen dargestellt, die nicht Gegenstand der weiteren Betrachtung sind (grau) und der Entwicklung von technischen Prozessen zugeordnet werden. Die generischen Aktiva Material, Energie und Informationen kapseln o.B.d.A. zusätzliche zur Versorgung der Entitäten erforderliche Eingangsgrößen und Betriebsmittel. Beispielsweise sind mobile Einheiten mit Strom zu versorgen bzw. in regelmäßigen Intervallen zu laden. Die Behandlung der Logistik wurde im Zusammenhang des heuristischen Bezugsrahmens (siehe Abschnitt 1.3) bereits ausgeschlossen.

5.4 Konkretisierung von Objektmodellen

Während im Vorangegangenen die formale Beschreibung relevanter Entitäten durchgeführt wurde, erfordert die Realisierung einer LMAS Feinplanung und Steuerung implementierte Objektmodelle, insbesondere hinsichtlich der Arbeitspläne unter Berücksichtigung von Montagevorranggraphen und hinsichtlich der Charakterisierung der Produktionsfläche des Shopfloors. Diese Objektmodelle werden nachfolgend ausgeführt.

5.4.1 Montagevorranggraph

Die Festlegung von Montagereihenfolgen erfolgt in der Praxis im Zusammenhang der Erzeugung von Arbeitsplänen in der Arbeitsplanung[320]. Ein Arbeitsplan enthält die Arbeitsfolgen und die Arbeitssysteme, die für eine schrittweise Aufgabendurchführung erforderlich sind (siehe „Vorgangselement“ , Abschnitt 5.3)[321]. Für ein Produkt existiert ggfs. eine Vielzahl alternativer Arbeitsfolgen $w_{p,i}$, deren Anzahl exponentiell mit der Anzahl der Teile steigt[322].

Die Darstellung der Arbeitsfolgen von Montageoperationen kann als Graph $G_M = (V, E)$, dem Montagevorranggraph erfolgen. Die Kanten repräsentieren mögliche technische Reihenfolgen der Operationen durch direkte Vorgänger-Nachfolger-Beziehungen. Dieser Graph ist gerichtet („directed Graph“ , kurz Digraph), nicht-zyklisch und entspricht einer Halbordnung[323].

Bei der programmiertechnischen Umsetzung kommen Adjazenzlisten, Inzidenzmatrizen oder Adjazenzmatrizen zum Einsatz[324]. Hier werden Adjazenzmatrizen verwendet: Weist ein Graph $G = (V, E)$ insgesamt $|V|$ Knoten auf, handelt es sich bei seiner Darstellung in Form einer Adjazenzmatrix A um eine $|V| \times |V|$ Matrix. Ein Eintrag in der i-ten Zeile und j-ten Spalte, der von 0 verschieden

[320] EVERSHEIM, 2002, vgl. S. 6f, S. 17f
[321] KLAUS-DIETER ARNDT, 2007, vgl. S. 1403ff
[322] BAHUBALENDRUNI und BISWAL, 2016, S. 825
[323] siehe OTTMANN und WIDMAYER, 2017, S. 597; KERN und BAUERNHANSL, 2018, S. 412
[324] WIESBECK, 2014, S. 17

Vorranggraph $G_M(V,E)$

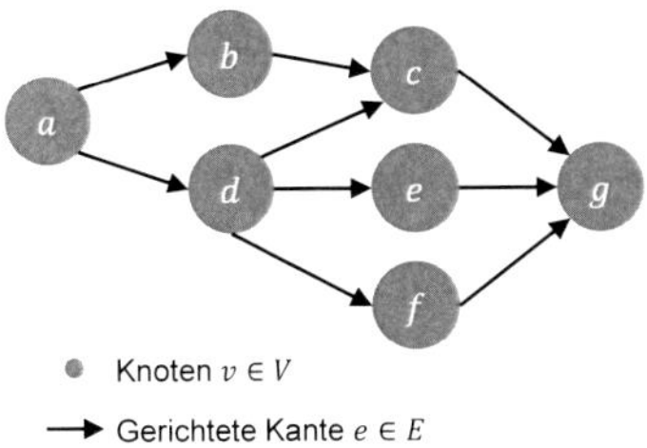

Adjazenzmatrix A_M

V	a	b	c	d	e	f	g
a	0	1	0	1	0	0	0
b	0	0	1	0	0	0	0
c	0	0	0	0	0	0	1
d	0	0	0	0	1	1	0
e	0	0	0	0	0	0	1
f	0	0	0	0	0	0	1
g	0	0	0	0	0	0	0

Abbildung 5.4: Montagevorranggraph und Adjazenzmatrix

ist, bedeutet, dass eine Kante vom i-ten zu dem j-ten Knoten existiert. Falls die Hauptdiagonale nur Einträge mit dem Wert 0 aufweist, ist der Graph nicht-zyklisch. Handelt es sich um einen Graphen ohne Kantengewichte, gilt $a_{ij} = 0$, falls $ij \notin E$; andernfalls ist $a_{ij} = 1$.

Der Montagevorrang wird hier analog zu HUTH[325] als vollständig strukturiert verstanden: D.h. es wird von der Existenz einer Adjazenzmatrix im LMAS ausgegangen, die nur alle technisch möglichen Arbeitsfolgen beinhaltet. Das NP-schwere kombinatorische Problem der Ableitung einer optimalen Vorgangsfolge[326] wird als Assembly Sequence Planning Problem (ASP) oder auch Assembly Sequence Generation Problem (ASG) bezeichnet[327]. Es wird hier nicht weiter untersucht, da dieses Gegenstand anderer Forschungsarbeiten ist[328]; auch ist in der Produktionspraxis die Ermittlung einer linearen Vorgangsfolge Aufgabe der Arbeitsplanung und -vorbereitung.

Um dennoch ausgehend von einem Montagevorranggraph mit alternativen Arbeitsfolgen zu einer linearen Folge w_p zu gelangen, wird hier ein topologischer Sortieralgorithmus verwendet (Algorithmus 1). Eingesetzt wird eine Tiefensuche, die neben Kahn's Algorithmus zu den gängigen Verfahren zählt. Die topologische Sortierung stellt eine vollständige Ordnung her. Diese wird in Algorithmus 1 durch O bezeichnet. S ist eine Liste („Stack"), die die als nächstes zu explorierenden Knoten $v \in V$ enthält, deren gegenwärtiger Eingangsgrad Null ist.

Die in Zeile 6 verwendete Funktion $deg^-(v)$ ermittelt den Eingangsgrad eines Knoten v, also die Anzahl der eingehenden Kanten. Er berechnet sich durch $\sum_{j \in V} a_{ij}$, falls a_{ij} die Einträge der Adjanzenzmatrix und $i, j \in V$ die Knoten des Digraphen bezeichnen.

Das Ergebnis für Montagefolgen ist ein nicht-zyklischer, nicht-symmetrischer Graph. Die Spaltensummen der Matrix sind kleiner oder gleich eins. Für eine erste Operation eines Produktionsauftrags ist die Zeilensumme gleich Null, in allen anderen Fällen ebenfalls gleich eins.

325 HUTH, 2004, S. 6
326 LV und LU, 2010, S. 761
327 RASHID, HUTABARAT und TIWARI, 2012, S. 336; BAHUBALENDRUNI und BISWAL, 2016, S. 824
328 bspw. YI u. a., 2018; WANG und TIAN, 2016

Algorithmus 1 Topological Sort (Depth First Search)

```
procedure TOPOOLOGICALSORT(G(V, E))
    S ← ∅
    O ← ∅
    i ← 0
    for each v ∈ V do
        if deg⁻(v) = 0 then S ← S ∪ {v}
    while |S| > 0 do
        v ← v ∈ S
        S ← S \ {v}
        O ← O ∪ {v}
        i ← i + 1
        for each (v, w) ∈ E do
            deg⁻(w) ← deg⁻(w) − 1
            if deg⁻(w) = 0 then
                S ← S ∪ {w}
    if i = |V| then
        Graphtype ← 'non-cyclic'
    else
        Graphtype ← 'cyclic'
    return Graphtype, O
```

5.4.2 Shopfloor und Produktionsflächen

Das Tupel einer Fabrikkonfiguration umfasst u.a. die zur Verfügung stehende Produktionsfläche $\mathfrak{S}$ (Shopfloor), die es weiter zu modellieren gilt, sodass auf Freiflächen innerhalb von Fabrikgebäuden Stationen aufgebaut, betrieben und abgebaut werden können. Dabei werden für das LMAS Shopfloormodelle des sogenannten Dynamic Facility Location Problems (DFLP) zu Grunde gelegt. Das Ziel des DFLP ist die optimale Bestimmung einer bestimmten Anzahl von Einrichtungen unter einer vorgegebenen Menge potenzieller Standorte und die Zuweisung von Nachfragezentren zu diesen Einrichtungen. Dabei wird berücksichtigt, dass Nachfrage und Vertriebskosten sich über die Zeit ändern können.[329] Unterschieden werden dabei (rechteckige) flächengleiche Einrichtungen (engl. „equal area departments")[330] und (rechteckige) nicht-flächengleiche Einrichtungen (engl. „unequal area departments")[331], die insgesamt das Fabriklayout ergeben. Im ersten Fall wird die Produktionsfläche einer Fabrik äquidistant diskretisiert. Im zweiten Fall ist diese Diskretisierung beliebig. Das sogenannte zonenbasierte Layout stellt einen Hybrid dar. Die Einrichtungen werden dabei einzelnen Zonen zugeordnet und innerhalb einer Zone unter Berücksichtigung ihrer tatsächlichen Länge und Breite angeordnet (nicht-flächengleiche Einrichtungen). Die Zonen selbst sind

[329] FARAHANI, ABEDIAN und SHARAHI, 2009, S. 347f

[330] siehe ROSENBLATT, 1986, S. 82

[331] siehe MAZINANI, ABEDZADEH und MOHEBALI, 2013, S. 939ff

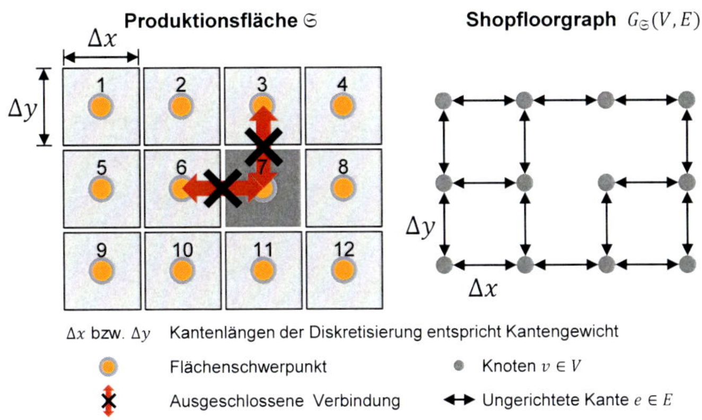

Abbildung 5.5: Shopfloorlayout und Shopfloorgraph

allerdings flächengleich.[332]

Für LMAS Fabrikkonfigurationen $fc \in FC$ erfolgt die Diskretisierung des Shopfloors durch flächengleiche Rechtecke, innerhalb der einzelnen Stationsflächen $\mathfrak{A}$ finden die tatsächlichen Ressourcenabmessungen Berücksichtigung (zonenbasiertes Layout). Der Shopfloor wird auf der Fabrikebene durch einen Graphen $G_{\mathfrak{S}}(E, V)$ beschrieben. Die Knoten V repräsentieren die Flächenschwerpunkte der Rechtecke, die Gewichte der Kanten E repräsentieren die Distanzen zwischen den Flächenschwerpunkten. Die Verwendung eines Graphen ist zweckdienlich und orientiert sich an der VDA5050[333]. Um über Routen der mobilen Einheiten bzw. der Stationen im LMAS zu entscheiden, bedarf es einer Distanzfunktion, die zur Gewichtung der Kanten geeignet ist. Die Manhattan-Metrik (auch 1-Norm) liefert dazu ein geeignetes Abstandsmaß:

$$d(a, b) = \sum_i |a_i - b_i| \tag{5.33}$$

Um für beliebige Produktionsflächen erforderliche Shopfloorgraphen automatisiert erzeugen zu können, wurde der Algorithmus 2 implementiert. Die Eingangsgrößen umfassen die Anzahl der Reihen und die Anzahl der Spalten der Shopfloor-teilenden Rechtecke. Weiter ist die Kantenlänge in x- und y-Richtung dieser Rechtecke anzugeben.

Gegebenenfalls verhindert die bauliche Beschaffenheit des Shopfloors, dass bestimmte Aufstellorte für Stationen infrage kommen. Auch können entlang der möglichen Verbindungen zwischen zwei Aufstellorten unüberwindbare Hindernisse für die mobilen Einheiten bzw. Produkttransporte

332 vgl. Kulturel-Konak, 2017, S. 1379ff

333 vgl. Verband der Automobilindustrie, 2022, S. 15

vorhanden sein. Zusätzlich können intralogistische Regeln existieren, die die Nutzung dieser Wege explizit ausschließen. Falls auszuschließende Kanten existieren, können diese als Parameter dem Algorithmus übergeben werden. Dieser erzeugt zunächst eine Menge V an Konten, die fortlaufend (oben links beginnend) nummeriert sind (siehe Abbildung 5.5). Diese werden entsprechend ihrer Reihenfolge betrachtet. Sofern eine nächste Zeile bzw. Spalte der Shopfloordiskretisierung existiert, wird nach unten bzw. rechts eine Kante hinzugefügt; vorausgesetzt, diese wurde durch die Eingangsparameter nicht ausgeschlossen. Die Zeilenumbrüche werden über die angegebene Anzahl an Zeilen und Spalten bestimmt.

Algorithmus 2 LMAS Shopfloor Graph Algorithmus

procedure CREATESHOPFLOORGRAPH(Δx, Δy, r, c, $E_{excluded}$)
    $V, |V| \leftarrow r * c$
    $E \leftarrow \emptyset$
    $i \leftarrow 0$
    for each $v_i \in V$ **do**
        if $v_{i+1} \neq \emptyset$ **then**
            if $\lfloor i/c \rfloor == \lfloor (i+1)/c \rfloor$ **then** $e_{i,i+1} \leftarrow (v_i, v_{i+1}), |e_{i,i+1}| \leftarrow \Delta x$
                if $e_{i,i+1} \notin E_{excluded}$ **then** $E \leftarrow e_{i,i+1}$
            if $i/c < r - 1$ **then** $e_{i,i+c} \leftarrow (v_i, v_{i+c}), |e_{i,i+1}| \leftarrow \Delta y$
                if $e_{i,i+c} \notin E_{excluded}$ **then** $E \leftarrow e_{i,i+c}$
        $i \leftarrow i + 1$
    return $G \leftarrow (V, E)$

Dieser Graph liefert die Grundlage, um für das in Kapitel 7.1 dargestellte LMAS ScheLoc Modell die notwendige Distanzmatrix zu bestimmen. Diese enthält von jedem Knoten des erzeugten Graphen die Länge der kürzesten Routen zu jedem anderen Knoten des Graphen. Um diese Matrix zu bestimmen, kommt hier der Johnson's All Pair Shortest Path Algorithmus[334] in Frage[335].

Da für ein LMAS Shopfloor Graph $|E| \leq 2|V|$ gilt (siehe Abbildung 5.5), wird dieser auch als magerer Graph bezeichnet[336]. Der Johnsons All Pair Shortest Path Algorithmus terminiert dann bereits in der Ordnung $O(|V|^2 log|V|)$.

Die Verwendung der Flächenschwerpunkte der Distanzmatrix impliziert bei der Bewegung von einzelnen Ressourcen ggü. gesamten Stationen einen Fehler. Dieser wird einerseits aufgrund der Höhe seines Betrages akzeptiert. Andererseits kann durch eine steuerungstechnische Anpassung der tatsächlichen Bewegungsgeschwindigkeit eine Kompensation erfolgen. Für unterschiedliche Arten der Diskretisierung des Shopfloors und der Ausgestaltung von Pfaden zur Bewegung der mobilen Einheiten werden die maximalen Abweichungen im Anhang (siehe Abschnitt B) dargelegt.

334 vgl. JOHNSON, 1977
335 Eine Alternative stellt der Floyd-Warshall Algorithmus dar.
336 Die Kantenanzahl eines mageren Graphen ist höchstens linear zur Knotenanzahl.

5.5 Zwischenfazit

In diesem Kapitel erfolgte die formale Beschreibung des Forschungsgegenstandes im Sinne der Anforderung AA1, um den zweiten Teil der ersten forschungsleitenden Fragestellung (FLF1) nach dem „Was“ abschließend zu beantworten. Er betrifft die Beschreibung der relevanten Objekte zur LMAS Steuerung und Feinplanung von Abläufen. Sie ist erforderlich, da sowohl die in vorangegangen Arbeiten[337] erfolgten Darstellungen sowie die Erläuterung der Betriebsphase des LMAS Paradigmas in Abschnitt 2.2 sind nicht ausreichend syntaktischer Natur. Der Beitrag des Kapitels wird in Abbildung 5.6 zusammengefasst.

Zentral sind die LMAS Entitäten unterschiedlicher Abstraktionsebenen (Fabrik, Station, Ressource), denen stets ein Ort, ein Typ, eine Konfiguration, ein Plan sowie Verknüpfungen zu niederabstrahierten Entitäten zugeordnet werden (Anforderungen AO1 und AO2). Deshalb weisen sie neben ihren spezifischen Merkmalen einen gewissen Grad an Selbstähnlichkeiten auf; denn eine Fabrik umfasst Stationen, die temporär Ressourcen umfassen. Daraus ergibt sich eine weitere Indikation, ein Steuerungsmodell zu erarbeiten, das dem holarchischen Entwurfsmuster (Abschnitt 4.1.1) folgt.

Die Formalisierung berücksichtigt insbesondere die Rekonfigurationsfähigkeit (Abschnitt 2.2.3) als essentielles Unterscheidungsmerkmal von LMAS ggü. anderen Montageorganisationsparadigmen (Anforderung AA2): Formal ist die Rekonfiguration einer LMAS Entität eine Abbildung, die eine vorhandene Konfiguration unter Berücksichtigung des Zustandes in eine neue Konfiguration und einen entsprechenden Zustand zu einem späteren Zeitpunkt überführt. Dabei erklärt eine Konfiguration in Abhängigkeit der Ordnung einer Entität das Verständnis von Aufstellungsorten sowie die erforderlichen Konfigurationen und Typen der Entitäten der niedrigeren Abstraktionsstufe.

Während die Konfiguration die innere Struktur einer Entität erklärt, liefert ihr Typ die nach außen gerichteten und unveränderlichen Eigenschaften. Ist in der Praxis für eine konkrete Entität (bspw. Station) nur eine Konfiguration möglich, ist sie im Grenzfall ebenfalls eine unveränderliche Eigenschaft. Die Verknüpfung von individuellen Plänen mit den Entitäten schafft grundsätzliche Autonomiekorridore und LMAS-spezifische Freiheitsgrade, erfordert aber gleichzeitig die Detaillierung von Interaktionsmodellen bei der Abarbeitung von Aufträgen, die es in Kapitel 6 zu entwickeln gilt.

Das Konzept des Arbeitsplans, welcher nicht mit einer einzelnen Entität assoziiert ist, wurde im Zusammenhang der LMAS Domäne ergänzt. Der Arbeitsplan verknüpft die Fähigkeiten der Stationen (Operation von bestimmten Typen in gewisser Zeit durchzuführen), die für die Montage von Produkten entsprechender Produkttypen gefordert werden (Anforderung AO3). Operationstypen abstrahieren technologische Prozesse im Sinne der Anforderung AO4.

Die Domäne liefert schließlich den Entwurf des Informationsmodells der notwendigen Systemar-

[337] bspw. HÜTTEMANN, 2021, S. 85ff; HÜTTEMANN, BUCKHORST und SCHMITT, 2019, S. 727ff

Abbildung 5.6: Beiträge der Kapitel zur Beantwortung der übergeordneten Forschungsfrage

chitektur. Aufgaben der (Intra-)Logistik, Materialversorgung und Transporte des operativen Fabrikbetriebs wurden angesichts des heuristischen Bezugsrahmens abgegrenzt.

Für die Steuerung und Feinplanung wurden abschließend der Umgang mit alternativ möglichen Arbeitsfolgen sowie die Modellierung des Shopfloors konkretisiert. Eine topologische Sortierung liefert stets lineare Arbeitsfolgen, die in der Praxis in der Arbeitsvorbereitung definiert werden. Die Produktionsfläche wird im Rahmen dieser Arbeit durch flächengleiche Rechtecke diskretisiert und durch einen Graphen beschrieben. Johnson's All Pair Shortest Path Algorithmus liefert die zugehörigen Distanzmatrizen, die in Kapitel 7 eine notwendige Eingangsgröße darstellen.

6 Holonisches Steuerungsmodell

In diesem Kapitel wird auf Basis der vorangegangenen formalen Beschreibung ein Steuerungsmodell für linienlose mobile Montagesysteme abgeleitet. Es folgt bezüglich der Verteilungs- und Ordnungsrelationen einzubindender Funktionselemente dem holarchischen Entwurfsmuster, um räumlich-zeitlich transiente Montagestationen betreiben zu können. Insbesondere werden die Ziele der Feinplanung und Steuerung aus Abschnitt 3.1 durch Interaktionen der nachfolgend konkretisierten Holone umgesetzt. Das Steuerungsmodell ist das Mittel zum Zweck, um das globale Feinplanungsmodell (Kapitel 7) für die linienlose mobile Montage in einen Anwendungszusammenhang zu bringen.

Das Kapitel ist dabei wie folgt strukturiert: In Abschnitt 6.1 wird zunächst ein Überblick das dreischichtige Gesamtsystem gegeben und der Ablauf des Systembetriebs konkretisiert. Es folgt in Abschnitt 6.2 die Darlegung des Holonmodells, welches die Blaupause für die programmiertechnische Umsetzung der LMAS Entitäten (siehe Abschnitt 5.2) darstellt. In Abschnitt 6.3 werden die Interaktionen zwischen den Holonen definiert, die zum Systembetrieb befähigen. Eine wesentliche Rolle spielen dabei die Zustände der interagierenden Entitäten. Ihre Zustandsautomaten werden in Abschnitt 6.4 entwickelt. Im Zusammenhang der Eignungsbewertung von Referenzarchitekturen wurde Gestaltungselement einer regelbasierte Ereignisengine identifiziert. Diese dient dazu, dass der Systembetrieb auch in Situationen, die vom Normalbetrieb abweichen, fortgesetzt werden kann. Eine LMAS spezifische Strategie wird Abschnitt 6.5 angegeben. Das Kapitel endet in Abschnitt 6.6 mit einem Zwischenfazit und der Beantwortung der zweiten forschungsleitenden Fragestellung (FLF2).

6.1 Überblick über das Gesamtsystem

Die Steuerungsarchitektur dient einerseits dazu, Feinplanungsfunktionalitäten bereitzustellen und andererseits dazu, die Ergebnisse dieser umzusetzen und deren Umsetzung sicherzustellen (vgl. Abschnitt 3.1 – Ziele). Die Architektur muss dabei den in Abschnitt 3.3 spezifizierten übergeordneten Anforderungen AA1 bis AA3, den Anforderungen an den Ordnungsrahmen AO1 bis AO4 sowie den speziellen Anforderungen an die Architektur SS1 bis SS3 gerecht werden. Diese werden vom Stand der Technik nicht vollumfänglich abgebildet. Abbildung 6.1 zeigt das Blockdiagramm der Systemarchitektur.

Die Architektur folgt dem Holon-Konzept und weist dadurch verteilte und zentralisierte sowie hierarchische und heterarchische Elemente auf. Die Holone des Systems werden drei unterschiedlichen hierarchischen, statischen Schichten zugeordnet: der Planungsschicht, der Koordinationsschicht und der Ausführungsschicht. Zusätzlich gibt es Querschnittsaufgaben, die in keiner der Ebenen gekapselt werden. Die Holone der Ausführungsschicht verantworten ggfs. angebundene Aktuatoren und Hardware. Die Systemschichten orientieren sich an den Ebenen von ADACOR, ORCA und POLLUX, die auf dem Drei-Schicht-Ansatz basieren[338]. Der holonische Ansatz wird gewählt, denn er gestattet:

- eine statische High-level Hierarchie, die hinreichenden Determinismus bei der Ausführung von Operationen mit sich bringt sowie der Vermeidung von Deadlocks dient,
- eine verbindliche, prädiktive Globalplanung, die auch anderen Unternehmensbereichen (bspw. Logistik) zur Verfügung gestellt werden kann,
- ausreichende heterarchische Elemente, die eine Behandlung von Disruptionen und Abweichungen vom Globalplan gestatten, um den kontinuierlichen Betrieb des Gesamtsystems sicherzustellen,
- grundsätzliche Möglichkeiten, logische Entitäten mit temporären Lebenszyklen zu instanziieren, die die elementaren mobilen Mehrzweckressourcen im temporären Stationsverbund orchestrieren.

Die ersten drei Eigenschaften stellen generelle Akzeptanzkriterien für eine industrielle Umsetzung dar[339]. Die letzte ist dem LMAS inhärent.

Die Holone der Planungsschicht dienen der modellbasierten Bestimmung optimaler Montageabläufe und damit dem Ziel der „Feinplanung des Montageablaufs (Z1)“ unter Berücksichtigung der Anforderungen eingehender Produktionsaufträge und der Zustände der LMAS Fabrik $\mathcal{L}_3$ und ihrer Entitäten. Sie liefern den Globalplan. Die Feinplanungsmodelle (MILP und Heuristik) des Kapitel 7 werden hier gekapselt.

Die Koordinationsschicht stellt den Einstiegspunkt des Gesamtablaufs dar. Die Ziele: „Steuerung der Durchführung des Montageablaufs (Z3)“, „Monitoring der Durchführung und Identifikation von Störungen (Z4)“, „Behandlung identifizierter Störungen (Z5)“, die „Anbindung der Entitäten (Z6)“ sowie „Anbindung externer Systeme (Z7)“ werden hier realisiert. Einerseits werden Zustände der Holone der Ausführungsschicht verdichtet, um Anfragen an die Planungsschicht zu stellen, andererseits werden aus bestimmten Globalplänen die Entitäten-spezifischen Pläne (ProductSchedule, StationSchedule und RessourceSchedule) abgeleitet, die den Holonen der Ausführungsschicht überantwortet werden. Globalpläne sind in der Ausführungsschicht unbekannt.

[338] vgl. SCHNEEWEISS, 1999, S. 218
[339] vgl. SCHILD und BUSSMANN, 2007, S.78

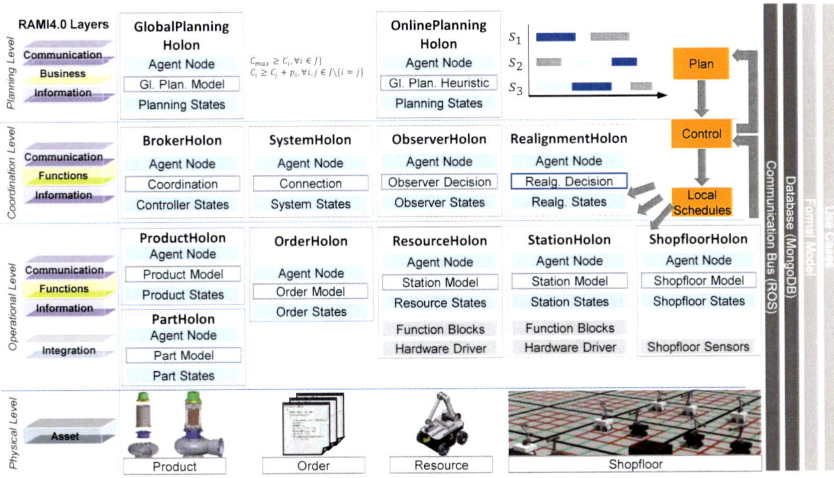

Abbildung 6.1: Holonisches LMAS Steuerungsmodell – Blockdiagramm

Die Ausführungsschicht konsolidiert die Holone, die dem Ziel der „Ausführung der wertschöpfenden Operationen (Z8)" dienen. Diese interagieren miteinander, um die Abarbeitung ihrer überantworteten lokalen Pläne zu realisieren. Die Beziehungen der Holone der Steuerungsschicht und der Ausführungsschicht sind also durch das Entwurfsmuster der Zielmodifikation zwischen übergeordnetem intervenierenden Systemelement und hierarchisch untergeordnetem agierenden Systemelement geprägt (siehe Abschnitt 4.1.1). Allerdings sind Unter- bzw. Überordnungsrelationen innerhalb der Ausführungsschicht (Station und Ressourcen) nur temporärer (holarchischer) Natur.

Die Implementierung der Architektur erfolgte in Python und C++ unter Verwendung der Middelware „Robot Operating System (ROS)". Sie liefert die strukturell erforderlichen Elemente der verteilten Service-orientierten Architektur (SoA): Publish/subscribe-Nachrichtendienste, service- und aktionsbasierte Funktionen (blockierend/synchron und nicht-blockierend/asynchron). BLASCO ET AL. referieren über die Vor- und Nachteile dieser Wahl gegenüber weiteren Alternativen[340]. Zu Zwecken der Dokumentation von Montage- und Prozesshistorien ist das Gesamtsystem an eine nicht-relationale Datenbank (MongoDB) angeschlossen.

Der Ablauf des Systembetriebs wird in Abbildung 6.2 zusammengefasst. Auf weitere Details, insbesondere auf eingezeichnete Interaktionsmodelle, wird im Verlauf des Kapitels eingegangen.

Den Einstiegspunkt stellt ein Ereignis dar, das die Feinplanung induziert. Dieses Ereignis kann

[340] siehe IÑIGO-BLASCO u. a., 2012

einen Auftragseingang darstellen oder unter Berücksichtigung der aktuellen Auftragslage für die nächste Planungsperiode manuell erzeugt werden. Die Zustände aller angebundenen Entitäten der Ausführungsschicht werden berücksichtigt. Auf Basis der Optimierung wird dann ein globaler Ablaufplan bestimmt und an das Brokerholon übergeben. Dieses leitet die Entitäten-individuellen Pläne ab. Es instanziiert ggfs. erforderliche temporäre Holone (bspw. Stations- und Auftragsholone) und übergibt die lokalen Pläne (siehe Formalmodell) allen Entitäten. Diese interagieren miteinander, um ihre lokalen Ziele umzusetzen.

Die Ausführung wird zusätzlich durch ein `ObserverHolon` überwacht. Es vergleicht lokale und globale Pläne mit den Zuständen aller Entitäten der Ausführungsschicht. Diese sind mit dem `SystemHolon` verbunden. Fällt eine Ressource oder Station aus, oder kommt es zu einer signifikanten Verzögerung der Planabarbeitung, wird ein Ereignis klassifiziert. Weiterhin wird ein `RealignmentHolon` instanziiert. Es entscheidet über den Umgang mit der Störung auf der Ausführungsebene. Dazu kommuniziert es aktualisierte lokale Pläne an betroffene Holone, sodass alle nicht betroffenen Entitäten entsprechend ihrer optimalen Betriebspunkte ihre Arbeit fortsetzen können. Die lokal erforderlichen Pläne werden heuristisch ermittelt. Weicht allerdings der Systemzustand insgesamt signifikant vom Globalplan ab, eskaliert das `ObserverHolon` die Störung, um eine globale Neuplanung anzustoßen. Diese erfolgt dann ebenfalls heuristisch, um innerhalb kurzer Rechenzeiten einen neuen globalen Ablaufplan zu erzeugen.

In diesem Zusammenhang zeigt Abbildung 6.2 zudem den Einfluss vom globalen Ablaufplan über die Zeit, unter der Annahme, dass Ressourcen ausfallen. Dann bestimmt zunächst der initiale Globalplan den Systembetrieb. Nach jeder Störung nimmt der Einfluss lokaler und heuristischer Entscheidungen zu. Überschreitet dieser ein gewisses Maß (siehe Abschnitt 6.5), dann wird die heuristische Globalplanung ausgeführt. Infolge existiert wieder ein prädiktiver Globalplan, der abgearbeitet wird.

Abbildungen 6.1 und 6.2 stellen insgesamt das durch die ANEMONA Methodologie geforderte Organisationsmodell[341] des LMAS semiformal dar.

[341] vgl. BOTTI und GIRET, 2008, S. 84

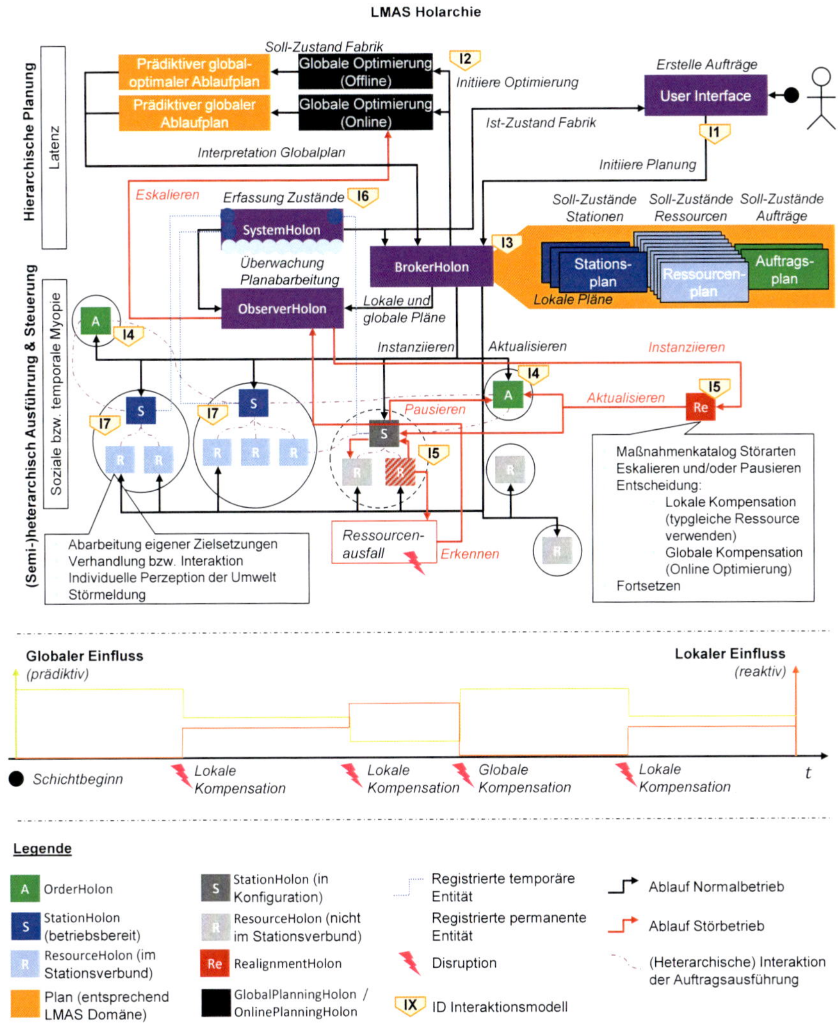

Abbildung 6.2: LMAS Holarchie – Ablauf des Systembetriebs

6.2 Holonmodell

Abbildung 6.3 konkretisiert die Struktur der Holone des Blockdiagramms in Abbildung 6.1. Diese erben alle von der hier dargestellten Klasse Holon. Ein Holon verantwortet (ggfs. temporär) andere und kommuniziert mit diesen und weiteren des Produktionsnetzwerks. Dazu werden insbesondere folgende Komponenten inkludiert und ggfs. typspezifisch implementiert:

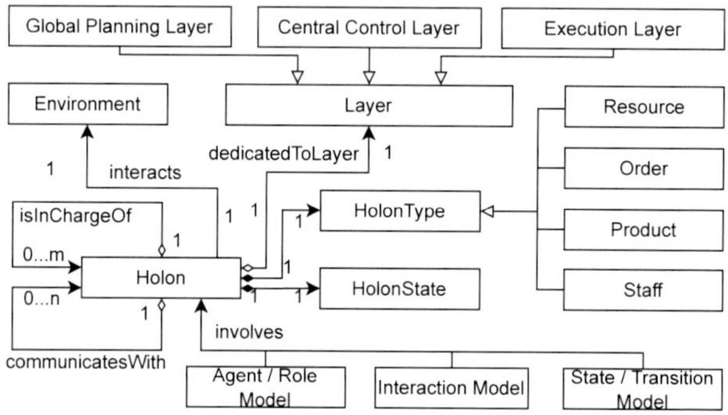

Abbildung 6.3: Holonmodell – Klassendiagramm

Das Agenten-Modell (Agent / Role Model) konzeptualisiert den Einstiegspunkt des individuellen Verhaltens des Holons und die Main-Schleife, die an die Kommunikationsschnittstelle, das lokale Entscheidungs- (Interaction Model) und Zustandsmodell (State / Transition Model) angebunden sind und das Erreichen der transienten Ziele verantwortet.

Das Interaktionsmodell klärt das dynamische Verhalten zwischen den Holonen, weshalb bei der Modellierung Agenten, Rollen, Ziele sowie die Interaktionen zu berücksichtigen sind. Es ergeben sich Abläufe, also die Ausführung von verschiedenen Aufgaben verschiedener Holone in einer spezifizierten Reihenfolge, die von einer Entität alleine nicht bewältigt werden können. Ein Initiator (Sender) des Ablaufs interagiert mit einer Reihe von Mitarbeitern (Empfängern). Die Akteure nehmen an der Interaktion teil, um ihre eigenen Ziele zu erreichen. Die LMAS Domäne (Abschnitt 5.3) liefert die Basis für die auszutauschenden Informationen während der Interaktionen der Holone.

6.3 Interaktionsmodelle

Zur synergetischen Realisierung des kontinuierlichen Systembetriebs von LMAS liegen den Holonen Interaktionsmodelle zugrunde. Tabelle 6.3 listet die zentralen Interaktionsmodelle dieser Betriebsphase sowie die involvierten Holone auf, die ebenfalls in Abbildung 6.2 enthalten sind. Der übergeordnete Ablauf ist die Folge von Emergenzphänomenen der organischen Interaktionen zwischen den Holon-Agenten. Ihre Darstellung erfolgt formal entsprechend der ANEMONA-

Notation[342].

An dieser Stelle werden aus Gründen einer zusammenfassenden Darstellung die prioritären Interaktionsmodelle `I1`, `I2` und `I7` erörtert. Auf `I5` wird in Abschnitt 6.5 explizit eingegangen. Alle weiteren Interaktionsmodelle finden sich im Anhang (siehe Abschnitt E).

`I1` zeigt, dass die Benutzerschnittstelle die Angabe der zu montierenden Produkttypen $\mathcal{P}$ für die vorgesehene Planungsperiode erfordert. Dem Bediener wird zusätzlich der Gesamtsystemzustand präsentiert. Dazu erfolgt die Initiierung der Interaktion `I6` durch das `BrokerHolon`. Sind die Eingaben abgeschlossen, initiiert es ebenfalls die Interkation `I2`, d.h. die Erzeugung eines Gesamtplans (`GlobalManufacturingSchedule`).

`I2` geht ebenfalls von einem aktuellen Gesamtsystemzustand (`I6`) aus. Das `GlobalPlanningHolon` sowie `OnlinePlanningHolon` liefern den Gesamtplan (`GlobalManufacturingSchedule`). Die Ausführung des Gesamtplans des `GlobalPlanningHolon` wird angestrebt, der des `OnlinePlanningHolon` dient als Referenz zur Störungsbehandlung (siehe Abschnitt 6.5). Die Anfrage des Planungsservice erfolgt asynchron. Liegt ein global-optimaler Plan vor, erfolgt die Ableitung der `ProductSchedule`s, `StationSchedule`s und `ResourceSchedule`s. Die notwendigen Holone der Ausführungsschicht werden instanziiert und ihre lokalen Pläne überantwortet.

`I7` zeigt, dass das Ziel eines instanziierten `StationHolon` seine Planausführung ist. Die im nächsten Stationsplanelement des `StationSchedule` benannten Ressourcen werden wiederholt angefragt, um sich dem `StationHolon` unterzuordnen. Ein `ResourceHolon` kommt einer solchen Anfrage genau dann nach, wenn diese mit dem eigenen Ziel der Abarbeitung des `ResourceSchedule` kompatibel ist.

[342] siehe BOTTI und GIRET, 2008, S. 59ff

ID	Bezeichnung	Involvierte Holon-Agenten	Wechselwirkung bzw. Schnittstelle	Adressierte Ziele	Adressierte Use Cases
I1	Einsteuern Produktionsauftrag	BrokerHolon Userinterface	I2 Database	Z1 Auftrag, Z9 Dokumentation, Z10 Bedienung	U1
I2	Anfrage Globalplan	GlobalPlanningHolon OnlinePlanningHolon BrokerHolon	I4, I6 Database	Z2 Feinplanung, Z9 Dokumentation	U1, U2
I3	Ableitung lokaler Pläne	BrokerHolon OrderHolon ProductHolon PartHolon StationHolon ResourceHolon	Database	Z1 Auftrag, Z3 Steuerung, Z6 Anbindung, Z8 Ausführung, Z9 Dokumentation	U1, U2
I4	Abarbeitung Produktionsaufträge	BrokerHolon OrderHolon ProductHolon PartHolon StationHolon SystemHolon	I7 TransportService Database	Z1 Auftrag, Z3 Steuerung, Z6 Anbindung, Z9 Dokumentation	U1, U2
I5	Behandlung Disruptionen	BrokerHolon ObserverHolon RealignmentHolon OrderHolon StationHolon ResourceHolon SystemHolon	I2, I3, I7 TransportService Database	Z4 Monitoring, Z5 Störung, Z9 Dokumentation	U2
I6	Abfrage Gesamtsystemzustand	SystemHolon ObserverHolon RealignmentHolon OrderHolon StationHolon ResourceHolon ProductHolon PartHolon ShopfloorHolon GlobalPlanningHolon OnlinePlanningHolon	TransportService Database	Z6 Anbindung, Z7 Schnittstelle, Z9 Dokumentation	U1, U2, U3
I7	Auf- bzw. Abbau Stationen	StationHolon ResourceHolon ShopfloorHolon	I4, I5 Database	Z8 Ausführung, Z9 Dokumentation	U1, U2

Tabelle 6.1: Zentrale Interaktionen der Betriebsphase

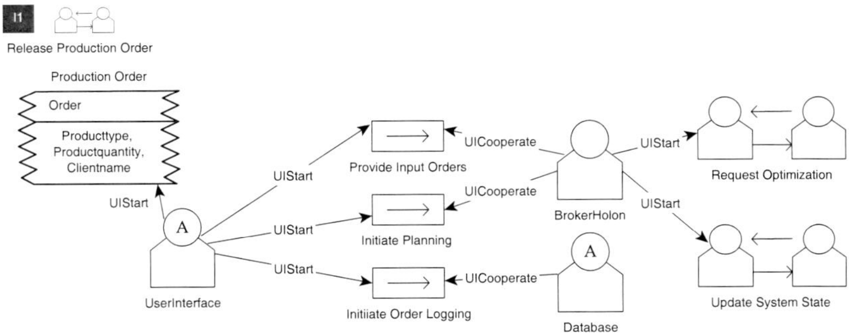

(a) I1 - Einsteuern Produktionsauftrag

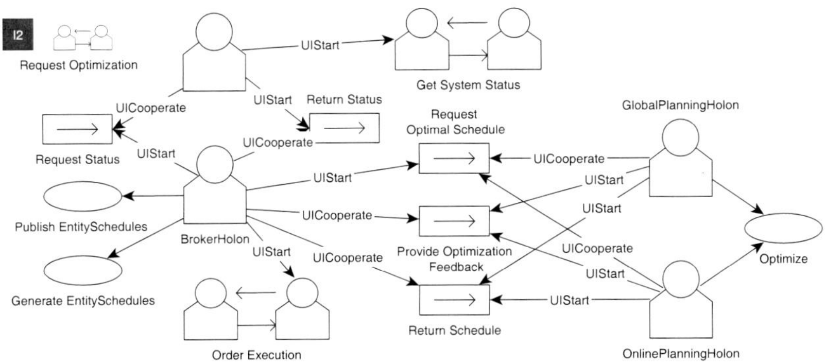

(b) I2 - Anfrage Globalplan

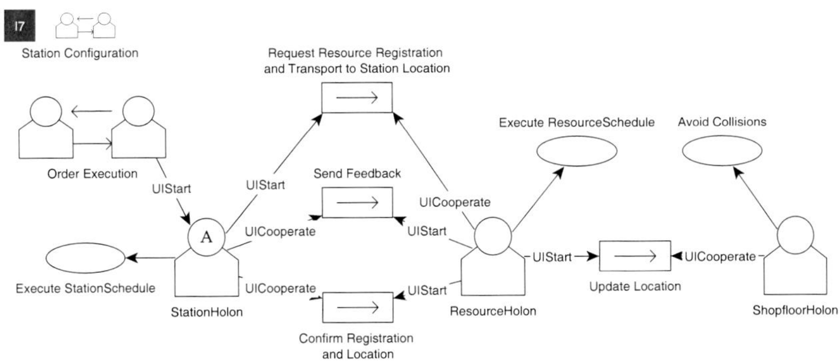

(c) I7 - Auf- bzw. Abbau Stationen

Abbildung 6.4: Interaktionsmodelle in ANEMONA Notation

6.4 Zustandsmodelle

Für verteilte Produktionssysteme werden umgesetzte Zustandsmodelle selten angegeben, obwohl sie essentieller Bestandteil des realisierten Verhaltens der Entitäten sind[343]; hier wird sich an der ISA88[344] orientiert. Relevante Zustände-Transitionsmodelle, so wie sie das Holonmodell vorsieht (siehe Abbildung 6.3), wurden bislang im Formalmodell nicht dargelegt. Deshalb erfolgt die Erläuterung ihrer programmiertechnischen Umsetzung nachfolgend auf Basis von UML Zustandsdiagrammen endlicher Automaten.

Ein endlicher Automat wird im Allgemeinen durch eine endliche, nicht-leere Menge an Zuständen, eine nicht-leere Menge an Eingaben, die Menge der initialen Zustände und finalen Zustände sowie eine Menge an Transitionen beschrieben[345]. UML Zustandsdiagramme unterscheiden zusätzlich Arten von Aktionen, die eine Modifikation eines Zustandes eines Objektes und seiner Umgebung bedeuten können, die in der Regel einer Transition entsprechen[346]. Eine Eingangsaktion wird beim Eintreten in einen Zustand, eine Ausgangsaktion beim Verlassen eines Zustandes ausgeführt. Ein Zustand kann zusätzlich mit kontinuierlich andauernden Aktionen einhergehen, die durch verschiedene Mechanismen ausgelöst bzw. beschrieben werden können (Bedingungen und Stimuli). Diese werden als Do-Aktivität (engl. do activity) bezeichnet.[347]

Auftrag

Das `OrderHolon` verantwortet einen Arbeitsplan a_p mit seinen Arbeitsplanelementen $v_{p,i}$. Nach Initialisierung (`INIT`) wartet das Holon auf diesen lokalen Plan. Wird dieser zur Verfügung gestellt (externer Stimulus), wechselt der Zustand zu `PLANNED`. Ist dieser gültig und interpretierbar, wechselt der Zustand auf `EXECUTE_PLAN`. Dieser wird nun kontinuierlich abgearbeitet (Do-Aktivität). In Abhängigkeit des nächsten Arbeitsplanelementes wird entweder ein Transport angefordert (TransportService), sodass der Zustand `IN_TRANSPORT` eingenommen wird. Es wird auf die Bestätigung der Ausführung gewartet. Nachdem der Auftrag an der ausführenden Station zur Verfügung steht, wird die Durchführung der Operation auf der im Arbeitsplanelement angegebenen Station angefordert und die ggfs. vorhandene Priorität übergeben (`IN_OPERATION`). Nach Ausführung des Elements wechselt das `OrderHolon` zurück in den Zustand `EXECUTE_PLAN`. Das Vorgehen wird wiederholt, bis alle Elemente abgearbeitet wurden. Dann wird der `DONE`-Zustand eingenommen. Dieser geht mit der Dokumentation der Historie in der Datenbank einher; der Lebenszyklus des `OrderHolons` endet. Durch einen weiteren externen Stimulus durch das `RealignmentHolon` kann die Abarbeitung unterbrochen werden, bis ein neuer Arbeitsplan verfügbar ist. Ein Pausieren

[343] PANJAITAN und FREY, 2007, vgl. S. 109ff
[344] THE INSTRUMENTATION, SYSTEMS AND AUTOMATION SOCIETY, 1995, S. 57ff
[345] SAKAROVITCH, 2009, S. 51
[346] RUMPE, 2017, S. 58
[347] RUMPE, 2017, S. 58f

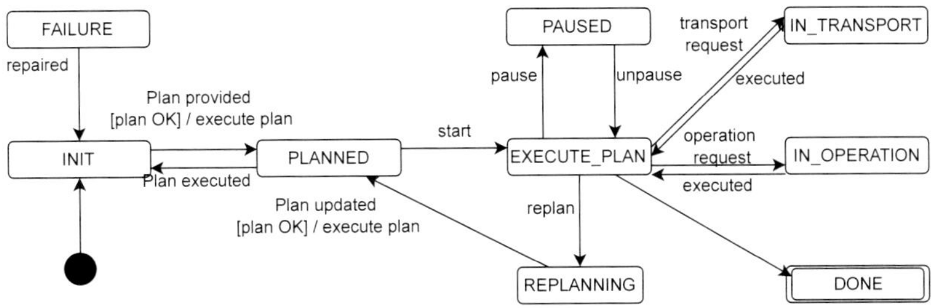

Abbildung 6.5: `OrderHolon` – Zustandsautomat

(`PAUSED`) und ein Warten auf einen neuen Arbeitsplan (`REPLAN`) wird nicht während des Zustandes `IN_OPERATION` wirksam, sondern erst danach, denn sonst würde eine Plananpassung in einer Allokation einer Operation resultieren, die ggfs. bereits zur Hälfte abgearbeitet wurde. Kommt es zu einem Fehler, besteht die Möglichkeit, das Holon ausgehend von jedem anderen Zustand in den `FAILURE`-Zustand zu versetzen. Aus Übersichtlichkeitsgründen sind diese Transitionen nicht eingezeichnet.

Station

Nach Instanziierung eines `StationHolon` und erfolgter globaler Optimierung wird der Stationsplan w_s an die Station s kommuniziert (`PLANNED`). Anschließend wird das Holon in den Zustand `EXECUTE_PLAN` versetzt. Die kontinuierliche Do-Aktivität, die diesem Zustand zugeordnet ist, ist die Abarbeitung des Stationsplanes. In Abhängigkeit der gelisteten Aktion des nächsten Stationsplanelements w_s wird die Station in den Rüstzustand (`SETUP`), in den Rekonfigurationszustand (`RECONFIGURATION`) oder in den Bearbeitungszustand (`IN_PROCESS`) versetzt. Beim Rüsten und Konfigurieren wird mit den im Stationsplanelement benannten Ressourcen R_s interagiert. Ein Pausieren (`PAUSED`) der Station ist ebenfalls möglich. Eine Aktualisierung des Plans (`REPLANNING`) durch ein `RealignmentHolon` oder eines aktualisierten Globalplans ist analog zum `OrderHolon` vorgesehen. Die letztmögliche Aktion ist das Auflösen der Station und endet im `RESOLVED`-Zustand. Von jedem Zustand ausgehend, existiert für den Fehlerfall eine Transition zum Fehlerzustand `FAILURE`, die nicht eingezeichnet ist.

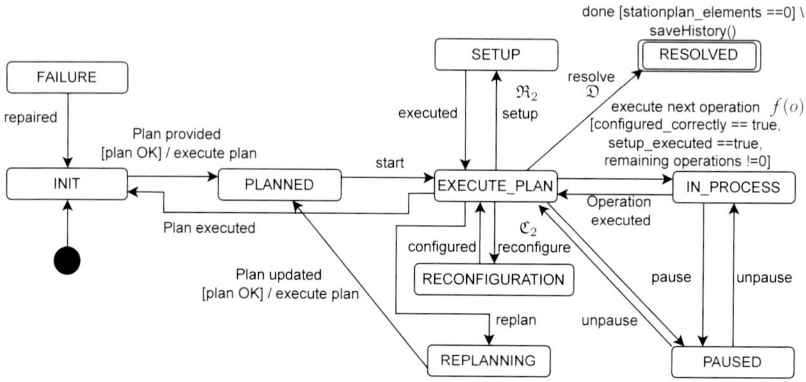

Abbildung 6.6: `StationHolon` – Zustandsautomat

Ressource

Die Automaten der mobilen Ressourcen sind ähnlich zu denen der Stationen aufgebaut. Sie unterscheiden sich jedoch in der Planausführung (`EXECUTE_PLAN`) und dem Ablauf der Planaktualisierung (`REPLANNING`). Die im Ressourcenplan w_r enthaltenen Ressourcenplanelemente w_r liefern die notwendige Information, ob während der Do-Aktivität eine Transportbewegung (`IN_MOTION`), eine Rekonfiguration (`RECONFIGURATION`) oder ein Rüsten (`SETUP`) als nächstes erfolgen soll. Den Zustand `IN_PROCESS` nimmt eine Ressource nur ein, wenn sie gerüstet wurde. Die zugehörige Transferfunktion wird durch einen Stimulus der Station induziert, den diese während ihrer Transferfunktion `execute_next_operation()` erzeugt. Der mögliche `REPLANNING`-Zustand einer Ressource wird dementsprechend auch durch eine Transferfunktion ausgehend vom `SETUP`-Zustand eingenommen. Von jedem Zustand ausgehend existiert wieder für den Fehlerfall eine Transition zum Fehlerzustand `FAILURE`, die nicht eingezeichnet ist.

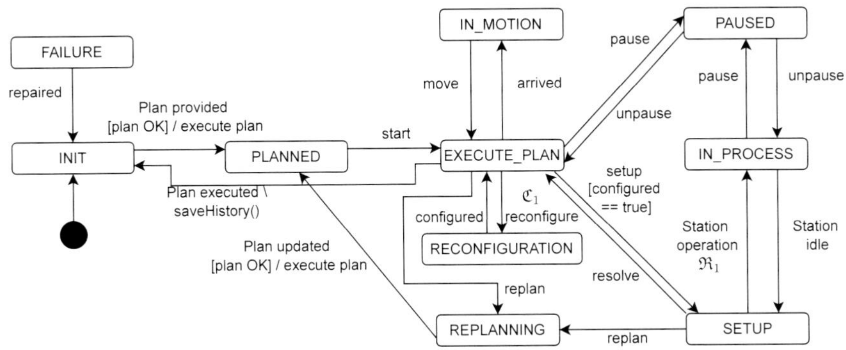

Abbildung 6.7: `ResourceHolon` – Zustandsautomat

6.5 Behandlung von Störungen

Die im Stand der Technik dargestellten Referenzarchitekturmodelle verzichten häufig auf die konkrete Darlegung von Strategien zur Behandlung von Störungen. So beschränkt sich bspw. ADACOR auf die Angabe von potentiellen Störarten. Tabelle 6.2 liefert eine Übersicht bzgl. der Nennung solcher Störarten in der einschlägigen Literatur. Der Ausfall von Ressourcen von ist zentralem Interesse und wird häufig berücksichtigt. Deshalb wird diese und deren Kompensation im LMAS Kontext für mobile Mehrzweckressourcen und Stationen ebenfalls expliziert. Zusätzlich wird die Abweichung von Fertigstellungszeiten der Operationen vom Globalplan behandelt.

Voraussetzung jeder Online-Störungskompensation ist, dass ein Montagesystem Redundanzen bzgl. Kapazitäten, Ressourcen und Halbzeugen aufweist[348].

In Anlehnung an den Normalbetrieb in POLLUX wird eine „wenn-dann"-Logik zu Grunde gelegt[354]. Abbildung 6.9 liefert das Aktitvitätsdiagramm. Für alle Störungsarten wird ein minimaler Wirkradius angestrebt, sodass nicht-affektierte Entitäten der Ausführungssicht ihre (optimale) Planabarbeitung fortsetzen können. Dazu müssen alle affektierten Entitäten, die von einer Störung direkt oder indirekt betroffen sind, in den entsprechenden Zustand (`REPLANNING`) versetzt werden. Denn eine Anpassung der Pläne impliziert ein Synchronisationsproblem: Würden indirekt gestörte Entitäten nicht pausiert, müsste zum einen ihr Zustand zum Zeitpunkt der Verfügbarkeit der Alternativpläne

---

348 CARDIN, TRENTESAUX u. a., 2017, vgl. S. 1504
349 PACH u. a., 2014
350 JIMENEZ, BEKRAR, ZAMBRANO-REY u. a., 2017
351 VEREIN DEUTSCHER INGENIEURE, 2020b
352 CARDIN, TRENTESAUX u. a., 2017
353 BORANGIU, RĂILEANU u. a., 2015
354 DERIGENT, CARDIN und TRENTESAUX, 2021, vgl. S. 1806

Tabelle 6.2: Benannte Störungen im Zusammenhang von Steuerungsarchitekturen

			PROSA	ADACOR	ADACOR^2	ORCA[349]	POLLUX[350]	VDI5600[351]	CARDIN ET AL.[352]	BORANGIU ET AL.[353]
Extern	Auftrag	Neuer Auftrag			●				●	
		Modifikation bestehender Auftrag							●	
		Eilauftrag einplanen								●
		Löschung Auftrag							●	
	Supply	Material-, Halbzeug-, Bauteilqualität						●	●	
		Lieferengpässe							●	●
Intern	Ressource	Wartungsarbeit an Ressourcen							●	
		Ressource verweigert Ausführung		●	●					
		Ressource neu eingebunden			●					●
		Ausfall Montageressource	●	●	●	●	●	●	●	●
		Ausfall Transportressource								●
	Qualität	Qualitätsprüfung nicht bestanden							●	●
	Betrieb	Ressource bzw. Station wird zum Engpass	●							
		Variable Ausführungszeiten v. Operationen							●	

prädiziert werden. Zum anderen müsste der Zeitpunkt des Wiedereinstiegs und damit die Rechenzeit der heuristischen Störungskompensation a priori exakt bekannt sein. Für die Kombination der beiden Herausforderungen existieren keine zuverlässigen Verfahren[355].

Abbildung 6.8 zeigt für einen Ressourcen- und einen Stationsausfall, die Eskalation der Störung, um alle indirekt betroffenen Entitäten in diesen Zustand zu versetzen. Die jeweilige entitätenspezifische Transitionsfunktion zur Überführung in diesen Zustand wird mit *replan()* bezeichnet.

Neben den heuristischen Ansätzen der Kompensation des Stations- bzw. Ressourcenausfalls zeigt das Aktivitätsdigramm 6.9, dass die Anzahl der Störungen erfasst wird. Überschreitet diese einen Schwellwert, erfolgt online eine Globalplanung. Der Schwellwert kann heuristisch statisch oder dynamisch, bspw. in Abhängigkeit der Anzahl aller Enitäten der Ausführungsschicht einer Planungsperiode gewählt werden. Parallel dazu wird kontinuierlich die Einhaltung von Terminen der Auftragsholone untersucht (siehe Abbildung 6.10). Diese Untersuchung erfolgt durch folgenden empirisch ermittelten Zusammenhang:

355 CARDIN, TRENTESAUX u. a., 2017, vgl. S. 1508

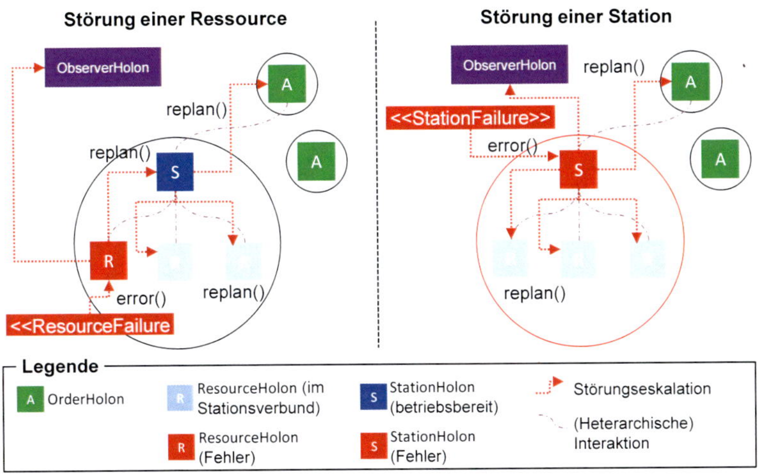

Abbildung 6.8: Störungseskalation – Anpassung der Zustände von direkt und indirekt betroffenen Entitäten

$$\phi \frac{C_{Make,Offline} - C_{Make,Online}}{|O|} \geq C_{o,realisiert} - C_{o,geplant} \tag{6.1}$$

Dabei ist $\phi > 1$. $C_{Make,Offline}$ entspricht der geplanten Gesamtfertigstellungszeit der prädiktiven Globalplanung (offline) und $C_{Make,Online}$ der geplanten und heuristisch ermittelten Gesamtfertigstellungszeit. Ferner liefert $|O|$ die Anzahl der Elemente in der Menge aller geplanten Operationen. $C_{o,realisiert}$ entspricht der realisierten Fertigstellungszeit einer Operation $o \in O$ im Unterschied zur ursprünglich geplanten Fertigstellungszeit $C_{o,geplant}$.

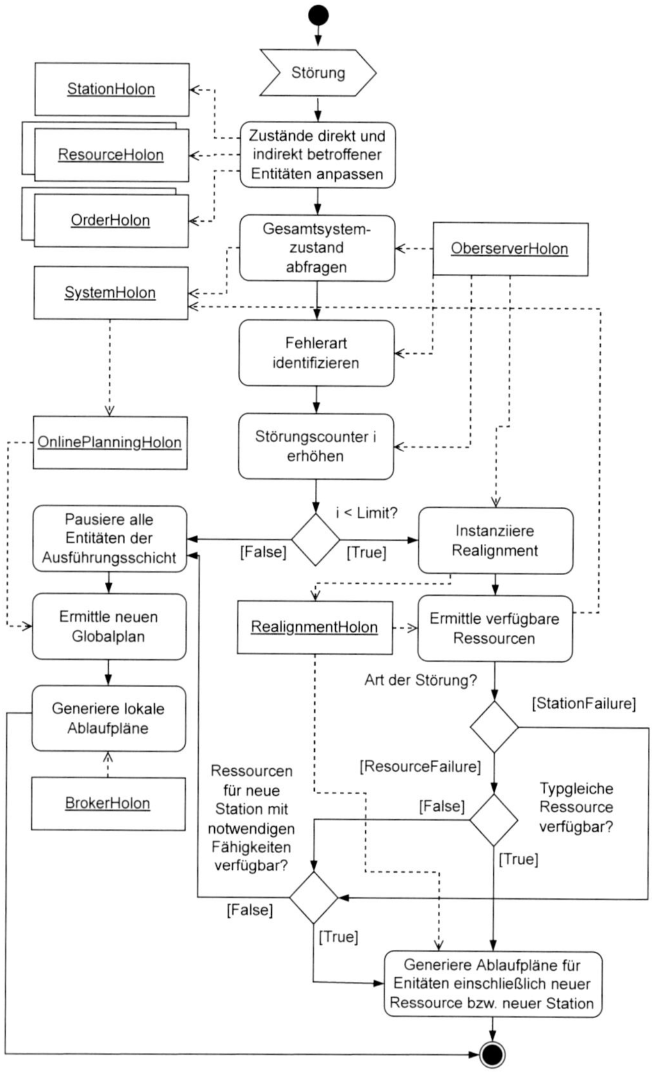

Abbildung 6.9: Behandlung von Stations- bzw. Ressourcenausfall – Aktivitätsdiagramm

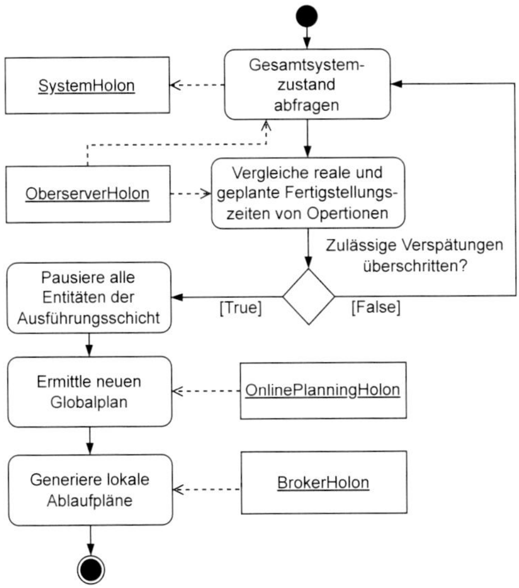

Abbildung 6.10: Abweichung der Fertigstellungszeiten – Aktivitätsdiagramm

6.6 Zwischenfazit

Bei der Spezifizierung des Objektbereichs (insbesondere Abschnitt 2.3) wurde die Aufgabe „Feinplanung- und Steuerung" als zentrales MES-Element einer integrierten Systemarchitektur identifiziert. Das erforderliche Steuerungsmodell wurde einschließlich seiner relevanten Gestaltungselemente in diesem Kapitel entwickelt. Abbildung 6.11 fasst diese Gestaltungselemente zusammen.

Die zweiten forschungsleitenden Frage (FLF2) nach dem „Wie" im Zusammenhang der Steuerung von Abläufen des operativen Betriebs in linienlosen mobilen Montagesystemen ist zu beantworten: Ein Modell, das dem Gedanken der Holonic Manufacturing Systems (HMS) folgt und diesen unter Berücksichtigung des Formalmodells auf linienlose mobile Montagesysteme überträgt, ist geeignet, um bestimmte Betriebspunkte in der Fabrik zu erreichen. Der Modellzweck, die Umsetzung von optimalen Plänen (SS1) unter Einbindung eines globalen Optimierungsmodells (offline) einerseits sowie Möglichkeiten zur Kompensation von lokalen und globalen Disruptionen andererseits (SS2), bspw. durch eine globale Heuristik (online), spiegelt sich in der Ausgestaltung des holonischen Steuerungsmodells wider.

Holone, die ihren Agenten-, Zustands-, Interaktionsmodellen folgen, sind in einer dreischichtigen Hierarchie (Planung, Koordination und Ausführung) strukturiert. Abläufe ergeben sich durch ihre Interaktion.

Die Hierarchie und die Ableitung von lokalen Plänen der Holone auf Basis eines globalen Plans verhindert Inkonsistenzen des Verhaltens der Holone der Ausführungsschicht. Dieses Vorgehen überträgt das Entwurfsmuster der Zielmodifikation und ex-ante Rückkopplung zwischen über- und untergeordneter Entität auf das LMAS. Der resultierende Grad an Autonomie der Entitäten der Ausführungsschicht fällt dann zwar im Vergleich zu ADACOR^2 geringer aus, erfüllt aber insbesondere Anforderung AO1: Determinismus, Vermeidung von Deadlocks und Störungen sind wesentliche Akzeptanzkriterien einer industriellen Umsetzung. Das Vorhandensein eines geeigneten Totalmodells zur Feinplanung des LMAS Betriebs (siehe Abschnitt 2.1.1) sowie zur Vorhersage des zu erwartenden Systemverhaltens ist dabei Voraussetzung und motiviert die dritte forschungsleitende Fragestellung.

Gleichzeitig dienen die in der Ausführungsschicht heterarchisch und temporär-hierarchisch angeordneten Holone der Realisierung der Anforderung AO2, also der räumlich-zeitlich transienten Erzeugung von Montagestationen auf dem Shopfloor und spiegeln den organischen Charakter des LMAS Betriebs im Steuerungszusammenhang wider. Dabei sind die Holone für Stationen und Ressourcen myopisch gegenüber dem Fortschritt des Gesamtsystems und arbeiten autonom ihre überantworteten lokalen Pläne ab, unabhängig davon, ob sie ihre Planelemente erst verspätet realisieren können. Ein gewisser Grad an Resilienz der Planabarbeitung durch ihr regelbasiertes Verhalten ist die Folge.

Ihre Entscheidungsfreiräume dienen vor allem der Kompensation von lokalen Störungen oder deren Eskalation. Zwar stellt die unveränderte Planabarbeitung im Zusammenhang eines Normalbetriebs (Use Case U1) das primär adressierte Produktionsszenario dar, aber Störungen sind mit Bezug zur Praxis nicht auszuschließen (Use Case U2). Damit die Funktionsfähigkeit des Gesamtsystems auch in solchen Situationen sichergestellt werden kann (SS3), ist die Behandlung von Störungen Teil des Modells. Dazu analysiert das `ObserverHolon` den Fabrikzustand quasikontinuierlich und reagiert zusätzlich auf eskalierte Ereignisse. Infolge der Identifikation von zeitlichen oder kausalen Planabweichungen werden `RealignmentHolon`e instanziiert. Sie erarbeiten (heuristisch) eine Lösung der Konfliktsituation mit kleinstmöglichem Wirkradius. Dadurch wird das Potential eines einmal aufwändig bestimmten globaloptimalen Plans für die Gesamtfabrik, nicht unmittelbar bei geringen Disruptionen verworfen. Die Mechanik wurde beispielhaft für Ressourcenausfälle und Stationsausfälle sowie Verspätungen ggü. dem Gesamtplan umgesetzt. Zusätzliche Strategien für die Behandlung anderer Disruptionen der Produktionspraxis können analog ergänzt werden. Während bei ORCA und POLLUX über die Dauer des Systembetriebs das Systemverhalten zunehmend zu einem heterarchischen MAS degeneriert, gestattet dieses LMAS-spezifische Modell eine Rückführung auf einen expliziten, globalen Ablaufplan durch eine integrierte online Heuristik.

Die Wahl des Frameworks ROS zur Umsetzung der Architektur spiegelt zudem die Anforderung

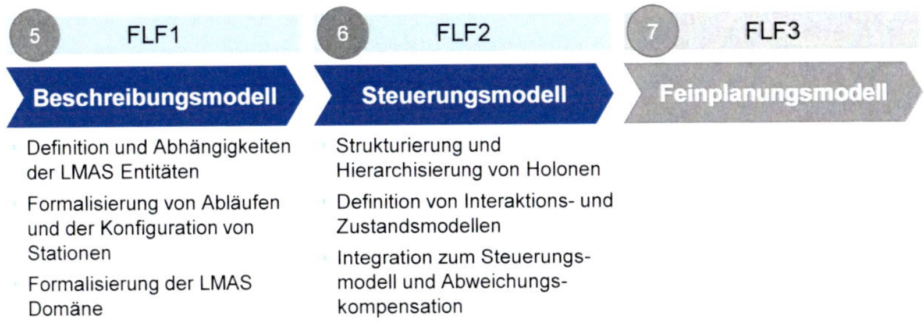

Abbildung 6.11: Beiträge der Kapitel zur Beantwortung der übergeordneten Forschungsfrage

AA3 wider. Die Middleware gestattet es zukünftig, durch geeignete Treiber Robotersysteme herstellerunabhängig anzubinden.

Die Anwendung der ANEMONA-Methodologie als Teil des explorativen Forschungsprozesses kann im Zusammenhang der Steuerung als äußerst hilfreich charakterisiert werden. Sie lieferte eine Erwartungshaltung an den iterativen Charakter der Modellentwicklungen einerseits und an die Menge der zu realisierenden Modelle und ihren Interdependenzen andererseits.

Insgesamt weist das Steuerungsmodell einen gewissen Grad an Generizität auf und kann für weniger flexible Organisationsparadigmen degeneriert werden. Durch eine a priori unveränderliche Zuordnung von Montagestationen zu Shopfloorpositionen und Ressourcen zu Montagestationen ist es auch für die Matrixproduktion geeignet; Optimierungsmodell und Heuristik sind dann zu substituieren.

7 Prädiktive Feinplanung

Ziel des Kapitels ist die Erarbeitung eines Totalmodells zur prädiktiven und optimalen Feinplanung des LMAS Betriebs. Infolge der Analyse der Eignungsbewertung von gemischt-ganzzahligen Modellierungsansätzen (siehe Abschnitt 4.2.3) und dem Erfüllungsgrad der speziellen Anforderungen an Modelle der Feinplanung durch simultane Maschinenbelegungs- und Standortplanungsmodelle wird nachfolgend die erforderliche Erweiterung auf den Anwendungszusammenhang der linienlosen mobilen Montage entwickelt.

Es erfolgt zunächst die Erläuterung des Basismodells (Abschnitt 7.1). Anschließend erfolgt eine Erweiterung, um die praktische Anwendbarkeit durch die Modellierung angrenzender Logistikbereiche und alternativer Zielfunktionen zu erhöhen (Abschnitt 7.2). Zudem werden Modellschranken und Lösbarkeitsbedingungen angegeben (Abschnitt 7.3). Zusätzlich wird die in Abschnitt 6.6 als erforderlich charakterisierte Heuristik entwickelt, die der Online-Feinplanung dient (Abschnitt 7.4). Danach wird der Zusammenhang zwischen der LMAS Domäne, der Feinplanung und der Steuerung erklärt, der eine integrale Implementierung erlaubte (Abschnitt 7.5). Das Kapitel schließt mit der Beantwortung der dritten forschungsleitenden Fragestellung (FLF3) (Abschnitt 7.6).

7.1 Simultaneous Scheduling and Location für linienlose mobile Montagesysteme

Für individuelle Produktionsaufträge $J_j \in J$, die die Durchführung mehrerer Operationen ($J_j = o_{j1}, \dots o_{j,b_j}$) erfordern, müssen ideale Auftragsrouten erzeugt werden. Die Aufträge sind ab einem gewissen Zeitpunkt $\sigma_{o_{j1}}$ (Ankunftszeit) auf dem Shopfloor an einer Position $a_{o_{j1}}$ verfügbar. Gleichzeitig ist aus einer Menge an möglichen Stationen $s \in S$, die unterschiedliche Fähigkeiten $F(o_{ji}, s)$ zur Durchführung der erforderlichen Operationen mit charakteristischen Prozesszeiten $p_{o_{ji}s}$ besitzen, eine Teilmenge auszuwählen. Die Aufstellorte $l \in L$ sind zu bestimmen. Entsprechende Rüstzeiten der Stationen u_s sind zu berücksichtigen. Diese Teilmenge ist für den Planungszeitraum (bspw. einer Schicht) und unter Berücksichtigung der verfügbaren mobilen Ressourcen $r \in R$ auszuwählen, wobei sich der Ressourcenbedarf der möglichen Stationen $K(r, s)$ ggfs. überschneidet.

Die mobilen Einheiten stehen ab einem gewissen Zeitpunkt σ_r an einer bestimmten Position a_r auf dem Shopfloor zur Verfügung. Ihre Zuordnung zu einer Station geht mit einem Ressourcentransport einher, dessen Dauer von der Bewegungsgeschwindigkeit v_r der Ressource und der Distanz $D(l, k)$ von der Startposition $l \in L$ zu ihrem Bestimmungsort $k \in L$ auf dem Shopfloor abhängt. Für eine nächste Schicht sind die vorangegangenen Positionen der Stationen die Startpositionen

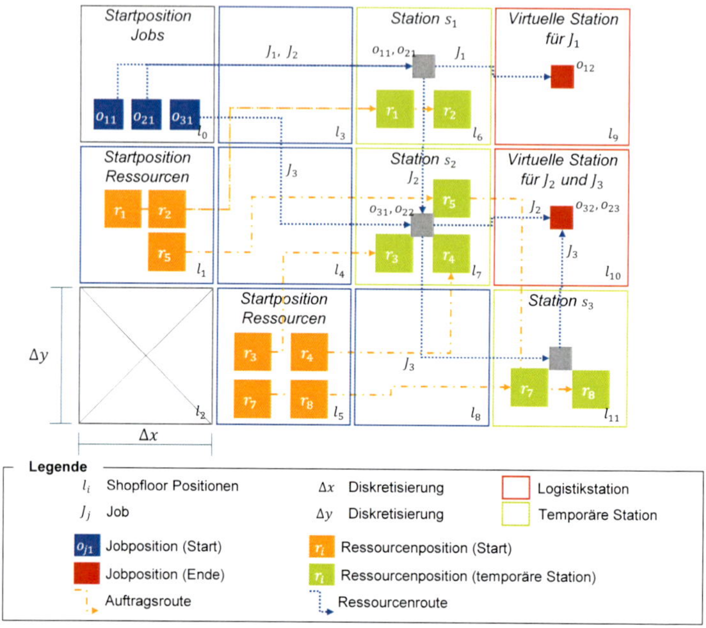

Abbildung 7.1: Skizze des LMAS ScheLoc Problems

der Ressourcen. Für die Auftragsrouten sind zudem die zugehörigen Bewegungsgeschwindigkeiten $v_{o_{ji}}$ sowie die Distanz $D(k,l)$ zwischen den Positionen zweier Stationen von Bedeutung. Dabei bearbeitet die erste Station die Vorgängeroperation von o_{ji} und die zweite Station die Operation o_{ji} selbst. Die Abbildung zeigt zudem Logistikbereiche, zu denen ein letzter Auftragstransport stattfindet. Dadurch fließt der Abstand einer temporären Station, die letzte Operationen vor Lagerung bzw. Versand durchführt, mit in die Entscheidungsfindung ein (siehe Abschnitt 7.2). Abbildung 7.1 skizziert das LMAS Simultaneous Scheduling und Location Problem.

7.1.1 Mengen

Die Mengen im Zusammenhang des LMAS ScheLoc werden nachfolgend aufgelistet.

Die mobilen Ressourcen $r \in R$ entsprechen den LMAS Entitäten der dritten Ordnung. Die möglichen Stationen $s \in S$ entsprechen allen möglichen LMAS Entitäten der zweiten Ordnung. Aus allen Stationstypen und ihren erforderlichen Ressourcentypen kann unter Berücksichtigung aller verfügbaren Ressourcen die Menge S generiert werden. Analog können unterschiedliche Stationskonfigurationen durch zusätzliche s in S abgebildet werden, die gleiche Ressourcen erfordern aber ggfs. spezifische Rüstzeiten aufweisen.[356] Die möglichen Aufstellungsorte eines Shopfloors werden durch die Menge L charakterisiert und hängen vom gewählten Shopfloormodell ab. Die Produktionsaufträge $J_j \in J$ entsprechen den herzustellenden Produkten P des Formalmodells.

Ressourcen	$r \in R$	(7.1)
Stationen	$s \in S$	(7.2)
Positionen	$k, l \in L$	(7.3)
Aufträge	$J_j \in J, j = 1...a$	(7.4)
Operationen	$o_{ji} \in J_j, i = 1...b_j$	(7.5)

7.1.2 Parameter

Nachfolgende Bezeichner repräsentieren die Parameter des Modells. Für den operativen Betrieb werden diese Größen aus den Live- und Konfigurationsdaten durch das `BrokerHolon` der Steuerungsschicht konsolidiert und an das `GlobalPlanningHolon` kommuniziert. Die Distanzmatrix D liefert die Entfernungen zwischen zwei Positionen k und l für das diskrete Shopfloormodell (Abschnitt 5.4.2) (Gleichung 7.6). Eine andere Distanzfunktion ist möglich. Die Fähigkeitsmatrix F gibt an, ob eine Operation o_{ji} durch eine Station s ausgeführt werden kann ($F(o_{ji}, s) = 1$) oder nicht ($F(o_{ji}, s) = 0$) (Gleichung 7.7). Die Zugehörigkeitsmatrix K gibt an, ob eine Ressource r für den Betrieb einer Station s benötigt wird ($K(r, s) = 1$) oder nicht ($K(r, s) = 0$) (Gleichung 7.7). Sie wird bei der Erzeugung der Menge der Stationen S mit generiert.

Der Parameter u_s bezeichnet für jede Station $s \in S$ die Rüstzeit der Station (positionsunabhängig). Die Bearbeitungszeit einer Operation o_{ji} auf einer Station s wird durch $p_{o_{ji}s}$ angegeben (Gleichung 7.11). Durch ζ_{max} kann die Anzahl der gleichzeitig auf dem Shopfloor aufzubauenden Stationen beschränkt werden (Gleichung 7.12).

Die Adjazenzmatrix des Vorranggraphen wird mit A bezeichnet und wird durch den topologischen Sortieralgorithmus (Algorithmus 1) erzeugt. Ist $A(o_{ji}, o_{qp}) = 1$, dann ist die Operation o_{qp} direkter Nachfolger der Operation o_{ji}. Die Teilgraphen der Adjazenzmatrix entsprechen den unterschiedlichen Produktionsaufträgen und sind nicht-zusammenhängend (Gleichung 7.8).

$\sigma_{o_{j1}l}$ beschreibt die Ankunftszeit eines jeden Auftrags an einer Startposition l (Gleichung 7.16). Gleiches gilt für die Ressourcen (Gleichung 7.15). Zugehörige Transport- bzw. Bewegungsgeschwindigkeiten werden mit $v_{o_{ji}}$ bzw. v_r bezeichnet. Auftragstransporte sind unter Berücksichtigung der Definition der Arbeitsplanelemente (siehe Abschnitt 5.3) so definiert, dass o_{ji} die Operation bezeichnet, die nach Ausführung eines Transportes mit $v_{o_{ji}}$ erfolgt.

356 Bei der Erzeugung von S werden die Parameter $K(r, s)$ (siehe 7.9) generiert.

Distanzmatrix des Shopfloors	$D(k,l) \in \mathbb{R}^{\|L\|\times\|L\|}$	(7.6)
Stationsfähigkeiten	$F(o_{ji},s) \in \{0,1\}^{\|J\|\times\|S\|}$	(7.7)
Montagevorrangbeziehungen	$A(o_{ji},o_{qp}) \in \{0,1\}^{\|J\|\times\|J\|}$	(7.8)
Ressourcenbedarf der Stationen	$K(r,s) \in \{0,1\}^{\|R\|\times\|S\|}$	(7.9)
Rüstzeiten der Stationen	$u_s \in \mathbb{R}^+$	(7.10)
Stationsindividuelle Prozesszeiten	$p_{o_{ji}s} \in \mathbb{R}^+$	(7.11)
Max. Anzahl gleichzeitig zu betreibender Stationen	$\zeta_{max} \in \mathbb{Z}^+$	(7.12)
Startpositionen der Resourcen	$a_r \in L$	(7.13)
Startpositionen der Produktionsaufträge	$a_{o_{ji}} \in L$	(7.14)
Ankunftszeiten der Resourcen	$\sigma_r \in \mathbb{R}^+$	(7.15)
Ankunftszeiten der Produktionsaufträge	$\sigma_{oji} \in \mathbb{R}^+$	(7.16)
Bewegungsgeschwindigkeiten der Resourcen	$v_r \in \mathbb{R}^+$	(7.17)
Transportgeschwindigkeiten der Aufträge	$v_{o_{ji}} \in \mathbb{R}^+$	(7.18)
'*Epsilon*', kleine Zahl	$\epsilon \in \mathbb{R}^+$	(7.19)
'*Big M*', große Zahl	$M \in \mathbb{R}^+$	(7.20)

Der Zeitpunkt, zu dem eine Ressource r bzw. ein Auftrag o_{ji} – in Gleichung 7.21 durch $(\cdot)$ bezeichnet – eine Position auf dem Shopfloor erreicht, wird als variable Freigabezeit $r_{o_{ji}k}$ bzw. r_{rk} bezeichnet[357]. Sie hängt von den Startpositionen $a_{o_{ji}}$ bzw. a_r, den Bewegungsgeschwindigkeiten sowie den Distanzen zu der Position k ab.

$$r_{(\cdot)k} = \sigma_{(\cdot)} + \tau_{(\cdot)k} D(a_{(\cdot)}, k) \tag{7.21}$$

Bei disjunktiven Formulierungen von Scheduling Problemen findet häufig die *Big-M-Methode* Anwendung[358] (Gleichung 7.20); so auch in HESSLER'S ET AL. DPMM ScheLoc Model[359]. Ziel ist es dabei, logische Implikationen der nachfolgenden Art zu modellieren:

$$x_i = 0 \Rightarrow y_i \leq 0, (i = 1, ..., n), (x, y) \in \{0,1\}^n \times \mathbb{K}^n \tag{7.22}$$

Dies erfolgt durch Randbedingungen der Art:

$$y_i \leq M_i x_i, (i = 1, ..., n) \tag{7.23}$$

Dabei können große Werte von M zu numerischen Problemen[360] und schwachen linearen Re-

357 vgl. bspw. ELVIKIS, HAMACHER und KALSCH, 2007, S. 2, ELVIKIS, HAMACHER und KALSCH, 2009, S. 362, KALSCH und DREZNER, 2010, S. 257
358 siehe VIELMA, 2015, S. 27ff
359 HESSLER und DEGHDAK, 2017, S. 1165 f
360 bspw. GUROBI OPTIMIZATION, 2021, S. 938

laxationen durch die unnötige Vergrößerung des zulässigen Bereichs führen[361]. Mittlerweile unterstützen relevante Solver, bspw. CPLEX und Gurobi, sogenannte Indikator-Randbedingungen (engl. Indicator Constraints), um Big-M Formulierungen zu vermeiden[362]. Ihre linearen Relaxationen können jedoch schwächer als die numerisch weniger stabilen Big-M Formulierungen sein[363]. Deshalb werden zunächst die Randbedingungen in Abschnitt 7.1.4 in Form von logischen Implikationen aus Lesbarkeitsgründen dargestellt. Auch wird numerische Stabilität bevorzugt. Jedoch wird im weiteren Verlauf eine obere Schranke für das LMAS ScheLoc Problem entwickelt, sodass kleine Werte für *Big M* gefunden werden können.

7.1.3 Zielfunktion und Entscheidungsvariablen

Ziel der Optimierung ist die Minimierung der Fertigstellungszeit C_{make} aller Produktionsaufträge einer Planungsperiode:

$$Z = \min C_{make}, \ C_{make} \in \mathbb{R}^+ \tag{7.24}$$

Weiter ist über die Fertigstellungszeit einer Operation $C_{o_{ji}}$ sowie über die Fertigstellungszeit $C_{o_{ji}s}$ dieser Operation auf einer zu bestimmenden Station zu entscheiden. Die $x_{(\cdot),(\cdot)}$ stellen dabei Zuordnungsrelationen bzgl. Position k, Station s, Ressource r und Operation o_{ji} dar (7.27 bis 7.30). Mithilfe von $y_{o_{ji}o_{qp}s}$ wird die Bearbeitungsreihenfolge der Operationen auf einer Station festgelegt (7.31). Ist $y_{o_{ji}o_{qp}s} = 1$, dann wird die Operation o_{ji} unmittelbar vor der Operation o_{qp} ausgeführt.

$z^{k,l}_{o_{ji}o_{jp}}$ dient dazu, die Bewegung von aufeinanderfolgenden Operationen o_{ji} und o_{jp} zwischen den Positionen k und l festzulegen, auf denen sich ggfs. Stationen befinden (Auftragsrouten). Dabei gehören die Operationen o_{ji} und o_{jp} zum gleichen Produktionsauftrag und folgen entsprechend des Vorranggraphen aufeinander (7.32). Per Definition der nachfolgenden Randbedingungen erfolgt ein Transport stets mit der Bewegungsgeschwindigkeit, die durch $v_{o_{jp}}$ bezeichnet wird. Sollte die Auftragsroute vorsehen, dass zwei aufeinanderfolgende Operationen an der gleichen Position durchgeführt werden, ist $k = l$. Falls es sich um eine erste Operation eines Auftrags handelt, wird ihre Bewegung ausgehend von ihrer Startposition $a_{o_{j1}}$ zur ersten Bearbeitungsstation mit der Bewegungsgeschwindigkeit $v_{o_{j1}}$ mit $z^{a_{o_{j1}},l}_{o_{j1}o_{j1}}$ bezeichnet.

Die Hilfsvariable $H_{o_{jp}kr}$ wird eingeführt, um das Produkt $x_{o_{jp}k} * x_{rk}$ zu linearisieren (7.33). Da $x_{o_{jp}k}$ und $x_{rk} \in \{0, 1\}$, kann es durch die $\min$-Funktion bzw. die folgenden Ungleichungen dargestellt werden. Der Ansatz wird von MALLACH als *Standardlinearisierung* bezeichnet und auf FORTET zurückgeführt[364].

---

[361] CAMM, RATURI und TSUBAKITANI, 1990, S. 62, KLOTZ und NEWMAN, 2013, S. 26ff
[362] siehe IBM CORP., 2017, S. 345, GUROBI OPTIMIZATION, 2021, S. 525
[363] CREMA, 2014, S. 1ff
[364] MALLACH, 2021, S. 550ff, siehe FORTET, 1960

$$C_{o_{ji}} \in \mathbb{R}^+, \qquad \forall o_{ji} \in J \tag{7.25}$$

$$C_{o_{ji}s} \in \mathbb{R}^+, \qquad \forall o_{ji} \in J, s \in S \tag{7.26}$$

$$x_{o_{ji}k} \in \{0,1\}, \qquad \forall o_{ji} \in J, k \in L \tag{7.27}$$

$$x_{o_{ji}s} \in \{0,1\}, \qquad \forall o_{ji} \in J, s \in S \tag{7.28}$$

$$x_{rk} \in \{0,1\}, \qquad \forall r \in R, k \in L \tag{7.29}$$

$$x_{sk} \in \{0,1\}, \qquad \forall s \in S, k \in L \tag{7.30}$$

$$y_{o_{ji}o_{qp}s} \in \{0,1\}, \qquad \forall o_{ji}, o_{qp} \in J \backslash \{o_{ji} \neq o_{qp}\} \tag{7.31}$$

$$z^{k,l}_{o_{ji}o_{jp}} \in \{0,1\}, \qquad \forall o_{ji}, o_{jp} \in J \backslash \{o_{ji} \neq o_{jp} | i,p \neq 1\},\ k,l \in L,\ \text{falls } A(o_{ji}, o_{jp}) = 1 \tag{7.32}$$

$$H_{o_{ji}kr} \in \{0,1\}, \qquad \forall r \in R, k \in L, o_{ji} \in J \tag{7.33}$$

$$H_{o_{ji}kr} \leq x_{o_{ji}k}, \qquad \forall o_{ji} \in J, k \in L, r \in R \tag{7.34}$$

$$H_{o_{ji}kr} \leq x_{rk}, \qquad \forall o_{ji} \in J, k \in L, r \in R \tag{7.35}$$

$$H_{o_{ji}kr} \geq x_{o_{jp}k} + x_{rk} - 1, \qquad \forall o_{ji} \in J, k \in L, r \in R \tag{7.36}$$

7.1.4 Randbedingungen

Die nachfolgenden Randbedingungen können in reine Scheduling-Bedingungen, Standort-Bedingungen, Routing-Bedingungen und Zuordnungsbedingungen gegliedert werden. Ferner existieren Bedingungen, die diese Regionen miteinander verknüpfen.

Scheduling-Bedingungen

Die Nebenbedingungen 7.38 bis 7.40 sind klassische Scheduling-Bedingungen, um Reihenfolgen der Operationen auf den Arbeitsstationen festzulegen[365]. Dabei existiert maximal eine Vorgänger-Nachfolger bzw. Nachfolger-Vorgänger Beziehung zwischen zwei Operationen an einer Station (7.40). Dementsprechend führt eine Station zu einem Zeitpunkt höchstens eine Operation aus. Falls eine solche Vorgänger-Nachfolger-Beziehung vorherrscht, müssen die Bearbeitungs- bzw. Fertigstellungszeiten der unterschiedlichen Operationen auf einer Station dies reflektieren[366] (7.41).

365 HESSLER und DEGHDAK, 2017, vgl. S. 1164

366 An dieser Stelle wird ein ϵ verwendet, sodass im Fall von Prozesszeiten $p_{o_{qp}s} = 0$ dennoch eine Bearbeitungsreihenfolge zustande kommt. Andernfalls müsste die Randbedingung 7.40 durch folgende ersetzt werden:

$$\sum_{\substack{o_{ji}, o_{qp} \in \tilde{J}, \\ o_{ji} \neq o_{qp}}} y_{o_{ji}o_{qp}s} + y_{o_{qp}o_{ji}s} \leq |\tilde{J}| - 1, \qquad \forall s \in S \tag{7.37}$$

Da es sich bei den $\tilde{J}$ um Elemente der Potenzmenge $Pot(J)$ handelt und diese $2^{|J|}$ Elemente enthält, wächst die Anzahl der Randbedingungen dann wesentlich.

Aufgrund linearisierter Vorrangbeziehungen ergibt sich eine Reihenfolge der Fertigstellungszeiten (7.39).

$$C_{make} \geq C_{o_{ji}}, \quad \forall o_{ji} \in J \tag{7.38}$$

$$C_{o_{jp}} \geq C_{o_{ji}}, \quad \forall o_{ji}, o_{jp} \in J, \text{ falls } A(o_{ji}, o_{jp}) = 1 \tag{7.39}$$

$$y_{o_{ji}o_{qp}s} + y_{o_{qp}o_{ji}s} \leq 1, \quad \forall o_{ji}, o_{qp} \in J \backslash \{o_{ji} \neq o_{qp}\}, s \in S \tag{7.40}$$

$$y_{o_{ji}o_{qp}s} = 1 \Rightarrow C_{o_{qp}s} \geq C_{o_{ji}s} + p_{o_{qp}s} + \epsilon, \quad \forall o_{ji}, o_{qp} \in J \backslash \{o_{ji} \neq o_{qp}\}, s \in S, \text{ falls } F(o_{ji}, s) = F(o_{qp}, s) = 1 \tag{7.41}$$

Standort- und Routing-Bedingungen

Transporte eines Auftrags können nur zwischen zwei aufeinanderfolgenden Operationen im Sinne einer Auftragsroute erfolgen (7.42). Außerdem werden Transporte genau dann ausgeführt, wenn die erste Operation an einer anderen Position ausgeführt wird als die darauffolgende (7.43). Dabei existiert höchstens ein Transport zwischen zwei Operationen (7.44). Der Transport nach einer Operation o_{ji} ausgehend von einer Position k setzt voraus, dass diese Operation der Position k zugeordnet wird (7.45). Analoges gilt für den Transport vor einer Operation (7.46).

Der Transport von ersten Operationen der Aufträge stellt einen Sonderfall dar. Denn hier sind notierter Vorgänger und Nachfolger identisch. Dieser Transport beginnt an der Startposition der Operation und verbringt diese zum ersten Bearbeitungsort (7.47).

An einer Position kann nur eine Station aufgebaut werden (7.48). Umgekehrt kann eine Station nur an einer Postion aufgebaut werden (7.49). Ebenso kann eine Ressource genau einer Position zugeordnet werden (7.50). Gleichung 7.51 ist fakultativ, falls die Zahl der gleichzeitig betreibbaren Stationen begrenzt werden soll.

Eine Operation kann nur einer Position zugeordnet werden, wenn dort eine Station vorgesehen wird, die die Fähigkeit besitzt, diese Operation auch auszuführen (7.52). Wird eine Operation einer Station zugeordnet und wird diese Operation einer Position k zugeordnet, dann muss diese Station auch an dieser Position aufgebaut werden (7.53). Dies bedeutet auch, dass alle für diese Station notwendigen Ressourcen zu dieser Position transportiert werden müssen (7.54). Auch wird gefordert, dass jede Operation genau einer Position zugeordnet und damit auch ausgeführt wird (7.55)[367]. Diese Forderung gilt auch für die Zuordnung der Operationen zu Stationen (7.56).

[367] Für andere Zielfunktionen, die bspw. eine Maximierung der Summe $\Sigma_{o_{ji} \in J} x_{o_{ji}k}$ bzw. $\Sigma_{o_{ji} \in J} x_{o_{ji}s}$ beinhalten, kann auch eine "$\leq$ " Relation für die Randbedingungen 7.55 und 7.56 gefordert werden. Dadurch können auch Pläne für Szenarien bestimmt werden, bei denen nur Teile der Aufträge ausgeführt werden können. Dies gilt bspw. dann, wenn nicht ausreichend viele Ressourcen zur Verfügung stehen, um alle notwendigen Fähigkeiten parallel zur Verfügung zu stellen.

$z_{o_{ji}o_{jp}}^{k,l} = 0,$	$\forall o_{ji}, o_{jp} \in J \backslash \{o_{ji} \neq o_{jp}\}, k, l \in L,$ falls $A(o_{ji}, o_{jp}) = 0$	(7.42)
$z_{o_{ji}o_{jp}}^{k,l} \geq (x_{o_{ji}k} + x_{o_{jp}l} - 1),$	$\forall o_{ji}, o_{jp} \in J \backslash \{o_{ji} \neq o_{jp}\},\ k, l \in L \backslash \{l \neq k\},$ falls $A(o_{ji}, o_{jp}) = 1$	(7.43)
$\Sigma_{k \in L} \Sigma_{l \in L} z_{o_{ji}o_{jp}}^{k,l} \leq 1,$	$\forall o_{ji}, o_{jp} \in J \backslash \{o_{ji} \neq o_{jp}\}$	(7.44)
$z_{o_{ji}o_{jp}}^{k,l} \leq x_{o_{ji}k},$	$\forall o_{ji}, o_{jp} \in J \backslash \{o_{ji} \neq o_{jp}\}, k, l \in L \backslash \{k \neq l\}$	(7.45)
$z_{o_{ji}o_{jp}}^{k,l} \leq x_{o_{jp}l},$	$\forall o_{ji}, o_{jp} \in J \backslash \{o_{ji} \neq o_{jp}\}, k, l \in L \backslash \{k \neq l\}$	(7.46)
$z_{o_{j1}o_{j1}}^{a_{o_{j1}},l} = x_{o_{j1}l},$	$\forall o_{j1} \in J, l \in L \backslash \{k \neq l\}$	(7.47)
$\Sigma_{s \in S} x_{sk} \leq 1,$	$\forall k \in L$	(7.48)
$\Sigma_{k \in L} x_{sk} \leq 1,$	$\forall s \in S$	(7.49)
$\Sigma_{k \in L} x_{rk} \leq 1,$	$\forall r \in R$	(7.50)
$\Sigma_{s \in S} \Sigma_{k \in L} x_{sk} \leq \zeta_{max}$		(7.51)
$x_{o_{ji}k} \leq \Sigma_{s \in S} x_{sk} F(o_{ji}, s),$	$\forall o_{ji} \in J, k \in L$	(7.52)
$x_{sk} \geq x_{o_{ji}k} + x_{o_{ji}s} - 1,$	$\forall o_{ji} \in J, k \in L, s \in S$	(7.53)
$x_{rk} \geq K(r, s) x_{sk},$	$\forall r \in R, k \in L, s \in S$	(7.54)
$\Sigma_{k \in L} x_{o_{ji}k} = 1,$	$\forall o_{ji} \in J$	(7.55)
$\Sigma_{s \in S} x_{o_{ji}s} = 1,$	$\forall o_{ji} \in J$	(7.56)

Verbindende Bedingungen

Die folgenden Bedingungen verbinden Transporte, Zuordnungen, Reihenfolgen und Zeitpläne. Besonderes Augenmerk liegt auf den Randbedingungen 7.57, 7.58 und 7.59.

Die Gleichung 7.57 stellt sicher, dass die Fertigstellungszeit einer Operation ihre Bearbeitungszeit auf der gewählten Station und den Fertigstellungszeitpunkt der Vorgängeroperation berücksichtigt. Ggfs. ist ein Transport auszuführen, weshalb die Distanz und Transportgeschwindigkeit zu berücksichtigen ist. Für eine erste Operation eines Auftrags ist die Freigabezeit am Ankunftsort zu berücksichtigen (7.58). Entweder erreichen alle Ressourcen den Bestimmungsort einer Station zuerst oder eine zugeordnete Operation, die dann auf den Aufbau der Station warten muss.

Während die Freigabezeiten der Operationen bereits durch Gleichung 7.57 und Gleichung 7.58 Berücksichtigung finden, beschränken die Freigabezeiten der Ressourcen und der Aufbau einer Station die früheste Fertigstellungszeit in Gleichung 7.59. Zusätzlich wirkt sich Bearbeitungszeit aus. Dabei ist die Hilfsvariable H als Verknüpfung aus Zuordnung von Operation zu Position und Ressource zu Position von Bedeutung (7.60). Abbildung 7.2 liefert zwei Beispiele, bei denen entweder Gleichung 7.59 oder 7.57 über die Fertigstellungszeit von $C_{o_{jp}}$ entscheidet.

Die Randbedingungen 7.61 und 7.62 liefern die spezifischen Zeitpläne der Stationen. Gleichungen 7.63 und 7.64 beschränken die Reihenfolgebeziehungen. Dadurch ist eine Vorgänger-Nachfolger-Beziehung auf einer Station nur möglich, falls eine Operation auch dieser Station zugeordnet wird. Zudem sind die Reihenfolgebeziehungen auch von unten zu beschränken (Gleichung 7.65).

$$z^{k,l}_{o_{ji}o_{jp}} = 1 \Rightarrow C_{o_{jp}} \geq C_{o_{ji}} + D(k,l)/v_{o_{jp}} + \Sigma_{s \in S} x_{o_{jp}s} p_{o_{jp}s}, \quad \forall o_{ji}, o_{jp} \in J \backslash \{o_{ji} \neq o_{jp}\} \tag{7.57}$$

$$C_{o_{j1}} \geq x_{o_{ji}k} r_{o_{j1},k} + \Sigma_{s \in S} x_{o_{j1}s} p_{o_{j1}s}, \quad \forall o_{j1} \in J,\ k \in L \tag{7.58}$$

$$C_{o_{ji}} \geq H_{o_{ji}kr} r_{rk} + \Sigma_{s \in S} x_{o_{ji}s}(p_{o_{ji}s} + u_s), \quad \forall o_{ji} \in J,\ k \in L,\ r \in R \tag{7.59}$$

$$H_{o_{ji}kr} = \min(x_{o_{ji}k}, x_{rk}), \quad \forall o_{ji} \in J,\ k \in L,\ r \in R \tag{7.60}$$

$$x_{o_{ji}s} = 0 \Rightarrow C_{o_{ji}s} = 0, \quad \forall o_{ji} \in J, s \in S \tag{7.61}$$

$$x_{o_{ji}s} = 1 \Rightarrow C_{o_{ji}s} = C_{o_{ji}}, \quad \forall o_{ji} \in J, s \in S \tag{7.62}$$

$$\Sigma_{o_{ji} \in J \backslash \{o_{ji} \neq o_{qp}\}} y_{o_{ji}o_{qp}s} \leq x_{o_{qp}s}, \quad \forall s \in S, o_{qp} \in J \tag{7.63}$$

$$\Sigma_{o_{qp} \in J \backslash \{o_{qp} \neq o_{ji}\}} y_{o_{ji}o_{qp}s} \leq x_{o_{ji}s}, \quad \forall s \in S, o_{ji} \in J \tag{7.64}$$

$$\Sigma_{o_{ji} \in J} \Sigma_{o_{qp} \in J, o_{ji} \neq o_{qp}} y_{o_{ji}o_{qp}s} \geq \Sigma_{o_{ji} \in J} x_{o_{ji}s} - 1, \quad \forall s \in S \tag{7.65}$$

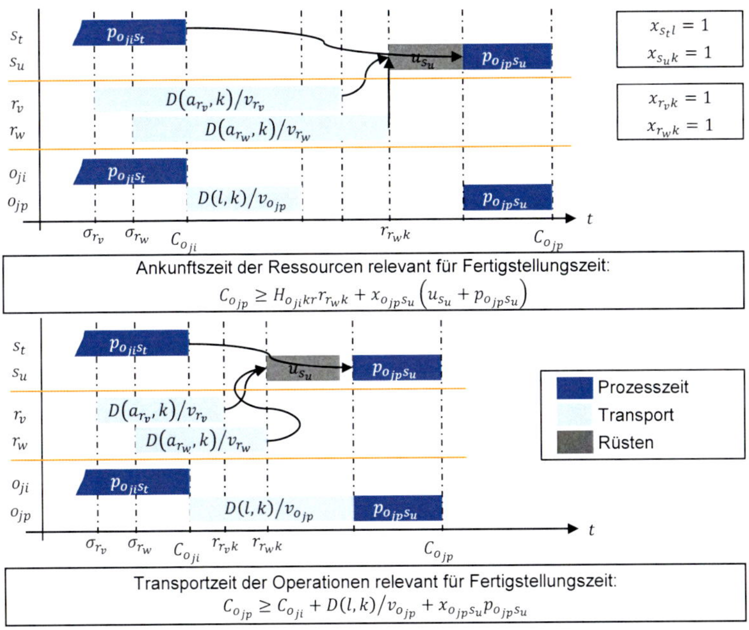

Abbildung 7.2: Beispiele für den Einfluss der Randbedingungen 7.57 und 7.59

7.2 Distributionsstationen und multikriterielle Zielfunktionen

7.2.1 Virtuelle Stationen

In der zuvor dargestellten Form endet jeder Job an der Station, an der seine letzte Operation ausgeführt wird, analog zum originären Single Machine Makespan Problem[368]. In der Produktionspraxis ist aber ein zusätzlicher Transport zu einem Übergabe- oder Logistikbereich zu erwarten, bspw. zwecks späterer Lagerung oder Versandvorbereitung[369].

Die Menge der Stationen wird deshalb zusätzlich zu den Bearbeitungsstationen um *virtuelle* Stationen erweitert, um einen Transport am Ende der Aufträge zu diesen zu erzwingen. Sie werden als virtuell bezeichnet, denn sie müssen nicht zwangsläufig realen Arbeitsbereichen entsprechen und stellen eine ausgangsseitige Systemgrenze dar.

$$s_v \in S_v \subset S \tag{7.66}$$

Die Aufbauzeit dieser Stationen ist gleich Null. Es wird im allgemeinen davon ausgegangen, dass ihr Betrieb aufgrund des virtuellen Charakters auch keinerlei Ressourcen im Stationsverbund erfordert.

$$u_{s_v} = 0, \quad \text{falls } K(r, s_v) = 0, \quad \forall s_v \in S_v, r \in R \tag{7.67}$$

$$\tag{7.68}$$

Die Position der virtuellen Stationen auf dem Shopfloor sind fixiert und spiegeln die Fabrikkonfiguration wider. Die zugehörigen Positionsvariablen werden manuell gesetzt, da ihre Verwendung durch den Bediener determiniert wird und ihre Position nicht durch den Solver gewählt werden soll.

$$x_{s_v k} \in \{0, 1\}, \quad \forall s_v \in S_v \subset S, k \in L \tag{7.69}$$

$$x_{s_v k} = \begin{cases} 1, & \text{falls virtuelle Station } s_v \text{ an Position } k \quad (7.70a) \\ 0, & \text{sonst} \quad (7.70b) \end{cases}$$

Für jede Jobmenge J_j ist die jeweils letzte Operation o_{ji} mit $i = b_j$, um eine virtuelle Operation als letztes Element o_{jv} zu ergänzen. Diese dient dem Transport zur virtuellen Station.

$$o_{jv} \in J_j, \quad \forall v = b_j + 1 \tag{7.71}$$

Alle Operationen können eindeutig den virtuellen Stationen zugeordnet werden und sind nicht Teil

368 siehe HENNES, 2002, S. 3

369 BUCKHORST, DO CANTO und SCHMITT, 2022, S. 204

der Optimierung.

$$x_{o_{ji}s_v}, \quad \forall s_v \in S_v \subset S, o_{ji} \in J \tag{7.72}$$

$$x_{o_{ji}s_v} = \begin{cases} 1, & \text{für } o_{ji} \text{ mit } i = N_j + 1 & (7.73a) \\ 0, & \text{sonst} & (7.73b) \end{cases}$$

Aus der Zuordnung von virtuellen Stationen zu Positionen auf dem Shopfloor und der Zuordnung der Operationen zu den virtuellen Stationen ergibt sich implizit der Zusammenhang zwischen den virtuellen Operationen und den Positionen auf dem Shopfloor.

$$x_{o_{jv},k}, \quad \forall o_{jv} \in J, \text{ mit } v = b_j + 1, k \in L \tag{7.74}$$

$$x_{o_{jv}k} = \begin{cases} 1, & \text{falls } x_{o_{jv}s_v} = 1 \text{ und } x_{s_v k} = 1 & (7.75a) \\ 0, & \text{sonst} & (7.75b) \end{cases}$$

Die Bearbeitungszeiten p_{ojvs_v} für diese virtuellen Operationen an den virtuellen Stationen sind im allgemeinen gleich Null. Diesen kann alternativ ein anderer konstanter Wert zugeordnet werden, der bspw. eine Verpackungs- oder Versandoperation beschreiben soll.

$$p_{o_{jv}s_v} = 0, \quad \forall o_{jv} \in J, s_v \in S_v \tag{7.76}$$

Die Fähigkeitsmatrix F wird zusätzlich um die virtuellen Stationen und Operationen erweitert, um die Konsistenz der Eingangsdaten zu gewährleisten. Nur die virtuellen Stationen weisen die Fähigkeit auf, die virtuellen Operationen zu bearbeiten. D.h. die Matrix enthält zusätzlich die Elemente:

$$F(o_{jv}, s) = \begin{cases} 1, & \text{falls } s = s_v & (7.77a) \\ 0, & \text{sonst} & (7.77b) \end{cases}$$

Außerdem muss die Vorrangbeziehung zwischen den virtuellen Operationen und allen anderen Operationen geklärt werden. Es gilt:

$$A(o_{ji}, o_{jv}) = \begin{cases} 1, & \text{für } o_{ji} \text{ mit } i = N_j & (7.78a) \\ 0, & \text{sonst} & (7.78b) \end{cases}$$

Durch diese Ergänzungen werden durch den Solver zusätzlich die Transportentscheidungen $z^{k,l}_{o_{ji}o_{jv}}$ getroffen. Auch werden die Reihenfolgen $y_{o_{ji}o_{qp}s_v}$ auf den virtuellen Stationen festgelegt, deren Aussagekraft bei Bearbeitungsdauern von Null vernachlässigbar ist. D.h. der Makespan der Zielfunktion erhöht sich dabei nur um die Transportzeit; ebenfalls vorausgesetzt, dass die Rüstzeiten der virtuellen Stationen zu Null gesetzt wurden.

7.2.2 Einschränkungen der Flächenverfügbarkeit

Flächen des Shopfloors werden ggfs. als Pufferflächen oder als Flächen verwendet, auf denen die mobilen Einheiten gelagert bzw. geladen werden. Solche Flächen sollen beim Lösen eines LMAS ScheLoc Szenarios deshalb ausgeklammert werden, obwohl die entsprechenden Knoten in der Distanzmatrix D enthalten sind. Die Menge $L_b \subset L$ kann zusätzlich an das MILP übergeben werden. Sie enthält alle Flächen, die im Zusammenhang der Optimierung nicht für den Aufbau von Stationen verwendet werden sollen. Allerdings kommen diese Positionen weiterhin als Startpositionen für Ressource und Aufträge in Frage. Durch L_b werden einige Entscheidungsvariablen unmittelbar fixiert. Diese werden nachfolgend dargestellt:

$$z^{k,l}_{o_{ji}o_{jp}} = 0, \quad \forall o_{ji}, o_{jp} \in J \backslash \{o_{ji} \neq o_{jp}\}, l \in L, k \in L_b \tag{7.79}$$

$$H_{o_{ji}kr} = 0, \quad \forall o_{ji} \in J, k \in L_b, r \in R \tag{7.80}$$

$$x_{rk} = 0, \quad \forall k \in L_b, r \in R \tag{7.81}$$

$$x_{sk} = 0, \quad \forall k \in L_b, s \in S \tag{7.82}$$

$$x_{o_{ji}k} = 0, \quad \forall k \in L_b, o_{ji} \in J \tag{7.83}$$

7.2.3 Multikriterielle Zielfunktionen

Neben der in Abschnitt 7.1.3 dargestellten Zielfunktion sind gegebenenfalls weitere Optimierungsziele von Bedeutung[370]. Tabelle 7.1 listet für das LMAS ScheLoc Problem zusätzliche Ziele auf, um widerstreitende Aspekte der Produktionspraxis zu berücksichtigen. Dies schließt Prioritäten der Fertigstellungszeiten der Jobs, kurze Durchlaufzeiten, auch in Kombination mit Prioritäten sowie möglichst geringe Arbeitsbelastungen und Transportzeiten für das Gesamtsystem mit ein.

Im Allgemeinen existieren für multikriterielle Optimierungsprobleme sowohl a priori als auch a posteriori und interaktive Methoden, die Entscheidungsträger und deren Präferenzen zu unterschiedlichen Zeitpunkten der Optimierung mit einbeziehen[371]. Zudem existieren „keine Präferenz"-Methoden, bei denen der Faktor Mensch nicht zur Verfügung steht.

Nachfolgend wird die Methode der gewichteten Summe verwendet, für die DEB ET AL. auf GASS AND SAATY[372] sowie ZADEH[373] verweisen[374]. Sie zählt zu den linearen Skalarisierungen (engl. linear scalarization), bei denen ein multikriterielles Optimierungsproblem in ein einkriterielles über-

370 siehe HOFMANN, 2021, S. 54f
371 HWANG, 1979, S. 7ff
372 GASS und SAATY, 1955
373 ZADEH, 1963
374 DEB, 2008, S. 10f

führt wird[375] und kann a priori als auch a posteriori verwendet werden. Ferner ist sie weit verbreitet; keine der etablierten Alternativen gilt als grundsätzlich überlegen[376].[377]

$$Z = \min\left(\sum_{i \in I} w_i z_i\right) \tag{7.84}$$

Die w_i werden häufig als Konvexkombination, d.h. $w_i \geq 0$ und $\sum w_i = 1$ definiert[379]. Die Lösung des Optimierungsproblems ist in diesem Fall zumindest schwach Pareto-optimal. Falls $w_i > 0$ für alle z_i, ist sie Pareto-optimal[380].

Zusätzlich ist eine Normalisierung der z_i erforderlich, denn die z_i weisen verschiedene Größenordnungen auf. Dazu werden die Gewichte in $w_i = u_i \theta_i$ aufgeteilt. Die u_i stellen die Präferenzen des Menschen dar. Die θ_i liefern die Normalisierungsfaktoren. Triviale Normalisierungen bedienen sich bspw. einem Startwert $\theta_i = \frac{1}{z_i(x_0)}$ oder verwenden die optimalen Lösungen der individuellen Zielfunktionen $\theta_{z_i} = \frac{1}{z_i^*}$.[381] GRODZEVICH ET AL. empfehlen jedoch die Verwendung von Nadir- und Utopiepunkten, die folgendermaßen definiert sind:[382]

$$z_i^U = z_i^* = z_i(x_{z_i}^*), \quad \forall i \in I \tag{7.85}$$

$$z_i^N = \max z_i(x_{z_j}^*), \quad \forall i, j \in I \tag{7.86}$$

Das Normalisierungsschema lautet dann:

$$\theta_{z_i} = \frac{1}{z_i^N - z_i^U} \tag{7.87}$$

Es ergeben sich folgende Schranken, die für vergleichbare Größenordnungen der Ziele sorgen:

$$0 \leq \frac{z_i - z_i^U}{z_i^N - z_i^U} \leq 1 \tag{7.88}$$

375 MIETTINEN, 1998, S. 62

376 DEB, 2008, S. 22f

377 Eine Alternative ist die Hierarchisierung von Optimierungszielen (a priori Methode). Hierarchisch übergeordnete Zielfunktionen werden dann prioritär behandelt und zuerst von Solvern gelöst. Untergeordnete Zielfunktionen führen nur zur Veränderung dieser ersten Lösung, sofern sie sich nicht negativ auf die übergeordnete Zielfunktion auswirkt.[378] Das Vorgehen wird auch als Lexikografische Ordnung (engl. lexicographic ordering) bezeichnet.

379 GRODZEVICH und ROMANKO, 2006, S. 92

380 DEB, 2008, S. 10

381 GRODZEVICH und ROMANKO, 2006, S. 92f

382 GRODZEVICH und ROMANKO, 2006, S. 93f

Tabelle 7.1: Multikriterielle Zielfunktion des LMAS ScheLoc Problems

Planungsziel	Zielfunktion	
Gesamtfertigstellungszeit	$z_0 = C_{make}$	(7.89)
Priorisierung Fertigstellungszeiten	$z_1 = \sum_{J_j \in J} \mu_{o_{jb_j}} C_{o_{jb_j}}$	(7.90)
Kurze Durchlaufzeiten	$z_2 = \sum_{J_j \in J} (C_{o_{jb_j}} - (C_{o_{j1}} - \sum_{s \in S} x_{o_{j1}s} p_{o_{j1}s}))$	(7.91)
Priorisierung kurzer Durchlaufzeiten	$z_3 = \sum_{J_j \in J} \mu_{o_{jb_j}} (C_{o_{jb_j}} - (C_{o_{j1}} - \sum_{s \in S} x_{o_{j1}s} p_{o_{j1}s}))$	(7.92)
Kurze Arbeitsbelastung	$z_4 = \sum_{o_{ji} \in J} x_{o_{ji}s} p_{o_{ji}s}$	(7.93)
Kurze Transportzeiten	$z_5 = \sum_{o_{ji} \in J} \sum_{\substack{o_{qp} \in J, \\ o_{jp} \neq o_{ji}}} \sum_{l \in L} \sum_{\substack{k \in J, \\ k \neq l}} z^{k,l}_{o_{ji} o_{jp}} D(k,l)/v_{o_{jp}}$	(7.94)

7.3 Schranken und Lösbarkeitsbedingungen

7.3.1 Triviale Schranken

Für einen bekannten Eingangsdatensatz können eine triviale obere und untere Schranke der Gesamtfertigstellungszeit C_{Make} angegeben werden. Wird Lösbarkeit vorausgesetzt, berechnet sich die obere Schranke folgendermaßen:

$$C_{Make,max} \leq \sum_{n=1}^{N} (\frac{D_{max}}{v_{R,min}} R_{max} + \frac{D_{max}}{v_{J,min}} + u_{max} + p_{max}) + \sum_{i=1}^{a} (2 \frac{D_{max}}{v_{O,min}}) + \sigma_{R,max} + \sigma_{J,max} \quad (7.95)$$

N entspricht dabei der Anzahl aller Operationen, die in J enthalten sind ($N = \sum_{J_j \in J}^{a} b_j$). Diese Abschätzung geht davon aus, dass alle Operationen konsekutiv ausgeführt werden. Dabei beschreibt die erste Summe, dass für jede Operation eine Station aufgebaut wird. Für diese Stationen wird jeweils die längste Einrichtungszeit u_{max} zugrunde gelegt und die längste denkbare Transportzeit einer der maximal für eine Station nötigen Anzahl an Ressourcen R_{max}. Der Ressourcentransport erfolgt bei dieser Abschätzung ebenfalls konsekutiv und zwar stets unter Annahme der maximalen Distanz D_{max}, die die Distanzmatrix des Shopfloors aufweist. Die Bewegungsgeschwindigkeit der einzelnen Ressourcen wird dabei durch die langsamste Ressourcengeschwindigkeit $v_{R,min}$ abgeschätzt. Die Dauer der Transporte der Operationen von einem Bearbeitungsort zum nächsten wird ebenfalls durch die Annahme der langsamsten Bewegungsgeschwindigkeit der Operationen $v_{O,min}$ über die maximal mögliche Distanz D_{max} abgeschätzt. Die zweite Summe ergänzt diese Abschätzung um den jeweils ersten Transport der jeweils ersten Operation eines Jobs vom Eingangswarenlager zum ersten Bearbeitungsort und dem Abtransport von der jeweils letzten Operation zum Ausgangswarenlager. Zusätzlich wird die späteste Ankunftszeit der Ressourcen sowie der Aufträge addiert.

$$C_{Make,min} \geq \sigma_{J,min} + u_{min} + \max_{J_j \in J}(\sum_{o_{ji} \in J_j} \min_{s \in S}(p_{o_{ji}s})) + \min_{\substack{o_{j1} \in J, \\ s_v \in S_v}} (\frac{D(a_{o_{j1}}, a_{s_v})}{v_{O,max}}) \tag{7.96}$$

Gleichung 7.96 liefert eine untere Schranke. Dabei wird von der Abarbeitung aller Jobs auf parallelen Stationen ausgegangen. Diese bedienen jeweils alle Operationen eines spezifischen Jobs J_j. Einmaliges Rüsten dieser Stationen ist notwendig, die kürzeste Rüstzeit u_{min} aller Stationen wird zugrunde gelegt. Die Bearbeitung beginnt frühestens mit der Ankunftszeit des ersten Auftrages. Falls ein Datensatz virtuelle Stationen enthält, wird für die untere Schranke angenommen, dass die idealisierte Station auf der kürzesten Verbindungsstrecke zwischen der Startposition des Auftrags und der virtuellen Station liegt. Dabei wird die höchste Transportgeschwindigkeit des Auftrags J_j berücksichtigt. Das Maximum der parallel bearbeiteten Aufträge liefert dann den entscheidenden Beitrag zur Schranke. Es lässt sich nicht nur für die Gesamtfertigstellungszeit C_{make} eine Schranke angeben, sondern auch für die Fertigstellungszeiten der einzelnen Operationen (7.97). Diese berücksichtigt die Startzeit des zugehörigen Auftrags, die kürzeste Rüstzeit einer Station und den Montagevorgangsgraphen durch die kürzesten Bearbeitungszeiten aller Vorgängeroperationen.

$$C_{o_{ji},min} \geq u_{min} + \sigma_{o_{j1}} + \sum_{\substack{o_{jp} \in J_j, \\ o_{jp} \preceq o_{ji}}} \min_{s \in S}(p_{o_{jp}s}) \tag{7.97}$$

7.3.2 Lösbarkeitsbedingungen

Nachfolgend werden Kriterien dargelegt, die es gestatten, Parameter- und Eingangsdatensätze zu identifizieren, für die eine Lösbarkeit des LMAS ScheLoc Problems a priori ausgeschlossen werden kann. Damit Produkte montiert werden können, muss sichergestellt sein, dass die Menge der potenziell aufzubauenden Stationen eine Stationsteilmenge $S_c \subseteq S$ umfasst, die alle notwendigen Fähigkeiten für die Operationen der Produkte aufweist (7.98).

$$\exists S_c \subseteq S \mid \sum_{s \in S_c} \sum_{o_{ji} \in J} F(o_{ji}, s) \geq 1, \tag{7.98}$$

Die Ermittlung aller Teilmengen und ihrer Fähigkeiten unter Berücksichtigung der verfügbaren Ressourcen kann allerdings als wenig effizient charakterisiert werden, denn die Anzahl der Teilmengen liegt in der Größenordnung $2^{|S|}$. Deshalb wird auf den ersten Schritt der im nachfolgenden Kapitel erläuterten Konstruktionsheuristik verwiesen.

Die Prüfung, ob die Gesamtmenge aller Stationen zumindest die geforderten Fähigkeiten besitzt, um die Menge aller erforderlichen Operationen zu realisieren, ist laufzeiteffizient. Für mindestens eine dieser Teilmenge S_c müssen die notwendigen Ressourcen zur Verfügung stehen, sodass die Stationen auch betrieben werden können (7.99).

$$\exists S_c \subseteq S \mid \sum_{s \in S_c} K(r,s) \leq 1, \; \forall r \in R \tag{7.99}$$

Auch muss der Shopfloor ausreichend viele Positionen aufweisen, um die Anzahl der in der Teilmenge S_c enthaltenen Stationen allokieren zu können.

7.4 Online Heuristik

Nachfolgend wird eine Konstruktionsheuristik dargelegt, die eine gültige Lösung für das LMAS ScheLoc Problem erzeugt, sofern eine solche existiert. Sie ist dabei so aufgebaut, dass die Art und die Anzahl der Entscheidungsvariablen äquivalent zum skizzierten MILP sind. Sie besteht aus vier wesentlichen Schritten:

1. Auswahl zu betreibender Stationen
2. Zuordnung von Operationen zu gewählten Stationen
3. Bestimmung von Aufstellorten gewählter Stationen und von Transportoperationen
4. Bestimmung von Bearbeitungsreihenfolgen auf gewählten Stationen

7.4.1 Stationsauswahl

Der erste Schritt dient dazu, eine Teilmenge an Stationen zu ermitteln, die alle notwendigen Fähigkeiten bereitstellt, um die Menge der Produktionsaufträge umzusetzen. Dazu liefern die verfügbaren Ressourcen eine relevante Einschränkung. Existiert eine solche Teilmenge nicht, kann ggfs. nur ein Teil der erforderlichen Operationen ausgeführt werden (siehe Abbildung 7.3).

Der erste Schritt wird ebenfalls als MILP realisiert, wobei die Anzahl der Entscheidungsvariablen in der Größenordnung $|O| + |S| * (1 + |R| + |O|)|$ liegt. Die Anzahl der Randbedingungen kann durch $|O| + |R| + |S| * (|R| + 2|O|)|$ abgeschätzt werden. Falls virtuelle Stationen verwendet werden, sind zusätzlich weitere $|J| + |S_v| * (1 + |R|)$ Randbedingungen erforderlich. Die Zielfunktion lautet:

$$Z = \max\left(\sum_{o_{ji} \in J} x_{o_{ji}}\right) \tag{7.100}$$

$$x_{o_{ji}} \in \{0, 1\}, \qquad \forall o_{ji} \in J \tag{7.101}$$

$$x_{o_{ji}s} \in \{0, 1\}, \qquad \forall o_{ji} \in J, s \in S \tag{7.102}$$

$$y_s \in \{0, 1\}, \qquad \forall s \in S \tag{7.103}$$

$$y_{sr} \in \{0, 1\}, \qquad \forall s \in S, r \in R \tag{7.104}$$

Die Randbedingungen lauten:

$$x_{o_{ji}} \leq \sum\nolimits_{s \in S} x_{o_{ji}s}, \qquad \forall o_{ji} \in J \tag{7.105}$$

$$x_{o_{ji}s} \leq F(o_{ji}, s), \qquad \forall o_{ji} \in J, s \in S \tag{7.106}$$

$$x_{o_{ji}s} \leq y_s, \qquad \forall o_{ji} \in J, s \in S \tag{7.107}$$

$$y_s \leq y_{sr}, \qquad \forall s \in S, r \in R, \text{falls } K(r, s) = 1 \tag{7.108}$$

$$\sum\nolimits_{s \in S} y_{sr} \leq 1, \qquad \forall r \in R \tag{7.109}$$

$$\sum\nolimits_{s \in S} y_s \leq \zeta max, \qquad \forall o_{ji} \in J, s \in S \tag{7.110}$$

Die Randbedingungen für virtuelle Stationen lauten:

$$y_{s_v} = 1, \qquad \forall s_v \in S_v \subset S \tag{7.111}$$

$$y_{s_v r} = 0, \qquad \forall s_v \in S_v \subset S \tag{7.112}$$

$$x_{o_{jb_j+1}s} = 1, \qquad \forall o_{jb_j+1} \in J, s_v \in S_v \subset S \tag{7.113}$$

Die Auswahl der Stationen kann als nicht-vollständiger tripartiter Graph $G = (V, E)$ beschrieben werden. Für diesen gilt $V = J \cup S \cup R$ und $E = E_1 \cup E_2$ und mit $E_1 \subseteq J \times S$ und $E_2 \subseteq S \times R$. Es handelt sich also um ein Matching Problem für die Vereinigung der disjunkten Mengen der durchzuführenden Operationen in J, der möglichen Stationen S und der verfügbaren Ressourcen R.

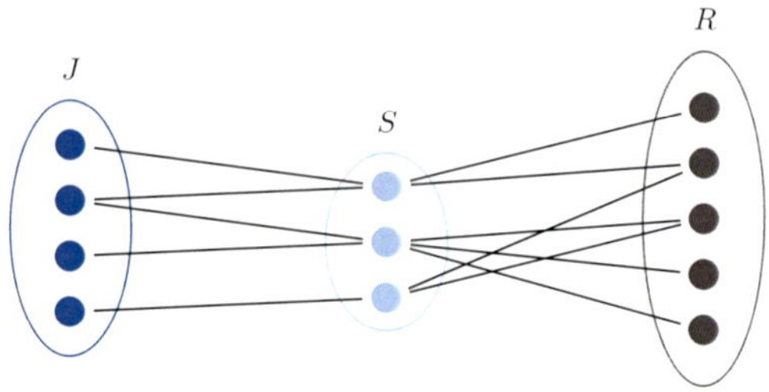

Abbildung 7.3: Beispiel für einen nicht-vollständigen tripartiten Graph der Stationsauswahl

7.4.2 Operationszuordnung

Durch die Entscheidungsvariablen y_s lässt sich die Teilmenge der gewählten Stationen $S_w \subseteq S$ erzeugen. Unter Berücksichtigung der kürzesten Prozesszeiten $p_{o_{ji}s_w}$ werden die auszuführenden Operationen o_{ji} den Stationen zugeordnet („greedy"). Algorithmus 3 zeigt, wie die Entscheidungsvariablen $x_{o_{ji}s}$ festgelegt werden.

Algorithmus 3 Operationszuordnung, greedy

procedure ASSIGNOPERATIONS(J, S, S_w, F, $p_{o_{ji}s}$)
    $x_{o_{ji}s} \in \{0, 1\}$, $\forall o_{ji} \in J, s \in S$
    for each $J_j \in J$ **do**
        for each $o_{ji} \in J_j$ **do**
            $p_{current} \leftarrow \infty$
            $s_{current} \leftarrow \emptyset$
            for each $s \in S$ **do**
                if $F(o_{ji}, s) == 1$ **then**
                    if $p(o_{ji}, s) < p_{current}$ **then**
                        $s_{current} \leftarrow s$
                        $p_{current} \leftarrow p(o_{ji}, s)$
            $x_{o_{ji}s_{current}} \leftarrow 1$
            for each $s \in S, s \neq s_{current}$ **do** $x_{o_{ji}s_{current}} \leftarrow 0$
    return $x_{o_{ji}s}$

7.4.3 Stationspositionen

Es folgt anschließend die Bestimmung der Positionen der Stationen. Es wird ebenfalls ein Greedy-Ansatz zu Grunde gelegt. Dabei wird für eine Station eine Position möglichst nah zu ihren notwendigen Ressourcen gewählt.

Dabei müssen allerdings die Randbedingungen des LMAS berücksichtigt werden. D.h., dass nur eine Station an einer Position aufgebaut werden darf. Dazu ist die Reihenfolge, in der die Positionen der gewählten Stationen S_w festgelegt werden, zu bestimmen. Diese kann manuell vorgegeben oder automatisiert erzeugt werden. Hier erfolgt eine Priorisierung durch die Anzahl der je Station zugeordneten Operationen. In die Bewertung fließt zusätzlich ein, an welcher Stelle eine zugeordnete Operation sich in dem Vorranggraphen des zugehörigen Produktes befindet.

In Algorithmus 4 wird davon ausgegangen, dass die Stationen in der Reihenfolge ihrer Priorität vorliegen. Für jede Ressource, die dann für den Aufbau der Station erforderlich ist, wird ein Distanzvektor bestimmt, der die Distanz der Ressource ausgehend von ihrer Startposition a_{r_s} zu allen diskreten Positionen des Shopfloors enthält (Zeile 6). Dieser wird dann durch die Bewegungsgeschwindigkeit dividiert, um die zeitliche Distanz zu erhalten. Zusätzlich ist die Startzeit der Ressource zu berücksichtigen. Sind alle der Station zugehörigen Ressourcen zur Liste T_s erzeugt worden, werden zeilenweise diese Vektoren verglichen, und es wird ein Vektor erzeugt, der zeilenweise die Maxima enthält. Dieser Vektor $\vec{\tau}_s$ beinhaltet nun für jede Shopfloorposition die Zeit, die vergeht, bis alle Ressourcen der Station die Position erreichen. Es wird nun das m-te Minimum gesucht, solange bis eine Position gefunden wurde, die noch nicht durch eine andere Station belegt worden ist (Zeile 14ff). Abschließend wird die Entscheidungsvariable $x_{sl_{current}}$ zu 1 gesetzt.

Aus x_{sk} und $x_{o_{ji}s}$ kann direkt $x_{o_{ji}k}$ durch folgenden Zusammenhang erzeugt werden:

$$x_{o_{ji}k} = \min(x_{sk}, x_{o_{oji}s}), \quad \forall o_{ji} \in J, k \in L, s \in S \tag{7.114}$$

Die x_{rk} werden durch nachfolgende Gleichung berechnet:

$$x_{rk} = x_{sk} * K(r, s), \quad \forall r \in R, s \in S \tag{7.115}$$

Aus den bestimmten Positionen für die Operationen lassen sich nun die Auftragsrouten, d.h. die $z^{k,l}_{o_{ji},o_{jp}}$ ableiten.

$$z^{k,l}_{o_{ji},o_{jp}} = \begin{cases} \min(x_{o_{ji}k}, x_{o_{jp}l}), & \forall o_{ji}, o_{jp} \in J, k, l \in L \quad \text{falls } A(o_{ji}, o_{jp}) = 1, \quad (7.116a) \\ 0, & \text{sonst} \quad (7.116b) \end{cases}$$

Algorithmus 4 Stationspositionen, greedy

procedure ASSIGNSTATIONLOCATIONS(S_w, R, σ_r, a_r, K, D)
    $x_{sk} \in \{0,1\}$, $\forall s \in S, k \in L$
    for each $s \in S$ **do**
        $T_s \leftarrow \emptyset$
        for each $r_s \in R, K(r_s, s) == 1$ **do**
            $\vec{d}_{r_s} \leftarrow$ getAllDistances(a_{r_s}, D)
            $\vec{\tau}_{r_s} \leftarrow \frac{1}{v_{r_s}} \vec{d}_{r_s}$
            $\vec{\underline{\tau}}_{r_s} \leftarrow \vec{\tau}_{r_s} + \sigma_{r_s}$
            T_s.append($\vec{\underline{\tau}}_{r_s}$)
        $\vec{\tau}_s \leftarrow$ getElementwiseMaximum(T_s)
        $l_{current} \leftarrow$getLocationOfMinimumElement($\vec{\tau}_s$)
        $\tau_{s,min} \leftarrow$getMinimumElement($\vec{\tau}_s$)
        $m \leftarrow 1$
        while NOT locationAvailable($l_{current}$) **do**
            $l_{current} \leftarrow$ getLocationOfKMinimumElement($\vec{\tau}_s$, m)
            $\tau_{s,min} \leftarrow$getMinimumElement($\vec{\tau}_s$, m)
            $m \leftarrow m + 1$
        $x_{sl_{current}} \leftarrow 1$
        for each $k \in L, k \neq l_{current}$ **do**
            $x_{sk} \leftarrow 0$
        locationAvailable($l_{current}$)$\leftarrow$ *False*
    return x_{sk}, $\tau_{s,min}$

7.4.4 Bearbeitungsreihenfolgen

Nachdem die Entscheidungen hinsichtlich Zuordnung, Positionen und Transporten fixiert worden sind, werden die Bearbeitungsreihenfolgen auf den Stationen bestimmt (Algorithmus 5). Dabei wird eine modifizierte Version der Eearliest-Release-Date (ERD) Regel verwendet. Diese ordnet auszuführende Operationen in der Reihenfolge ihrer Ankunftszeiten an[383]. Hier wird allerdings davon ausgegangen, dass keine anderen Operationen eine Station bei Ankunft einer Operation blockieren. Denn die tatsächlichen Fertigstellungszeiten werden erst im nächsten Schritt bestimmt. Für jeden Job handelt es sich also um die präemptive untere Schranke der Startzeiten der Operationen[384]. Potentielle Deadlocks werden vermieden, denn es wird nur eine Präemption für Operationen anderer Aufträge erlaubt. Den Einstiegspunkt stellen die ersten Operationen o_{j1} der Aufträge dar. Dabei ist neben der frühestmöglichen Freigabezeit der Operationen $r_{o_{ji},l}$ auch die frühestmögliche Aufbauzeit dieser Station $r_{s,l}$ abzuwarten. Die $\tau_{s,min}$ aus Algorithmus 4 beinhalten diese Information bereits, zu der noch die notwendige Aufbauzeit der entsprechenden Station hinzuzuaddieren ist. Das Maximum dieser beiden Werte liefert die $C_{o_{ji}s,min}$. Diese spiegeln die Randbedingungen 7.58 und 7.59 wider. Aus der Reihenfolge der Minima der $C_{o_{ji}s,min}$ werden die

383 ELVIKIS, HAMACHER und KALSCH, 2009, bspw. S. 363
384 vgl. BELOUADAH, POSNER und POTTS, 1992, S. 217

Entscheidungsvariablen $y_{o_{ji}o_{qp}s}$ abgeleitet. Es bleibt die Ableitung der zur realisierenden Fertigstellungszeiten $C_{o_{ji}}$ und $C_{o_{ji}s}$ sowie C_{make}. Diese können nun aus den $x_{o_{ji}s}$, $x_{o_{ji}k}$, x_{sk}, x_{rk} und $y_{o_{ji}o_{qp}s}$ sowie den $z_{o_{ji}o_{qp}^{k,l}}$ abgeleitet werden. Eine Möglichkeit stellt die Verwendung des LMAS ScheLoc MILP dar. Die bestimmten Entscheidungsvariablen werden als fixierte Parameter übergeben und die C's bestimmt. Alternativ kann ein A*-Algorithmus verwendet werden.

Algorithmus 5 Bearbeitungsreihenfolgen

procedure DEFINESTATIONSEQUENCES(S_w, R, σ_{o_j1}, $a_{o_{j1}}$, J, D, u_s,$v_{o_{ji}}$, A, $x_{o_{ji}s}$, $\tau_{s,min}$, $p_{o_{ji}s}$)
  $y_{o_{ji}o_{qp}s} \in \{0,1\}, \ \forall s \in S, o_{ji}, o_{qp} \in J$
  for each $o_{j1} \in J$ **do**
    $o_{current}, o_{successor} \leftarrow o_{j1}$
    $s_{successor} \leftarrow$ getAssignedStation($o_{current}$, $x_{o_{ji}s}$)
    $l_{current} \leftarrow a_{o_{j1}}$
    $l_{successor} \leftarrow$ getLocation($o_{current}$, $x_{o_{ji}k}$)
    $r_{o_{successor},l_{successor}} \leftarrow \sigma_{o_{current}} + D(l_{current}, l_{successor})\frac{1}{v_{o_{current}}}$
    $r_{s_{successor},l_{successor}} \leftarrow \max(r_{o_{successor},l_{successor}}, \tau_{s_{current},min} + u_{s_{successor}})$
    $C_{o_{current}s_{current},min} \leftarrow r_{s_{current}} + p_{o_{current}s_{current}}$
    while hasSuccessor($l_{current}$) **do**
      $l_{current} \leftarrow l_{successor}$
      $l_{successor} \leftarrow$ getLocation($o_{successor}$, $x_{o_{ji}k}$)
      $s_{current} \leftarrow s_{successor}$
      $s_{successor} \leftarrow$ getAssignedStation($o_{current}$, $x_{o_{ji}s}$)
      $r_{o_{successor},l_{successor}} \leftarrow C_{o_{current},s_{current},min} + D(l_{current}, l_{successor})\frac{1}{v_{o_{successor}}}$
      $r_{s_{successor}} \leftarrow \max(r_{o_{successor},l_{successor}}, \tau_{s_{successor},min} + u_{s_successor})$
      $C_{o_{successor}s_{successor},min} \leftarrow r_{s_{successor}} + p_{o_{successor}s_{successor}}$
      $o_{current} \leftarrow o_{successor}$
      $o_{successor} \leftarrow$ getSuccessor($o_{current}$, A)
    for each $s_w \in S_w$ **do**
      if sizeOf($C_{o_{ji}s}$)> 1 **then**
        for $k \leftarrow 1, k++, k <$sizeOf($C_{o_{ji}s_w}$) **do**
          $o_{current} \leftarrow$ getKMininum($C_{o_{ji}s_w}$, k)
          $o_{next} \leftarrow$ getKMininum($C_{o_{ji}s_w}$, $k+1$)
          $y_{o_{current}o_{next}s_w} \leftarrow 1$
          for each $s \in S, o_{ji}, o_{qp} \in J\{o_{ji} = o_{qp}\}$ **do**
            if $o_{ji} \neq o_{current}$ AND $o_{qp} \neq o_{next}$ AND $s \neq s_w$ **then**
              $y_{o_{ji}o_{qp}s} \leftarrow 0$
  return $y_{o_{ji}o_{qp}s}$

7.5 Anbindung zur LMAS PPS

Die LMAS Domäne stellt die gemeinsame Basis der Implementierung für Steuerung und Feinplanung dar. Die Verknüpfungen zwischen den Modellen zur Beschreibung, Steuerung und Feinplanung und welche Entscheidungsvariablen in welche (lokalen) Pläne der LMAS Entitäten einfließen, werden in Abbildung 7.4 skizziert.

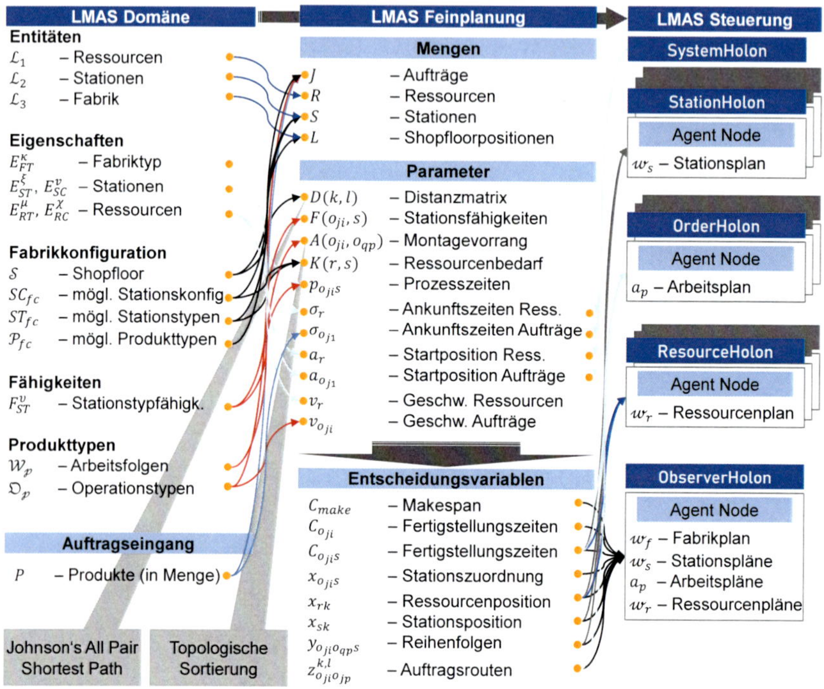

Abbildung 7.4: Verknüpfung zwischen dem Formalmodell der LMAS Domäne, dem LMAS ScheLoc und der LMAS PPS

Die Entitäten der LMAS Domäne enthalten die erforderlichen Informationen für die Mengen der Ressourcen und Stationen. In die Menge der Stationen fließen zusätzlich Informationen bzgl. Stationskonfigurationen und Stationstypen mit ein, indem alle zulässigen Permutationen auf dieser Basis gebildet werden und als ein eindeutiges Element s bezeichnet werden. Die möglichen Stationspositionen sind Teil der Fabrik und insbesondere der Fabrikkonfiguration, die den Shopfloor berücksichtigt. Die im Rahmen der Feinplanung abzuarbeitenden Aufträge J ergeben sich aus der Auftragseingang unter Berücksichtigung der Arbeitsfolgen und Operationstypen für die bestellten Produkte in der Planungsperiode.

Die Parameter der Feinplanung ergeben sich aus den Eigenschaften der Entitäten. Die Distanzmatrix $D(k,l)$ wird unter Anwendung des Johnson's All Pair Shortest Path Algorithmus berechnet (siehe Abschnitt 5.4.2). Die Parameter $F(o_{ji}, s)$ sowie $p_{o_{ji}s}$ ergeben sich unmittelbar aus den Stationsfähigkeiten und den Operationstypen. Der Montagevorrang $A(o_{ji}, o_{qp})$ wird aus den möglichen Arbeitsfolgen unter Verwendung der topologische Sortierung (siehe Abschnitt 5.4.1) bestimmt. Der Ressourcenbedarf $K(r, s)$ wird über die Entitäten der Stationen und Ressourcen unter Berücksichtigung der Stationstypen und -konfigurationen ermittelt. Startpositionen der Planungsperioden liefert das `SystemHolon`. Es handelt sich dabei ebenfalls um Eigenschaften der Entitäten.

Nach erfolgter Feinplanung und damit bestimmten Entscheidungsvariablen können die Entitätenpläne abgeleitet werden. Zum Zweck der Systemüberwachung erhält das `ObserverHolon` alle Pläne. Die Holone der Entitäten (`ResourceHolon`e und `StationHolon`e) sowie die Autragsholone (`OrderHolon`e) erhalten ihre individuellen Vorgaben.

7.6 Zwischenfazit

In diesem Kapitel wurde ein MILP dargelegt, das es gestattet, global-optimale Ablaufpläne für linienlose mobile Montagesysteme zu bestimmen, sofern solche existieren. Damit wird die dritte forschungsleitende Fragestellung (FLF3) nach dem „Wie“ im Zusammenhang einer modellbasiert Optimierung, beantwortet. Den Beitrag dieses Kapitels zum Forschungsprozess fasst Abbildung 7.5 zusammen.

Die durch das LMAS ScheLoc Modell berechenbaren Ablaufpläne werden durch ein Tupel der folgenden, binären Entscheidungen charakterisiert: Stationen zu temporärer Positionen, Operationen zu Stationen, Transporte zwischen Stationen aufeinanderfolgender Operationen der Produktionsaufträge und Bearbeitungsreihenfolgen von Operationen auf den Stationen (Erfüllung von SP1 und SP2). Die kontinuierlichen Entscheidungsvariablen liefern die Fertigstellungszeiten der Operationen auf den Stationen sowie die Gesamtfertigstellungszeit aller Aufträge der Planungsperiode (Erfüllung von SP3). Dadurch sind die in Abschnitt 2.2.2 identifizierten LMAS PPS Fragen algorithmisch beantwortet.

Um das identifizierte Defizit des Stands der Technik und Forschungen zu überwinden, wurde das *Discrete Planar Multi Machine Simultaneous Scheduling Location Problem* wesentlich um die in Abschnitt 4.2.3 identifizierten charakteristischen Merkmale linienloser mobiler Montagesysteme erweitert. Zu diesen Erweiterungen zählen auch das Prinzip virtueller Stationen sowie (multikriterielle) Zielfunktionen, die über die unitäre Gesamtfertigstellungszeit (Makespan) hinaus gehen.

Die integrale Verwendung von Standort-, Terminplan-, Zuordnungs- und Routingrelationen stärkt das Modell, dessen global-optimale Lösung nicht durch die üblichen, sequentiellen Verknüpfungen der domänenspezifischen Modelle zu erzeugen ist[385]. Allerdings ergibt sich zwangsläufig bei dieser Verknüpfung von NP-schweren Problemstellungen ein NP-schweres Problem.

[385] Ein mehrstufiger Ansatz wurde in BUCKHORST, HÜTTEMANN u. a., 2019 untersucht.

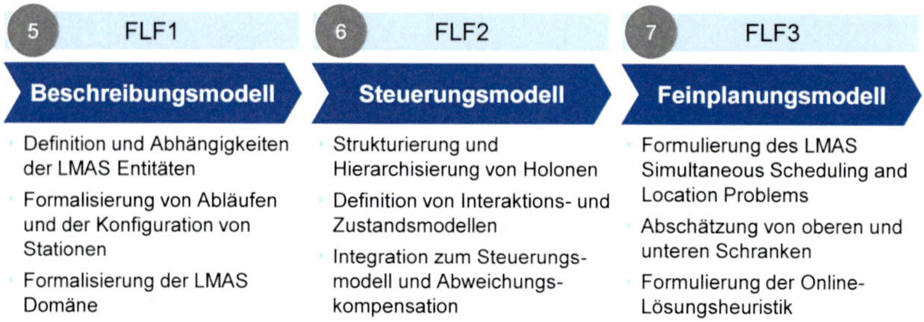

Abbildung 7.5: Beiträge der Kapitel zur Beantwortung der übergeordneten Forschungsfrage

Um den Vorteil der Herbeiführung von global-optimalen Lösungen eines solchen Totalmodells nicht durch zu hohe Rechenzeiten hinsichtlich der Praxistauglichkeit zu relativieren, wurden zusätzliche Zusammenhänge entwickelt: Triviale obere und untere Schranken erlauben dem Praktiker abzuschätzen, ob ein Lösungsversuch für einen Eingangsdatensatz sinnvoll ist. Gleichzeitig eignen sich diese, um die Intervalle, auf denen die Entscheidungsvariablen C_{Make}, $C_{o_{ji}}$ und $C_{o_{ji}s}$ definiert sind, einzuschränken und verwendete Solver zu beschleunigen. Außerdem wurden Kriterien entwickelt, die der Identifizierung von inkonsistenten und inkompatiblen Parameterdatensätzen dienen, bevor ein Lösungsversuch erfolgt.

Zusätzlich wurde die in den Abschnitten 6.1, 6.5 und 6.6 geforderte Heuristik präsentiert, die der Konstruktion von gültigen Lösungen für das LMAS Problem auf globaler Ebene dient und die letzte Instanz einer Störungseskalation darstellt. Diese Heuristik umfasst drei wesentliche Schritte und verknüpft ein Matching Problem über nicht-vollständige tripartite Graphen mit zwei Greedy-Algorithmen, die in Polinominalzeit terminieren. Trotz der NP-Schwere des ersten Schritts werden insgesamt deutlich niedrigere Lösungszeiten im Vergleich zum LMAS ScheLoc erwartet, weshalb die Heuristik als Online-Scheduler in die Architektur integriert worden ist.

Das LMAS ScheLoc kann außerdem degeneriert werden, sodass es der Feinplanung von Auftragsrouten und Bearbeitungszeiten der Matrix-Produktion dient. Planungsergebnisse sind ebenfalls global-optimal. Degenerieren bedeutet, dass die Entscheidungsvariablen der Stationspositionen als Parameter interpretiert und spezifische Randbedingungen vernachlässigt werden können.

8 Verifikation und Validierung

Nachfolgendes Kapitel beginnt mit der Darstellung der verwendeten Verifikations- und Validierungstechniken für das holonische Steuerungsmodell, dem LMAS ScheLoc Feinplanungsmodell und der Lösungsheuristik. Verifikationstechniken fanden während des wissenschaftlichen Prozesses im Zusammenhang mit der Ausarbeitung der forschungsleitenden Fragestellungen Anwendung (Abschnitt 8.1). Es folgt die Erläuterung zu Grunde liegender Anwendungsbeispiele (Abschnitt 8.2), die die Eingangsgrößen und Parameter für alle anschließenden Untersuchungen liefern (Abschnitt 8.3). Die konzeptionelle Validität durch die Untersuchung der Erfüllungsgrade der Anforderungen aus Kapitel 3 wird dargelegt (Abschnitt 8.4). Es folgt die Erläuterung der Verifikation des computerisierten Modells (Abschnitt 8.5). Zentraler Bestandteil der Validierung ist die Untersuchung der operationalen Validität (Abschnitt 8.6). Dazu werden einerseits das Verhalten des LMAS ScheLoc MILP sowie das Verhalten der Heuristik untersucht und anderseits Modellvergleiche zum DPMM ScheLoc durchgeführt. Das Kapitel schließt mit einer prädiktiven Validierung, bei der die Ausführung von Globalplänen durch das holonische Steuerungssystem simuliert wird.

8.1 Verwendete Techniken der Verifikation und Validierung

Laut VDI-Richtlinie 2206 ist „Verifikation" die Überprüfung eines Systems in Bezug auf die Spezifikation der unterschiedlichen Systemebenen und Konkretisierungsniveaus. Demgegenüber steht die Validierung als Überprüfung der Systemeigenschaften hinsichtlich eines vordefinierten Einsatzzwecks oder Nutzens, d.h. die Umsetzung der Bedürfnisse der Stakeholder.[386]

SARGENT unterscheidet im Zusammenhang der Validierung von Simulationsmodellen die *konzeptionelle Validität*, die *operationale Validität* und die *Verifikation des computerisierten Modells*[387]. Erstere beschreibt die Feststellung, ob Theorien und Annahmen, die konzeptionellen Modellen zugrunde liegen, korrekt sind. Auch müssen die Modelldarstellungen der Problemeinheit für den beabsichtigten Zweck angemessen sein. In diesem Zusammenhang liefert Tabelle 8.1 einen Überblick über die angewandten Methoden, deren Untersuchungsgegenstand sowie Schwerpunkte und die Verweise zu den entsprechenden Abschnitten in diesem Kapitel.

Die konzeptionelle Validität wird nachfolgend überprüft, indem die Architektur und das Planungsmodell mit den Anforderungen und den Use Cases aus Kapitel 3 gegenübergestellt werden. Dies ist ebenfalls im Sinne des wissenschaftlichen Prozesses nach ULRICH (Prüfung im Anwendungszusammenhang) und der ANEMONA Methodologie, die in der Setup- und Operationsphase den

386 vgl. VEREIN DEUTSCHER INGENIEURE, 2021, S. 8f, S. 33f

387 SARGENT, 2010, S. 185f

<table>
<tr><th>Art</th><th>Methode</th><th>Untersuchungs-gegenstand</th><th>Schwerpunkte</th><th>Abschnitt</th></tr>
<tr><td rowspan="4">Konzeptionelle Validität</td><td rowspan="2">Anforderungs-erfüllungsgrade & Use Cases</td><td>Formalismus</td><td rowspan="2">• Allg. und spez. Anforderungen
• U1 Normalbetrieb
• U2 Störbetrieb
• U3 Einrichtbetrieb</td><td rowspan="4">8.4</td></tr>
<tr><td>Steuerung</td></tr>
<tr><td rowspan="2">Augenschein-validität</td><td>Formalismus</td><td rowspan="2">• Internet of Production
• Diskurs mit wiss. Community
• Studie Montage der Zukunft</td></tr>
<tr><td>Steuerung</td></tr>
<tr><td>Veri-fika-tion</td><td>Animation & Monitoring</td><td>Feinplanung</td><td>• Ablaufplan & Shopfloorlayout
• Entwicklung des Gap</td><td>8.5</td></tr>
<tr><td rowspan="2">Operationale Validität</td><td>Parametervariation & Vergleich</td><td>Feinplanung</td><td>• MILP vs. Heuristik,
• Big-M vs. Logische Implikationen
• Multikriterielle Zielfunktionen
• Vergleich zum DPMM ScheLoc</td><td rowspan="2">8.6</td></tr>
<tr><td>Prädiktive Validierung</td><td>Feinplanung & Steuerung</td><td>• U1 Normalbetrieb
• U2 Störbetrieb</td></tr>
</table>

Tabelle 8.1: Validierungstechniken und Struktur des Kapitels

Vergleich zu den Anforderungen fordert.[388] Dazu findet die Methode der Augenscheinvalidität (engl. Face Validity) Anwendung: Der Diskurs und Dialog zu Fachexperten (bspw. Wissenschaftler*innen und Praktiker*innen der Domäne) ist zu suchen, um auf Basis von Abbildungen, Modellskizzen oder -gleichungen deren Richtigkeit auf Basis des Erfahrungshintergrunds zu bestätigen bzw. zu hinterfragen[389]. Falls auf konzeptueller Ebene Unstimmigkeiten identifiziert werden, ist die Methode der Augenscheinvalidität zu wiederholen.[390]

Die operationale Validität beschreibt die Feststellung, ob das Ausgangsverhalten eines Modells eine ausreichend geringe Unsicherheit über den Bereich der beabsichtigten Anwendbarkeit für den beabsichtigten Zweck aufweist.[391] Ist das modellierte System beobachtbar, kann ein objektiver Vergleich zwischen Modellverhalten und System, bspw. durch statistische Tests erfolgen. Ist das System nicht-beobachtbar, so besteht der objektive Ansatz darin, dass das Modell und sein Verhalten mit anderen Modellen, die dasselbe System beschreiben, verglichen werden kann.[392] Dies setzt offenkundig die Existenz vergleichbarer Modelle voraus.

Im Zusammenhang der linienlosen mobilen Montage steht jedoch kein beobachtbares, insbesondere physikalisches System zur Verfügung. Auch sind bislang keine unmittelbar vergleichbaren (validen) Modelle weder für eine LMAS Steuerungsarchitektur noch für die Feinplanung bekannt, die denselben Forschungsgegenstand, nämlich den operativen Betrieb von LMAS, adressieren.

---
388 vgl. Botti und Giret, 2008, S. 132
389 vgl. Rabe, Spieckermann und Wenzel, 2008, S. 109
390 vgl. Sargent, 2010, S. 186f
391 Sargent, 2010, S. 189
392 Sargent, 2010, S. 190

Es bleibt also die Untersuchung der operationalen Validität dieses Forschungsgegenstandes auf Basis sogenannter subjektiver Ansätze. Diese umfassen die Analyse des Modellverhaltens (qualitativ und quantitativ) und andererseits Vergleiche zu anderen Modellen anderer Systeme. Für die LMAS-Feinplanung existiert im Unterschied zur Matrixproduktion auch kein Benchmarking-Problem, das sich zum Vergleich unterschiedlicher Lösungsverfahren eignet. Für die Feinplanung der Matrixproduktion orientiert sich bspw. HOFMANN an KACEM'S Ansatz[393].

Methodisch werden für das LMAS ScheLoc Modell Eingangsgrößen und interne Parameter variiert, um Auswirkungen auf das Modellverhalten sowie die Ausgabe zu beobachten[394]. Konkret werden Rechenzeiten von Heuristik und Modell sowie globale Optima für unterschiedliche Montageszenarien untersucht. Der Vergleich zu anderen Modellen[395] erfolgt für das LMAS ScheLoc mit einem degenerierten DPMM ScheLoc Modell.

Für den Betrieb der LMAS Steuerung findet eine angepasste Methode der prädiktiven Validierung (engl. Predictive Validation)[396] Anwendung. Im Allgemeinen wird dabei ein Modell verwendet, um das Verhalten eines Systems zu prädizieren und das tatsächliche Verhalten des Systems mit der Prädiktion zu verglichen. Hier wird das LMAS ScheLoc verwendet, um für Montageszenarien einen Globalplan zu bestimmen, der anschließend durch das Steuerungsmodell (simulativ) umgesetzt wird. Planzeiten und simulierte Fertigstellungszeiten werden verglichen.

Neben operationaler und konzeptioneller Validität differenziert SARGENT zusätzlich die „Datenvalidität" und die „Verifikation des computerisierten Modells"[397]. Die Untersuchung der Datenvalidität dient der Absicherung der Güte verwendeter Eingangsdaten, die zur Modellbildung und zur Evaluation herangezogen werden.[398] Sie wird hier allerdings nicht weiter untersucht, denn die nachfolgend erläuterte Augmentation von Realdaten liefert stets korrekte und konsistente Eingangsdatensätze, die zudem die Lösbarkeitsbedingungen (siehe Abschnitt 7.3.2) erfüllen.

Die Verifikation des computerisierten Modells dient dazu sicherzustellen, dass erfolgte Implementierungen korrekt sind und dem konzeptionellen Modell entsprechen. Die Umsetzung muss das erwartete Verhalten aufweisen.[399] Es werden statische und dynamische Techniken unterschieden in Abhängigkeit davon, ob das implementierte Modell während der Überprüfung ausgeführt wird oder nicht. Beim statischen Testen können Korrektheitsnachweise oder strukturiertes Durchgehen des Codes angewendet werden[400], während beim dynamischen Testen das Modell ausgeführt wird und die Ergebnisse hinsichtlich der Erwartungen an das grundlegende Verhalten überprüft werden.

393 HOFMANN, 2021, S. 104ff, KACEM, HAMMADI und BORNE, 2002
394 vgl. SARGENT, 2010, S. 187, SARGENT, 2005, S. 134f, SARGENT, 1996, S. 58
395 vgl. SARGENT, 2010, S. 186
396 vgl. SARGENT, 2010, S. 187, SARGENT, 2005, S. 135, SARGENT, 1996, S. 58
397 vgl. SARGENT, 2010, S. 186ff, SARGENT, 2005, S. 132ff, SARGENT, 1996, S. 56ff
398 SARGENT, 2010, S. 169, 172
399 SARGENT, 2010, S. 168, 173 f. SARGENT, 2005, S. 135f, SARGENT, 1996, S. 59
400 siehe RABE, SPIECKERMANN und WENZEL, 2008, S. 104f

Diese Absicherung unter Verwendung beider Techniken erfolgte parallel zum Forschungsprozess. Zusätzlich werden für das Entscheidungsmodell beispielhaft die entwickelten Werkzeuge zwecks Monitoring und Animation in Abschnitt 8.5 dargelegt.

8.2 Anwendungsbeispiel: Montage von Abwasserpumpen

8.2.1 Produktinformationen und Prozesszeiten

Die Validierung erfolgt auf Basis eines Anwendungsbeispiels, das der industriellen Abwasserpumpenmontage entnommen wurde. Es liegen drei Produktfamilien mit jeweils drei Produkttypen zu Grunde. Die Anzahl der notwendigen Operationstypen und deren Prozesszeiten entsprechen dabei den Primäraktivitäten (ohne Nebenzeiten) eines anonymisierten Beispiels. Dazu zeigt Abbildung 8.1 die CAD-Modelle eines Produkttyps je Produktfamilie. Ferner wird die Anzahl der erforderlichen Operationstypen sowie die Anzahl der Baugruppen bzw. Teile aufgelistet.

Familie A: *Zentrifugal-Tauchmotor-Abwasserpumpe*
- 15 Operationstypen
- 13 untersch. Teile/Baugruppen (insg. 19)

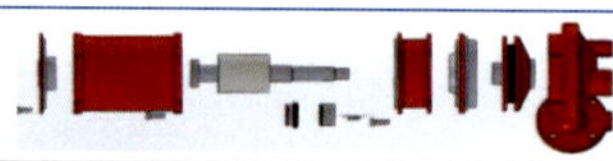

Variante	A1	A2	A3
Montagezeit [min]	45.30	67.95	90.60
Abmessungen H x B x T [mm]	414 x 250 x 187	621 x 375 x 281	828 x 500 x 374

Familie B: *Zentrifugal-Tauchmotor-Abwasserpumpe*
- 19 Operationstypen
- 23 untersch. Teile/Baugruppen (insg. 42)

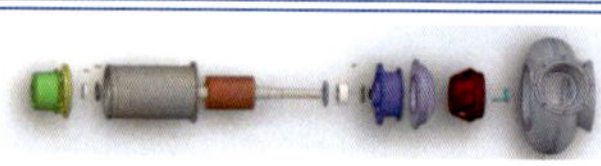

Variante	B1	B2	B3
Montagezeit [min]	204.00	265.20	326.40
Abmessungen H x B x T [mm]	2243 x 1680 x 1120	2467 x 1848 x 1232	2692 x 2016 x 1344

Familie C: *Zweiseitig-saugende Kreiselpumpe*
- 13 Operationstypen
- 13 untersch. Teile/Baugruppen (insg. 54)

Variante	C1	C2	C3
Montagezeit [min]	270.00	378.00	486.00
Abmessungen H x B x T [mm]	1120 x 1330 x 1712	1344 x 1596 x 2054	1568 x 1862 x 2397

Abbildung 8.1: Industrielle Pumpenmontage: Produktinformationen

Die Varianten innerhalb einer Produktfamilie unterscheiden sich aus der Perspektive der Montage hinsichtlich der Größe und der erforderlichen Prozesszeiten. Der zu Grunde liegende Montagevorranggraph innerhalb einer Familie bleibt unverändert. Die Vorranggraphen finden sich im Anhang (Abschnitt D). Eine Zuordnung der Operationstypen zu den Stationen wird zunächst nicht berücksichtigt, denn diese ist Teil der in Abschnitt 8.3.2 beschriebenen Parametervariation. Diese berücksichtigt angenommene mittlere Grade der Mehrzweckfähigkeit von Stationen (theoretische

Redundanz). Die Ausbringungsmengen je Planungsperiode werden ebenfalls variiert.

Für die Untersuchung wurden bewusst Produkte gewählt, deren Gesamtmontagezeiten im Allgemeinen hoch sind, während die Anzahl der Teile bspw. im Verhältnis zu einem PKW gering ausfällt, denn entsprechend bereits durchgeführter Evaluationen des LMAS-Paradigmas sind Vorteile des Organisationsparadigmas ggü. anderen genau dann zu erwarten[401].

8.2.2 Produktionsfläche

Allen Experimenten, die das Entscheidungsmodell betreffen, liegt zudem eine Produktionsfläche $\mathfrak{S}$ (Shopfloor) zu Grunde, die insgesamt 24 mögliche Stationspositionen enthält (siehe Abbildung 8.2). Es wird eine virtuelle Station auf l_{23} verwendet, um den Transport aller Aufträge am Ende der Montage zu dieser Position zu erzwingen (ausgangsseitige Systemgrenze). Zusätzlich wird die Startposition für jede Ressource zufällig zu l_0 bzw. l_6 gewählt. Gleiches gilt für die Startpositionen der Aufträge und l_{12} bzw. l_{18} (eingangsseitige Systemgrenze). Diese sind Teil der Menge $L_b = \{l_0, l_6, l_{12}, l_{18}\}$: Die Gleichungen (7.79) bis (7.83) gelten, sodass an diesen Startpositionen keine Stationen aufgebaut werden können. Damit sind de facto 19 Postionen nutzbar ($\zeta_{max} = 19$).

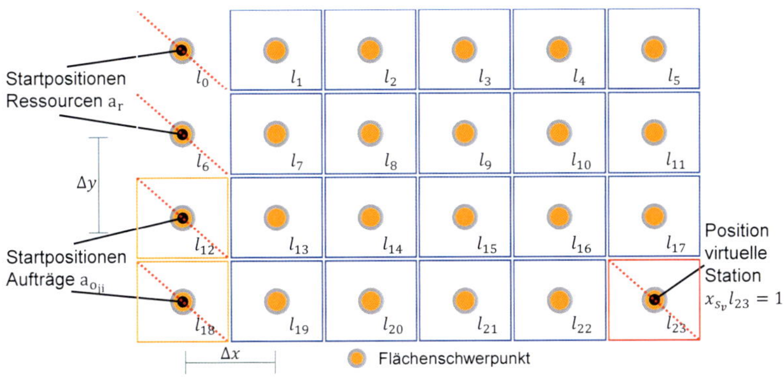

Abbildung 8.2: Layout des Shopfloors

8.3 Generation von Eingangsdatensätzen

8.3.1 Theoretische und operationale Redundanz

Während die Produkte und der Shopfloor hinreichend beschrieben sind, sind für einen vollständigen Eingangsdatensatz die möglichen Stationen und verfügbaren Ressourcen für ein LMAS Sze-

[401] vgl. HÜTTEMANN, BUCKHORST und SCHMITT, 2019, S. 724; HÜTTEMANN, 2021, S. 143ff

nario zu definieren. Dies schließt Modellparameter hinsichtlich der erforderlichen Ressourcen für Stationen ($K(r, s)$), die Fähigkeiten dieser Stationen ($C(o_{ji}, s)$) und ihre Prozesszeiten ($p_{o_{ji}s}$) mit ein. Auch sind die übergeordneten Typen der Entitäten (d.h. Stationen und Ressourcen) konsistent festzulegen. Im Anhang wird dazu der Pseudo-Code eines Datensatzgenerators dargelegt, der die erforderlichen Mengen und Parameter auf Basis der Realdaten zufällig erzeugt. Die Erzeugung basiert dabei auf einigen Kennzahlen, die ein linienloses mobiles Montagesystem und seine Flexibilität charakterisieren. Es sind folgende Parameter dem Generator zu übergeben:

- $|OT|$: die Anzahl der erforderlichen Operationstypen, die sich aus dem Produktportfolio ergibt
- $|ST|$: die Anzahl der möglichen Stationstypen
- $|RT|$: die Anzahl der unterschiedlichen Ressourcentypen
- $\mathrm{E}(|RT|_\zeta)$: die mittlere Anzahl der Ressourcentypen je Stationstyp $\zeta \in ST$
- $\mathrm{Var}(|RT|_\zeta)$: die Varianz in der Anzahl der Ressourcentypen je Stationstyp $\zeta \in ST$
- $|S|$: die Anzahl der möglichen Stationen, die aufgebaut werden können
- $\mathrm{E}(|R|_\zeta)$: die mittlere Anzahl der Ressourcen je Stationstyp $\zeta \in ST$
- $\mathrm{Var}(|R|_\zeta)$: die Varianz in der Anzahl der Ressourcen je Stationstyp $\zeta \in ST$
- $\bar{\lambda}$: die theoretische Redundanz
- π: die operationale Redundanz

Bei $\mathrm{E}(\cdot)$ und $\mathrm{Var}(\cdot)$ handelt es sich um Erwartungswerte und Varianzen von Gleichverteilungen. Damit der Generator gültige Eingangsdatensätze erzeugt, die grundsätzlich eine Lösung des LMAS Problems erlauben, sind die in Abschnitt 7.3.2 dargestellten Lösbarkeitsbedingungen zu berücksichtigen.

Die theoretische Redundanz $\bar{\lambda} \in \mathbb{N}^+$ gibt den mittleren Grad der Mehrzweckfähigkeit der Stationstypen eines LMAS Szenarios an. D.h. der Parameter gibt an, wie viele unterschiedliche Operationstypen durch einen Stationstyp realisiert werden können. Diese Kennzahl ist an den Redundanzfaktor von HÜTTEMANN angelehnt[402].

Die operationale Redundanz $\pi \in \mathbb{N}^+$ gibt an, wie viele Stationen gleichen Typs parallel und aufgrund der verfügbaren Ressourcen unter Berücksichtigung ihrer Ressourcentypen betrieben werden können. Um beispielsweise drei Stationen s_1, s_2, s_3 von einem Typ st_1 aufzubauen (d.h. $ST = \{st_1\}$ $hasType_S(s_1) = hasType_S(s_2) = hasType_S(s_3) = st_1$), der jeweils eine Ressource der Ressourcentypen rt_1 und rt_2 benötigt, müssen offenkundig drei Ressourcen vom Typ rt_1 und rt_2 in der Menge aller Ressourcen R des zu untersuchenden Szenarios enthalten sein. In diesem Fall ist $\pi = 3$.

[402] siehe HÜTTEMANN, 2021, S. 145

In einem zweiten Beispiel enthält die Menge aller Stationstypen nun zwei Elemente: $ST = \{st_2, st_3\}$. Ferner erfordert der Stationstyp st_2 eine Ressource vom Typ rt_1 und der Stationstyp st_3 eine Ressource vom Typ rt_1 und eine weitere vom Typ rt_2. Es wird angenommen, dass von beiden Stationstypen bis zu zwei Stationen gleichzeitig betrieben werden sollen. Um diese parallel und operativ betreiben zu können, sind also insgesamt vier Ressourcen vom Typ rt_1 und zwei Ressourcen vom Typ rt_2 in der Menge R der Ressourcen erforderlich. Dies würde allerdings auch bedeuten, dass gleichzeitig vier Stationen vom Typ st_2 aufgebaut werden könnten, und keine Station vom Typ st_3 betrieben wird.

Um also unter Berücksichtigung von Varianzen und Erwartungswerten der Typen und Entitäten diesen Effekt im Sinne homogener Eingangsdatensätze zu vermeiden, sodass je Stationstyp tatsächlich π-viele Stationen (und nicht mehr) betrieben werden können, wird nachfolgend das Konzept des Schlupf-Ressourcentyps eingeführt. Jedem Stationstyp und damit jeder Station wird zusätzlich genau eine Ressource eines Schlupf-Ressourcentyps $rt_{\pi_i} \in \Pi$ zugeordnet. Die Menge R enthält dann π-viele Ressourcen vom Typ rt_{π_i}. Selbst wenn nun von jedem anderen Ressourcentypen mehr Ressourcen als erforderlich verfügbar sind, würde die Anzahl der gleichzeitig zu betreibenden Stationen bei π je Stationstyp liegen. Auf dieser Basis kann die Anzahl der je Stationstyp parallel betreibbarer Stationen auch individuell festgelegt werden. Die nachfolgend dargestellte Matrix $K(rt, st)$ stellt die Anzahl an Ressourcen je Typ den Stationstypen gegenüber. Sie weist bzgl. der Stationtypen $|ST|$-viele linear unabhängige Zeilen auf.

$$K(st, rt) = \tag{8.1}$$

$$\begin{array}{c|cccc|cccc|}
 & rt_1 & rt_2 & \cdots & rt_{|RT|-|\Pi|} & rt_{\pi_1} & rt_{\pi_2} & \cdots & rt_{|\pi|} \\
st_1 & k_{st_1,rt_1} & k_{st_1,rt_2} & \cdots & k_{st_1,rt_{|RT|-|\Pi|}} & 1 & 0 & 0 & 0 \\
st_2 & k_{st_2,rt_1} & k_{st_2,rt_2} & \cdots & k_{st_2,rt_{|RT|-|\Pi|}} & 0 & 1 & 0 & 0 \\
\vdots & \vdots & \vdots & \ddots & \vdots & \vdots & 0 & \ddots & 0 \\
st_{|ST|} & k_{st_{|ST|},rt_1} & k_{st_{|ST|},rt_2} & \cdots & k_{st_{|ST|},rt_{|RT|-|\Pi|}} & 0 & 0 & 0 & 1 \\
\hline
RT(rt_i) & \geq \pi \sum\limits_{st \in ST} k_{st,rt_1} & \geq \pi \sum\limits_{st \in ST} k_{st,rt_2} & \cdots & \geq \pi \sum\limits_{st \in ST} k_{st,rt_{|RT|-|\Pi|}} & = \pi & = \pi & = \pi & = \pi
\end{array}$$

8.3.2 Ablauf und Parameter der Eingangsdatensatzerzeugung

Auf Basis der Produktinformationen und der Basismontagezeiten sowie des dargestellten Shopfloorlayouts werden für die nachfolgenden Versuchsreihen die Eingangsparameter variiert. Es existieren verschiedene Modellparameter, die von Versuchsreihe zu Versuchsreihe nicht verändert werden, jedoch einen Anhaltspunkt für weitere Untersuchungen darstellen können. Sie dienen u.a. dazu, die Modelle für zukünftige praktische Anwendungsfälle zu parametrieren. Tabelle 8.2 listet diese auf. An dieser Stelle werden nur die Bewegungsgeschwindigkeiten der Auftragstransporte zwischen den Stationen sowie Ankunftszeiten hervorgehoben. Die Bewegungsgeschwindigkeiten der Auftragstransporte werden in Abhängigkeit des Produktvolumens gewählt. Sowohl für Ressourcen als auch für Aufträge wird eine Ankunftszeit von 0 angenommen. Dies hat keine Auswirkungen auf die Modellkomplexität. Die Variation der übrigen Modellparameter erfolgt stets unter Verwen-

Name	Formelzeichen	Wert	Einheit
Auftragstransporte			
Mittlere Transportgeschwindigkeit Aufträge (Basis)	$\mathrm{E}(v_{o_{ji}})$	0.01	m/s
Varianz Transportgeschwindigkeit Aufträge (Basis)	$\mathrm{Var}(v_{o_{ji}})$	0.003	m/s
Skalierungsfaktor Pumpentyp C1 (Basis)	–	1	–
Skalierungsfaktor Pumpentyp C2	–	1.5	–
Skalierungsfaktor Pumpentyp C3	–	2	–
Skalierungsfaktor Pumpentyp B1	–	3	–
Skalierungsfaktor Pumpentyp B2	–	3.5	–
Skalierungsfaktor Pumpentyp B3	–	4	–
Skalierungsfaktor Pumpentyp A1	–	5	–
Skalierungsfaktor Pumpentyp A2	–	5.5	–
Skalierungsfaktor Pumpentyp A3	–	6	–
Stationen			
Mittlere Rüstzeiten	$\mathrm{E}(u_s)$	180	s
Varianz Rüstzeiten	$\mathrm{Var}(u_s)$	20	s
Ressourcen			
Mittlere Bewegungsgeschwindigkeit Ressourcen	$\mathrm{E}(v_r)$	0.01	m/s
Varianz Bewegungsgeschwindigkeit Ressourcen	$\mathrm{Var}(v_r)$	0.003	m/s
Ankunftszeit an Startposition a_{o_r}	σ_r	0	s
Shopfloor I			
Anzahl Positionen	$\lvert L\rvert$	24	–
Distanz benachbarter Positionen in x-Richtung	$d_{\Delta x}$	8	m
Distanz benachbarter Positionen in y-Richtung	$d_{\Delta y}$	8	m
Blockierte Positionen	L_b	$\{l_0, l_6, l_{12}, l_{18}\}$	–
Aufträge			
Ankunftszeit an Startposition $a_{o_{j0}}$	$\sigma_{o_{j0}}$	0	s

Tabelle 8.2: Fixierte Modellparameter

dung des in Abschnitt 8.3.1 dargelegten strukturellen Generators, d.h. jeder Datensatz wird durch das Tupel $< |OT|, \lambda, \pi, |ST|, |S|, |RT|, \mathrm{E}(|RT_\zeta|), \mathrm{Var}(|RT_\zeta|), \mathrm{E}(|R_\zeta|), \mathrm{Var}(|R_\zeta|) >$ erzeugt. Nachfolgend werden die fixierten Parameter nicht mit ausgewiesen, weshalb ein Planungsszenario stets in der Form $< |OT|, \lambda, \pi, |ST|, |S|, |RT_\zeta| >$ ausgezeichnet wird.

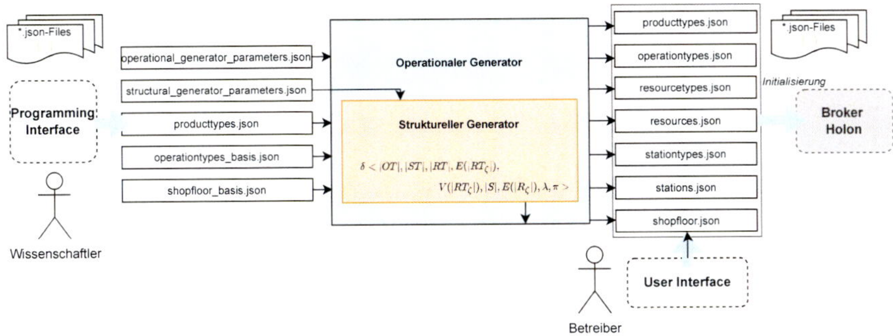

Abbildung 8.3: Ablauf der Variation der Eingangsparameter

Der Prozess der Variation der Parameter wird in Abbildung 8.3 dargestellt. Die Datensatzgeneration liefert Konfigurationsdateien, die dem Broker des zur Orchestrierung des Gesamtsystems in der Initialisierungsphase zur Verfügung gestellt werden. Alle Aktivitäten im Zusammenhang des Einrichtbetriebs (U3) erfolgen hier automatisiert. In der Praxis sind diese Konfigurationsdateien durch den Systembetreiber mittels Bedienerschnittstelle zu erzeugen.

8.4 Konzeptionelle Validität

Die Untersuchung der konzeptionellen Validität erfolgte kontinuierlich und unter Berücksichtigung des explorativen Forschungsprozesses nach ULRICH von der Erfassung der Problemstellungen der Praxis über die Ableitung der Gestaltungsregeln und ihrer Prüfung im Anwendungszusammenhang. Neben den Erfahrungen des Autors wurden Diskussionen mit Experten im Rahmen von öffentlichen Forschungsprojekten und Industriearbeitsgruppen durchgeführt. Diese wurden durch das Studium der einschlägigen Literatur komplementiert. Zwei Beispiele werden ausgeführt:

Die Erarbeitung des Beschreibungs- und Steuerungsmodells erfolgte im Zusammenhang der Leitung des Workstreams Future Assembly im Forschungsprojekt des Excellenzclusters *Internet of Production*. Untersuchungsgegenstand waren Steuerungsansätze für flexible Montagesysteme unter Einbezug von Mensch und Maschine sowie die Berücksichtigung lokal und global verfügbarer Informationen[403]. Es stand ein industrielles Beratungsgremium zur Verfügung, um die Relevanz und Verwendbarkeit von Teilergebnissen kontinuierlich zu prüfen. Konkret wurde eine erste Version der formalen Beschreibung der LMAS Domäne auf Konferenzen des Clusters in 2019 und 2020 präsentiert. Infolge anschließender Diskussionen wurden zusätzliche praktische Anforderungen an Produkt- und Prozesskomplexität identifiziert, die zu einer Erweiterung und der Differenzierung der Use Cases in Normal- (U1) und Störbetrieb (U2)[404] führten.

[403] siehe BUCKHORST, MONTAVON u. a., 2021, S. 449
[404] siehe BUCKHORST, GRAHN und SCHMITT, 2022

Die Untersuchung der Potentiale und Möglichkeiten der praktischen Umsetzung der Matrixproduktion und auch von LMAS waren Teil des Konsortialprojektes „Montage der Zukunft“. Das Projekt wurde durch die XL Assembly GmbH geleitet und in Zusammenarbeit mit dem Fraunhofer Institut für Produktionstechnologie IPT und dem Werkzeugmaschinenlabor WZL der RWTH Aachen durchgeführt. In Zusammenarbeit mit zwölf Partnern des produzierenden Gewerbes, die Montagesysteme für unterschiedlichste Produkte betreiben, erfolgte die Identifikation der Voraussetzung bei der Umsetzung von linienlosen, lose-verketteten und matrix-organisierten Montagesystemen: Ein hinreichender Vernetzungs- und Digitalisierungsgrad ist aus der Perspektive der Praxis obligatorisch (AA3). Gleiches gilt für das Vorhandensein von Entscheidungsmodellen der Produktionsplanung und Steuerung für solche Organisationsparadigmen (AA1, AA2 und AA4). Es wird dabei gefordert, dass mit kurzen Latenzen auf Änderungen reagiert werden kann (SS1) und stets Globalpläne zur Verfügung stehen (SS2, SS3), wenngleich diese keinem besonderen Optimalitätsanspruch unterliegen. Dies resultierte in der Ergänzung des MILP um den in Abschnitt 7.4 erläuterten heuristischen Lösungsansatz. Im Zusammenhang von Architekturmodellen sind zwei Aspekte hervorzuheben: Einerseits sind Mechanismen zur Selbstheilung von Gesamtsystemen vorzusehen. Andererseits wird von den Industriepartnern stets ein hinreichender Grad an Determinismus bei der Abarbeitung von Plänen im Unterschied zu vollständigen selbstorchestrierten heterarchischen Multiagentensystemen gefordert (AO1); auch von Projektpartnern, die selbst-implementierte MES-Systeme unter Berücksichtigung der Standards der Verwaltungsschalen und der Industrie 4.0 Komponenten betreiben. Beide Aspekte fanden in Abschnitt 6.5 Berücksichtigung.

Diese Anforderungen und Akzeptanzkriterien der Augenscheinvalidität wurden während des Forschungsprozesses bei der Ausarbeitung des Anforderungskatalogs in Kapitel 3 berücksichtigt. Tabelle 8.3 bewertet ex-post die Erfüllungsgrade aller Anforderungen. Sie enthält zudem Verweise zu Abschnitten, die mit der Anforderungserfüllung der Modelle im unmittelbaren Zusammenhang stehen.

Alle erforderlichen Modelle zur Feinplanung und Steuerung des LMAS wurden erarbeitet. Bzgl. der übergeordneten Anforderungen ist jedoch der Erfüllungsgrad der Anforderung AA3 hervorzuheben. Hier wurde auf ROS aufgesetzt, welches unter Laborbedingungen und im Hinblick der Einbindung von AMRs eine sinnvolle Wahl darstellt. Im industriellen Kontext kommen allerdings zunehmend verschiedene IoT Plattformen mit divergierenden Funktionsumfängen (siehe Abschnitt 2.1.2) zum Einsatz, die bspw. Siemens Mindsphere[405] und PTC ThingWorx[406] umfassen. Auch inhouse entwickelte Lösungen kommen zum Einsatz. Deren unmittelbare Vergleichbarkeit ist einerseits aufgrund unterschiedlicher Entwicklungsschwerpunkte und aufgrund erforderlicher (unerwünschter) strategischer Abhängigkeiten zwischen Anbietern und produzierenden Unternehmen erschwert. Im Unterschied zu ROS berücksichtigen diese Mechaniken der Authentifizierung und

[405] SIEMENS AG, 2022
[406] PTC, 2022

ID	Bezeichnung	Erfüllung	Verweis	Berücksichtigt durch
Übergeordnete Anforderungen				
AA1	Formalmodell linienlose mobile Montage	+	5	Beschreibungsmodell
AA2	Ablauf und Fabrikkonfiguration	+	6, 7	Steuerungsmodell, Optimierungsmodell
AA3	Konnektivität, Interaktion und Benutzerschnittstellen	ø	6.1, 6.3, 6.4	Interaktionsmodelle, Zustandsmodelle, ROS
AA4	Eindeutigkeit, Gültigkeit und Kollisionsfreiheit	+	7.1, 7.3, 7.4	Totalmodell, globale Optimalität
Anforderungen an Ordnungsrahmen				
AO1	Konzentration und Ordnungsrelationen der Entitäten	+	5.2, 6.1, 6.2	Holone (Hybrid)
AO2	Montageressource	+	5.2, 5.3	Selbstähnlichkeit Fabrik, Station, Ressource
AO3	Produktbeschreibung	+	5.1, 5.3	Produkt-, Operationstypen
AO4	Prozessbeschreibung und -flexibilität	+	2.2, 5.3	Individuelle Auftragsrouten
Spezielle Anforderungen an Modelle der Feinplanung				
SP1	Individuelle Routen und Standortentscheidungen	+	7.1, 7.2	Location- & Assignment-Anteil LMAS ScheLoc
SP2	Individuelle Zuordnungen Ressourcen, Stationen, Operationen	+	7.1, 7.2	Location- & Assignment-Anteil LMAS ScheLoc
SP3	Zeiten und Reihenfolgen im Zusammenhang des Ablaufs	+	7.1, 7.2	Scheduling-Anteil LMAS ScheLoc
Spezielle Anforderungen an Modelle der Steuerung				
SS1	Realisierung Ablauf und Orchestrierung Montagesystem	+	6.1	Coordination-Level, Broker
SS2	Störungs- und Abweichungskompensation	ø/ +	6.5, 7.4	Lokale und globale Anpassung
SS3	Robustheit und Echtzeitfähigkeit (Online)	+	6.5, 7.4	Eskalation, Onlinescheduling

Tabelle 8.3: Erfüllungsgrade der Anforderungen

Authorisierung und adressieren den Aspekt der Cybersecurity. Dieser war hier offenkundig nicht gegenständlich, sollte aber bei der zukünftigen Integration der hier entwickelten Modelle in solchen Umgebungen berücksichtigt werden. Ferner sind zukünftig für die Praxis einfache Bedienerschnittstellen vorzusehen, die unter Berücksichtigung der Grundsätze der Dialoggestaltung nach DIN EN ISO 9241-110 entwickelt werden[407].

[407] siehe DIN DEUTSCHES INSTITUT FÜR NORMUNG E. V., 2020

Weiteres Optimierungspotential besteht bzgl. des Erfüllungsgrades der Abweichungs- und Störungskompensation. Der am häufigsten geforderte Fall, der Ressourcenausfall, wurde unter Nutzung der LMAS Charakteristika behandelt. Für alle anderen Fälle greift die Eskalation zur heuristischen Online-Feinplanung. Jedoch sollten hier auf niedrigerer Ebene weitere Ansätze integriert werden, die andere spezifische Störungen umfassen (bspw. Auftrag besteht Qualitätsprüfung nicht).

8.5 Verifikation des computerisierten Modells

Techniken zur Verifikation des computerisierten Modells umfassen die Animation und das Monitoring. Animation ist die graphische Darstellung der zeitlichen Abläufe eines Modells. Dabei kann nur untersucht werden, ob dieser Ablauf bzw. die Ergebnisse plausibel sind. Die Animation eignet sich, um ungültige Situationen zu identifizieren und diese zu beheben[408]. Im Zusammenhang des Monitorings werden die Werte von Zustandsgrößen und Variablen während eines Experiments angezeigt und überprüft[409]. Ihre Darstellung kann durch eine Animation unterstützt werden. Überprüft wird die Konsistenz der in den Grafiken dargestellten Werte im Vergleich zur simulierten Situation.[410]

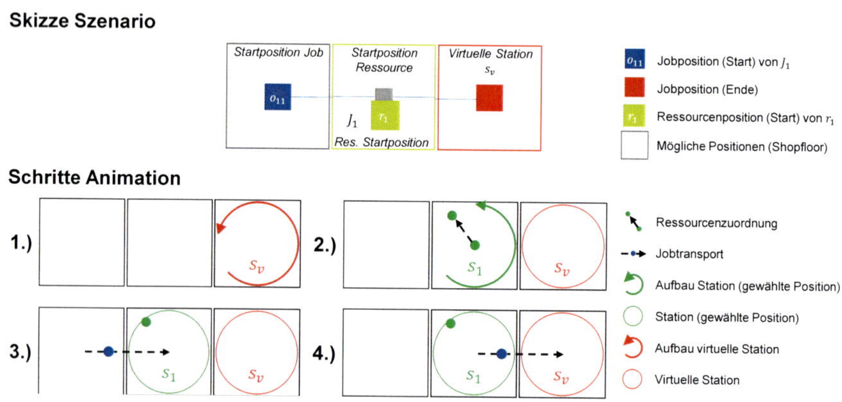

Abbildung 8.4: Animation eines Feinplanungsergebnisses

Da es sich beim Entscheidungsmodell um ein MILP im Unterschied zu einem Simulationsmodell (bspw. DES) handelt, dienen das Monitoring und die Animation hier sowohl der Untersuchung des Verlaufs des Optimierungsprozesses, als auch der Darstellung des Planungsergebnisses, um etwaige Inkonsistenzen und Widersprüche ggü. dem intendierten Entscheidungsverhalten zu iden-

[408] RABE, SPIECKERMANN und WENZEL, 2008, S. 95ff
[409] SARGENT, 2005, S. 134
[410] RABE, SPIECKERMANN und WENZEL, 2008, S. 101f

tifizieren. Abbildung 8.4 zeigt Zwischenschritte der implementierten Animation für ein triviales Beispiel. Solche Szenarien wurden im Rahmen der Verifikation verwendet, um antizipierte Ergebnisse mit den Ergebnissen der Optimierung zu vergleichen. Die Erwartung wurde stets erfüllt.

Abbildung 8.5 zeigt die Entwicklung des Makespans während des Lösungsprozesses für die Feinplanungssituation 3xC3 $< 14, 3, 2, 8, 16, 12 >$ und 5xC3 $< 14, 3, 2, 8, 16, 12 >$. Für die dargestellten Experimente liefert die Heuristik einen Startwert der Optimierung durch den Solver, weshalb zum Zeitpunkt t=0 der Optimierung für die Kombinationen „Indikator & Heuristik" sowie „BigM & Heuristik" bereits ein Gap ausgewiesen werden kann.[411] Erwartungsgemäß entwickeln sich die Zielfunktionswerte mit der Zeit. Die Optimierung des Feinplans unterliegt einem zeitlichen Abbruchkriterium. Hier wird von 8h verfügbarer Rechenzeit zwischen zwei Schichten ausgegangen. Wird diese Schranke überschritten, wird die letzte gefundene Lösung sowie der erreichte Gap ggü. der bis dahin gefundenen unteren Schranke ausgewiesen. Umgekehrt kann auch ein Gap definiert werden, der zum Abbruch der weiteren Optimierung führt. Dabei ist hervorzuheben, dass die vorgegebene Schranke überschritten werden muss. Ein Sprung des Gaps ist dabei möglich.

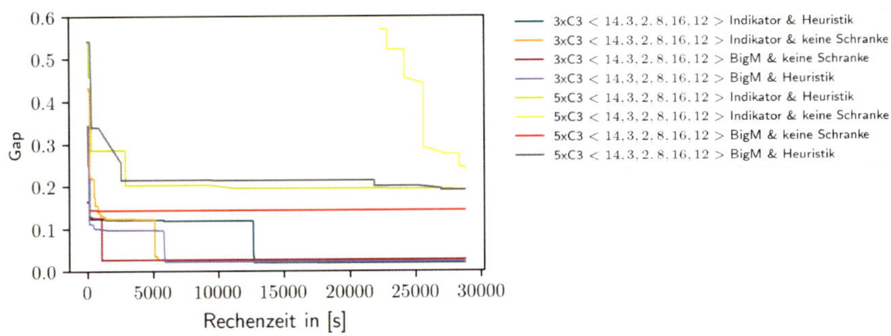

Abbildung 8.5: Entwicklung des Gaps am Beispiel 3xC3 und 5xC3

Abbildung 8.6 zeigt geplante Stationen und ihre Aufstellungsorte auf dem Shopfloor, die durch die Heuristik und durch die Variante „BigM & Heuristik" bestimmt worden sind. In der Abbildung wird nicht ein konkreter Zeitpunkt dargestellt, sondern alle Stationen, die innerhalb der Planungsperiode aufgebaut werden, werden visualisiert. Die Bewegungen der Ressourcen, die diese Stationen bilden und geplante Auftragsrouten werden in der Animation dargestellt. Abbildung 8.7 und Abbildung 8.8 zeigen die geplanten Termine der Operationen auf den Stationen. Die geplanten Operationen werden durch die Bezeichner *Auftrags-ID–Produkttyp–Operations-ID* identifiziert.

[411] Im Allgemeinen wird die Differenz zwischen dem Zielfunktionswert $\overline{z}^*_{aktuell}$, der aktuell besten ganzzahligen Lösung (obere Schranke) und der aktuell durch LP-Relaxierung ermittelten unteren Schranke $\underline{z}^*_{aktuell,LP-Relaxierung}$ als absoluter Optimalitätsgap bezeichnet. Der hier verwendete Begriff des „Gaps" entspricht dem relativen Optimalitätsgap, der diese Differenz auf die aktuell gültige untere Schranke normiert: $|\overline{z}^*_{aktuell} - \underline{z}_{aktuell,LP-Relaxierung}|/|\underline{z}_{aktuell,LP-Relaxierung}|$

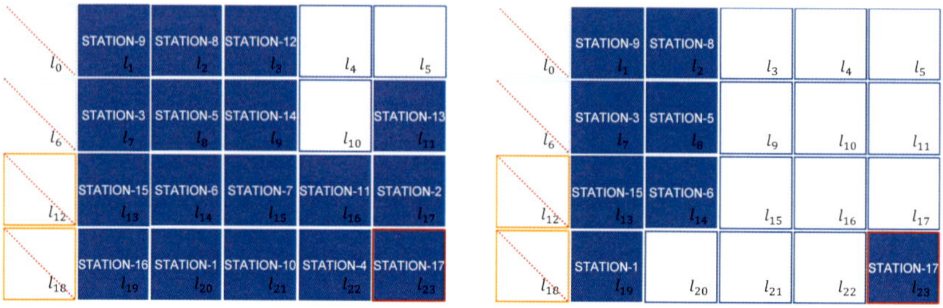

(a) BigM & Heuristik (b) Heuristik

Abbildung 8.6: Resultierender Shopfloor am Beispiel 5xC3 $< 14, 3, 2, 8, 16, 12 >$

Der direkte Vergleich zeigt, dass die Heuristik wenige Stationen vorsieht. Dies ist darauf zurückzuführen, dass im ersten Schritt die erforderlichen Fähigkeiten minimal abgebildet werden, während durch die globale Optimierung die vorhandene operationale Redundanz ausgeschöpft wird.

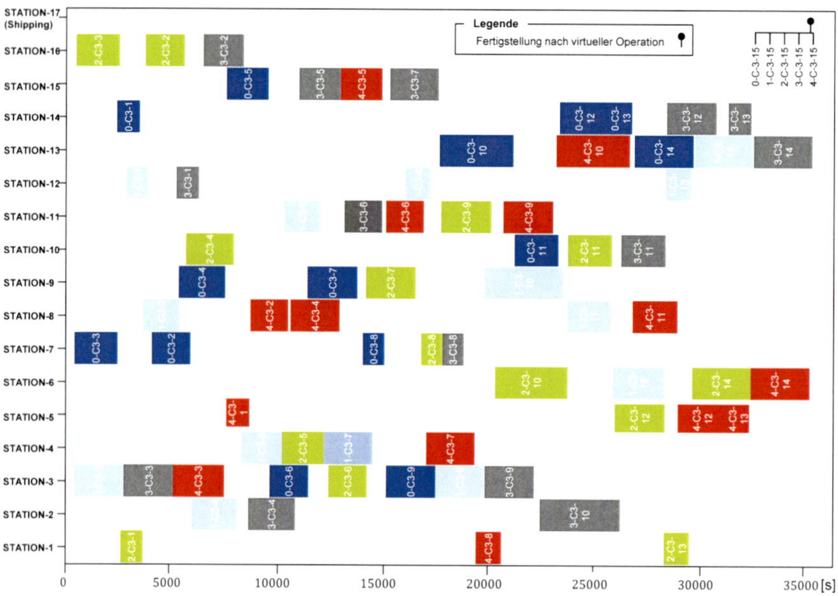

Abbildung 8.7: Resultierender Ablaufplan 5xC3 $< 14, 3, 2, 8, 16, 12 >$ BigM & Heuristik

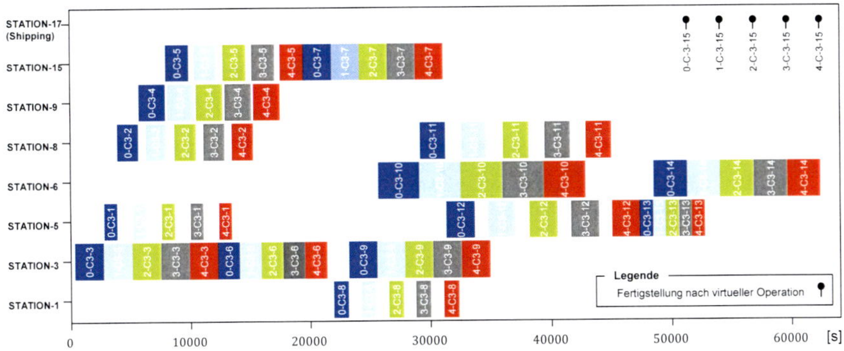

Abbildung 8.8: Resultierender Ablaufplan 5xC3 $< 14, 3, 2, 8, 16, 12 >$ Heuristik

8.6 Operationale Validität

Zur Untersuchung der operationalen Validität wurde ein Rechner mit 16 Kerne @4.5Ghz und 128 GB Arbeitsspeicher verwendet. Einerseits erfolgt die Parametervariation und der Vergleich zum DPMM-ScheLoc für die Feinplanung. Andererseits erfolgt eine prädiktive Validierung der Feinplanung und Steuerung.

8.6.1 Parametervariation und Modellvergleich

Zunächst wird auf den zeitlichen Aufwand der Lösungsfindung eingegangen. Dieser Untersuchung wurde für das Beispiel 1xA1 $< 15, 1, 2, 15, 30, 20 >$ die Analyse der Spannweite der erzielten Rechenzeit bei 30 Experimenten für unterschiedliche Algorithmen und für einen unterschiedlichen Gap bei gleichen Eingangsdatensätzen vorangestellt. Da nur geringfügige Schwankungen festgestellt wurden (siehe Anhang, Abschnitt H), wird nachfolgend die Rechenzeit in allen Diagrammen durch jeweils einen Datenpunkt dargestellt.

Es folgt in diesem Abschnitt der Vergleich unterschiedlicher Modelle mit einem Schwerpunkt auf die Modellschranken des MILPs. Anschließend wird auf das Modellverhalten bei unterschiedlichen Gewichtungen verschiedener Zielfunktionen eingegangen.

Rechenzeiten der Optimierung

Grundsätzlich steht eine Formulierung mit Indikator-Randbedingungen der Formulierung mit Big-M-Randbedingungen gegenüber (Abschnitt 7.1.2). Für beide Varianten wird der Lösungsraum begrenzt: Es finden einerseits keine Schranken bzw. für Big-M empirische Schranken, die trivialen

Schranken (Abschnitt 7.3.1) sowie Schranken auf Basis der Heuristik Anwendung. Für den Fall der Beschränkung von C_{Make} durch die Heuristik wird die gefundene heuristische Lösung als Startwert für den Gurobi-Solver verwendet. Es ergeben sich sechs Kombinationen (Abbildung 8.10).

Die erforderlichen Rechenzeiten für die Online-Heuristik werden in Abbildung 8.9 gesondert ausgewiesen. Diese Abbildung enthält zudem die Rechenzeiten der Lösung von einem DPMM Simultaneous Scheduling und Location Modell. Einerseits stellt es die Grundlage für das LMAS ScheLoc Modells bei geringerer Komplexität dar. Andererseits eignet es sich durch Transformation der Eingangsdaten, zusätzlich eine obere und untere Schranke des LMAS ScheLoc bei geringeren Rechenzeiten abzuschätzen. Die verwendete DPMM Formulierung findet sich im Anhang (siehe Abschnitt F). Es handelt sich um eine korrigierte Version in Anlehnung an HESSLER[412]. Die Heuristik liefert für die untersuchten Parametersätze und Ausbringungsmengen des Produkttyps A1 stets eine gültige Lösung zwischen $0.042s$ und $11.15s$ für bis zu 9 Produkte. Damit ist sie im Vergleich zu den Rechenzeiten des MILPs vernachlässigbar und eignet sich für den intendierten Online-Einsatz. Mit Verweis auf Abschnitt 6.5 ist die Pausierung der Ressourcen während der Onlineplanung hinsichtlich der Synchronisation des Gesamtsystems die einzig praktikable Lösung. Eine Pausierung der Montage für diesen Zeitraum der Globalplanung kann im Vergleich zur Gesamtmontagezeit ebenfalls vernachlässigt werden. Die erforderliche Rechenzeit der Heuristik hängt dabei von der Anzahl der geplanten Produkte, der Anzahl der berücksichtigten Stationen und Ressourcen ab. Dementsprechend ist der Fall $< 15, 1, 4, 15, 60, 20 >$ für den Produkttypen A1, bei dem insgesamt 399 Ressourcen betrachtet werden, mit der höchsten Rechenzeit, und der Fall $< 15, 15, 1, 1, 1, 4 >$, bei dem insgesamt 29 Ressourcen betrachtet werden, mit der niedrigsten Rechenzeit verknüpft. Die DPMM Lösung liegt hier stets unterhalb von $0.13s$. Die Lösung der abgeleiteten DPMM Probleme ist ebenfalls vernachlässigbar, denn sie liegt für die dargestellten Eingangsdatensätze unterhalb von $0.13s$. Ein ähnliches Bild zeigt sich für die Produkttypen B2 und C3. Für B2 werden im Fall $< 19, 1, 4, 19, 76, 22 >$ 477 Ressourcen und im Fall $< 19, 19, 1, 4, 4, 8 >$ 55 Ressourcen betrachtet. Für C3 werden im Fall $< 14, 1, 4, 14, 56, 18 >$ 217 Ressourcen und im Fall $< 14, 14, 1, 1, 1, 4 >$ 33 Ressourcen betrachtet. Auf Basis dieser Versuchsreihe ist festzuhalten, dass die Onlineheuristik in hinreichend kurzen Zeiten gültige Lösungen für umfangreiche und praxisnahe Szenarien der linienlosen mobilen Montage liefert.

Abbildung 8.10 zeigt die Rechenzeiten der MILP ebenfalls für unterschiedliche Eingangsdatensätze des Produkttyps A1. Im Zusammenhang der Optimierung wurden unterschiedliche Gaps akzeptiert. Für 8.10a wurde der Nachweis globaler Optimalität erbracht. Für 8.10b und 8.10c wurde ein Gap von 1% bzw. 5% zur untersten Schranke akzeptiert. Offenkundig erfordert der Nachweis globaler Optimalität zusätzliche Rechenzeit. Die erforderlichen Laufzeiten variieren in Abhängigkeit der Eingangsdatensätze, des verwendeten Modells und des Gaps. Eine superiore Formulierung ist auf dieser Basis nicht zu identifizieren. Festzuhalten ist, dass bei konstanter theoretischer Re-

[412] HESSLER und DEGHDAK, 2017, S. 1165f

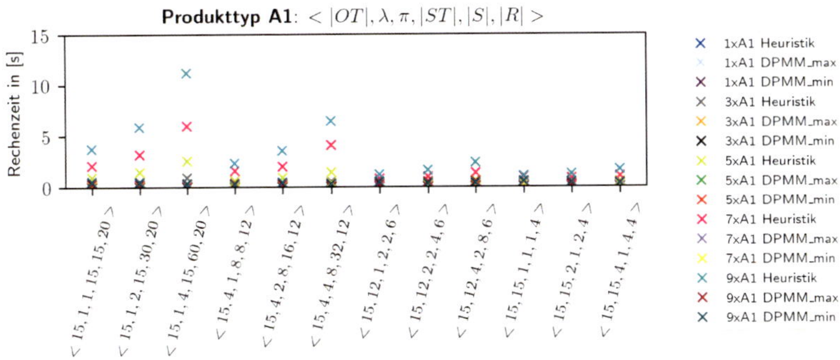

(a) Produkttyp A1

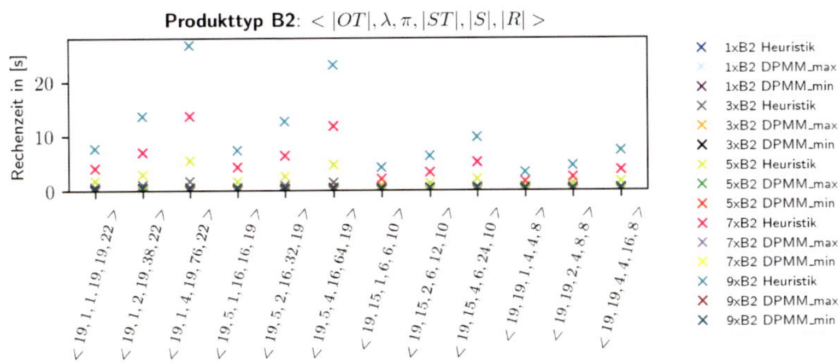

(b) Produkttyp B2

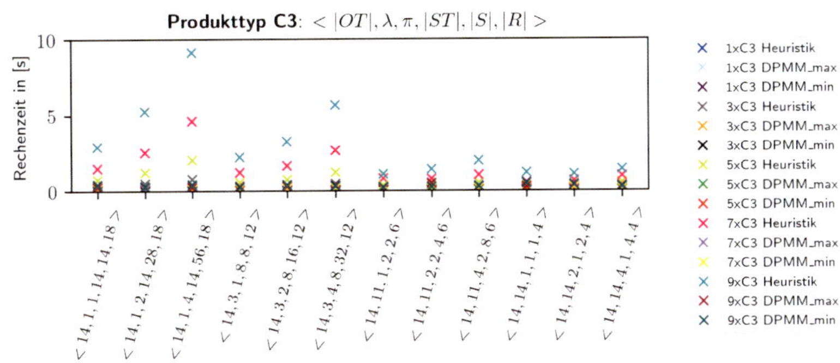

(c) Produkttyp C3

Abbildung 8.9: Zeitlicher Aufwand der Lösungsfindung der Heuristik und DPMM

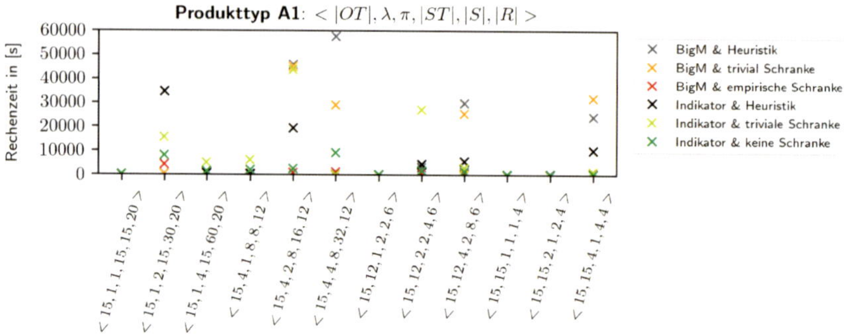

(a) Produkttyp A1 in der Ausbringungsmenge 1 – Gap 0%

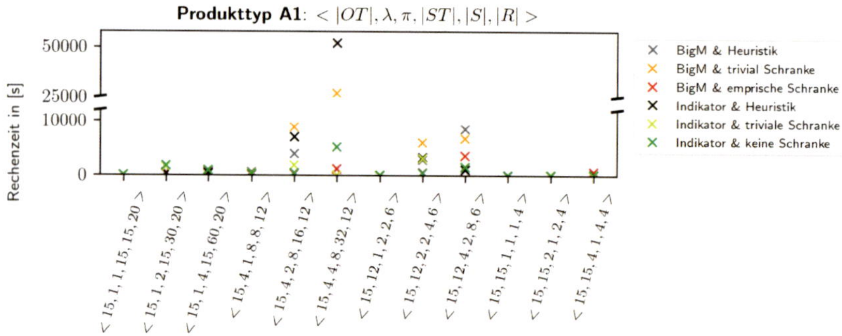

(b) Produkttyp A1 in der Ausbringungsmenge 1 – Gap 1%

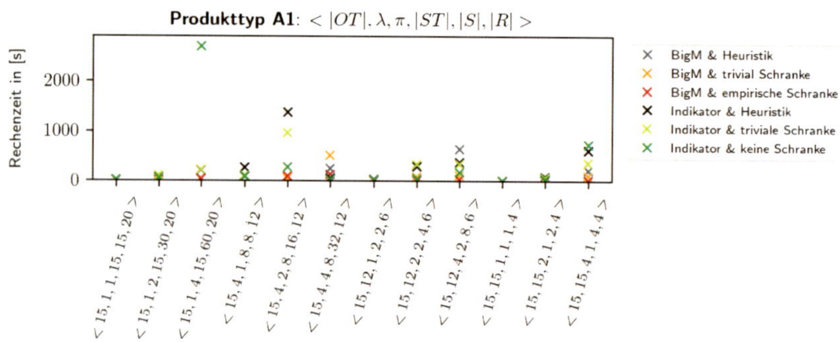

(c) Produkttyp A1 in der Ausbringungsmenge 1 – Gap 5%

Abbildung 8.10: Zeitlicher Aufwand der Lösungsfindung für den Produkttypen A1 bei unterschiedlichem Gap

dundanz λ und einer Erhöhung der operationalen Redundanz π und somit einer Erhöhung der Anzahl an Stationen sich die Rechenzeit erhöht. Dies kongruiert mit der Erwartungshaltung, denn eine erhöhte Anzahl an gleichwertigen Lösungen ist zu berücksichtigen. Ferner ist die Rechenzeit für die trivialen Szenarien $< 15, 1, 1, 15, 15, 20 >$ und $< 15, 15, 1, 1, 1, 4 >$ nahezu identisch und gering. Die Szenarien werden als trivial bezeichnet, denn alle im Eingangsdatensatz enthaltenen Stationen müssen aufgebaut werden. Es existieren keine Alternativen ($\pi = 1$).

Für die Praxis ist entweder die Kombination aus Big-M-Formulierung und Heuristik oder Indikator-Formulierung und Heuristik zu empfehlen. Denn dieses Vorgehen garantiert, dass nach endlicher Rechenzeit (Pausenzeit zwischen zwei Schichten) stets ein gültiger Feinplan zur Verfügung steht.

Zielfunktionswerte und Modellschranken

Die erreichten Zielfunktionswerte und deren Abhängigkeiten zu den variierten Modellparametern werden untersucht. Dabei werden insbesondere die Güte der durch die Heuristik bestimmten Lösung mit den optimalen Zielfunktionswerten sowie den Schranken ebenfalls berücksichtigt. Die Abbildung 8.11 beinhaltet ebenfalls die Zielfunktionswerte, die die parametrierte DPMM Formulierung (mix; min) liefert.

Es ist festzuhalten, dass die trivialen Schranken gültige Schranken für das LMAS Problem darstellen. Auch liefert die Heuristik bereits eine erste Lösung, die bzgl. der hier dargestellten Experimente einen Gap zu den optimalen Zielfunktionswerten im Interval $[X, Y]$ aufweist. Aus diesem Grund kann ein Feinplan, der durch die Heuristik bestimmt wird, zum Onlinescheduling im Störungsfall verwendet werden.

Tabelle 8.4 dient dem Nachweis der Gültigkeit der Lösung am Beispiel von drei Szenarien für die Ausbringung von drei Produkten: 1x [A1, B2, C3]. Dazu wird sich an Zertifikatsstrategien[413] sowie dem *Solution Checker* von KOCH ET AL. orientiert[414]: Die Tabelle enthält dazu die Spalten $\Delta C_{Make,calculated}$ sowie ϵ. $\Delta C_{Make,calculated}$ gibt die Differenz zwischen dem durch das MILP berechneten Zielfunktionswert und einem Zielfunktionswert an, bei dem alle binären Entscheidungsvariablen der Lösung exakt auf 0.0 bzw. 1.0 ab- bzw. aufgerundet werden. ϵ gibt einen Wert an, der zu allen Randbedingungen, die C_{oji} bzw. C_{ojis} enthalten, zu addieren ist. Dieser Wert ist erforderlich, damit diese Bedingungen nach Auf- bzw. Abrunden der Entscheidungsvariablen erfüllt sind. Für Randbedingungen, die ausschließlich binäre Entscheidungsvariablen enthalten, wird eine solche Abweichung nach Rundung nicht akzeptiert, denn inkonsistente Entscheidungen könnten die Folge sein. Solche Inkonsistenzen waren aufgrund des reihenfolgebasierten (disjunktiven) Modellierungsansatzes im Unterschied zu zeitindizierten Modellansätzen nicht zu erwarten und wurden

413 siehe CHEUNG, GLEIXNER und STEFFY, 2017, S. 149f
414 KOCH u. a., 2011, S. 110ff

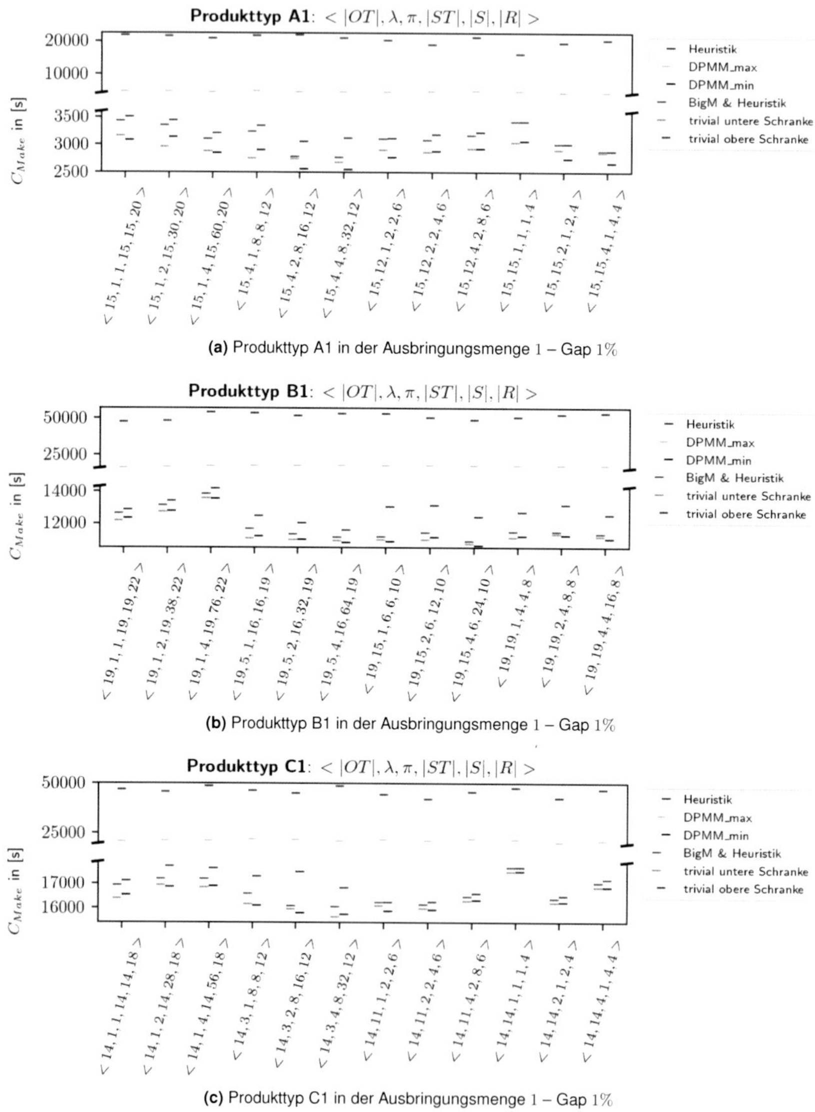

(a) Produkttyp A1 in der Ausbringungsmenge 1 – Gap 1%

(b) Produkttyp B1 in der Ausbringungsmenge 1 – Gap 1%

(c) Produkttyp C1 in der Ausbringungsmenge 1 – Gap 1%

Abbildung 8.11: Vergleich der Schranken und Lösungen für Produkttypen A1, B1 und C1

auch für keinen der Datensätze festgestellt.

Es kann beobachtet werden, dass sowohl $\Delta C_{Make,calculated}$ als auch das ϵ unterhalb von 10^{-9} Sekunden liegen. Es ist zu berücksichtigen, dass die Python-basierte Implementierung 10 signifikante Stellen ausweist, obwohl intern der Datentyp *float()* zu Grunde gelegt wurde. Die ermittelten Verzögerungen sind sowohl absolut als auch in Relation zu den betrachteten Planungshorizonten vernachlässigbar. Das Modell ist also für die Anwendung in der Produktionspraxis geeignet.

Szenario	**Gap [%]**	C_{Make}	$\Delta(C_{Make,calc})$	$\epsilon_{Constraint}$
1x [A1, B2, C3] $< 48, 12, 2, 8, 16, 11 >$	3.00	28487.3333333333	-3E-10	1E-9
1x [A1, B2, C3] $< 48, 16, 2, 4, 12, 7 >$	2.61	31569.3333333333	0	1E-11
1x [A1, B2, C3] $< 48, 24, 2, 2, 8, 5 >$	2.22	28753.9999999999	1E-10	1E-9
1x [A1, B2, C3] $< 48, 12, 2, 8, 16, 11 >$	2.85	18084.9999999998	2E-10	1E-10
1x [A1, B2, C3] $< 48, 16, 2, 4, 12, 7 >$	1.37	20167.6666666666	0	1E-10
1x [A1, B2, C3] $< 48, 24, 2, 2, 8, 5 >$	2.03	20653.6666666665	1E-10	1E-9
1x [A1, B2, C3] $< 48, 12, 2, 8, 16, 11 >$	2.69	22618.6666666666	0	1E-9
1x [A1, B2, C3] $< 48, 16, 2, 4, 12, 7 >$	2.71	22926.6666666666	0	1E-11
1x [A1, B2, C3] $< 48, 24, 2, 2, 8, 5 >$	2.84	23552.6666666666	0	1E-9

Tabelle 8.4: Numerische Stabilität

Multikriterielle Zielfunktionen

Nachfolgend werden Ergebnisse von Versuchsreihen erläutert, bei denen die Minimierung des Makespans (Gleichung 7.89) jeweils um die Minimierung kumulierter Durchlaufzeiten (Gleichung 7.91) ergänzt wurde. Es wurden gewichtete Summen verwendet (Abschnitt 7.2.3). Die Normalisierung erfolgte stets durch den Zusammenhang 7.87. Die Präferenzen u_i wurden gemäß Tabelle 8.5 a priori gewählt.

	Präferenzen				
Fertigstellungszeit z_0	1.00	0.00	0.25	0.50	0.75
Zusätzliches Ziel z_2	0.00	1.00	0.75	0.50	0.25

Tabelle 8.5: Parameter: A priori Präferenzen unterschiedlicher Ziele

Abbildung 8.12 zeigt die Ergebnisse für die Gesamtfertigstellungszeit und die Durchlaufzeiten. Unabhängig von der Präferenz sind die resultierenden Zielfunktionswerte nahezu identisch zum Utopie-Punkt. Werte ungleich Null sind auf Schwankungen des erzielten Gap zurückzuführen, denn eine Lösung wurde akzeptiert, sobald der Gap unterhalb von 3% lag. Für $(0.5, 0.5)$ und 1x[A1, B2, C3] $< 48, 24, 2, 2, 8, 5 >$ lag bspw. der erreichte Gap bei 2.7%, während für z_0^U ein Gap von 2.2% erreicht wurde.

Dieser Zusammenhang zwischen Fertigstellungszeit und Durchlaufzeit entspricht der Erwartungs-

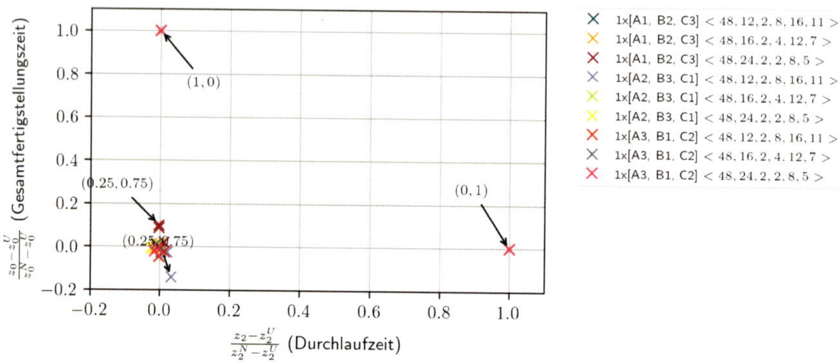

Abbildung 8.12: Ergebnisse Multikriterieller Optimierung – Fertigstellungszeit und Durchlaufzeit

haltung. Für die Optimierung ist dabei wenig entscheidend, wie hoch die jeweilige Präferenz ist, solange eine bikriterielle Optimierung durchgeführt wird. Dies lässt darauf schließen, dass nahe der globalen Optima gleichwertige Lösungen existieren, die sich hinsichtlich verschiedener Produktionskennzahlen unterscheiden. Die nachfolgende Tabelle zeigt die Einsparpotentiale gegenüber der einkriteriellen Optimierung für das Beispiel 1x[A3, B1, C2] $< 48, 12, 2, 8, 16, 11 >$ in Ergänzung zu Abbildung 8.12.

Gap [%]	u_0	u_2	z_0 [s]	z_2 [s]	$z_0^N - z_0$ [s] (%)	$z_2^N - z_2$ [s] (%)
2.80%	0.00	1.00	25662.95	36859.74	0.00 (Referenz)	10057.59 (27.29%)
2.69%	1.00	0.00	22618.67	46917.33	3185.62 (13.46%)	0.00 (Referenz)
2.57%	0.75	0.25	22548.67	36988.79	3114.29 (13.81%)	9928.54 (26.84%)
2.75%	0.50	0.50	22592.67	36880.60	3070.29 (13.59%)	10036.73 (27.21%)
2.52%	0.25	0.75	22477.33	36831.60	3185.62 (14.17%)	10085.73 (27.38%)

Tabelle 8.6: Beispiel – Bikriterielle Optimierung: 1x[A3, B1, C2] $< 48, 12, 2, 8, 16, 11 >$

Die Beobachtung, dass selbst bei geringer Gewichtung zusätzlicher Zielgrößen der Utopiepunkt erreicht wird, erlaubt folgende Hypothese: Eine lexikographische Ordnung der Ziele, bei der die Gesamtfertigstellungszeit das erste Element der Entscheidungshierarchie darstellt und alle weiteren Zielgrößen dieser untergeordnet werden, wird zu vergleichbaren Ergebnissen kommen. Auf eine Gewichtung durch den Menschen kann dann verzichtet werden.

8.6.2 Prädiktive Validierung

Zur prädiktiven Validierung des Steuerungsmodells wurden Globalpläne, die durch das MILP bestimmt wurden, der Architektur bereitgestellt. Via Broker erfolgte zur Laufzeit stets die Generierung der Lokalpläne der Holone der Ausführungsschicht. Die Simulation des Verhaltens aller Entitäten ist nicht beschleunigt, d.h. eine Sekunde des simulierten Verhaltens entspricht einer Sekunde. Abbildung 8.13 zeigt für drei Szenarien mit jeweils drei zu montierenden Produkttypen die (global-optimale) geplante Fertigstellungszeit $C_{Make,p}$ im Vergleich zur realisierten Fertigstellungszeit $C_{Make,e}$. Dargestellt werden die Mittelwerte von je fünf Experimenten. $C_{Make,e}$ ergibt sich durch das synergetische Verhalten der Holone der Ausführungsschicht.

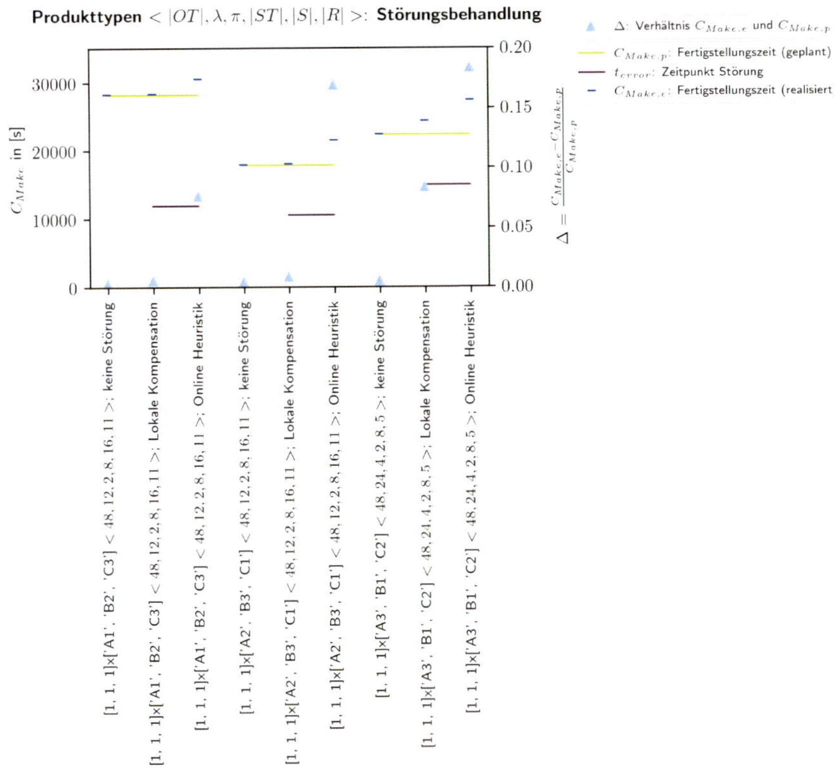

Abbildung 8.13: Vergleich geplante Fertigungsstellungszeit und realisierte Fertigstellungszeit

Ist eine Schicht frei von Störungen, so liegt das Delta zwischen geplanter Fertigstellung und realisierter Fertigstellung für die dargestellten Beispiele durchschnittlich bei 0.25%, 0.35% bzw. 0.51%. Im Anhang unter Abschnitt I findet sich ferner ein triviales Beispiel für die Montage von jeweils einem Produkt. Die Beobachtung, dass die Abweichung zum Globalplan <1% ist, trifft ebenfalls zu. Diese Abweichung wird auf die notwendige Kommunikation und Interaktion zwischen den Holonen zurückgeführt. Sie kann als hinreichend gering für die Montagepraxis bezeichnet werden.

In der gleichen Abbildung werden weiterhin Szenarien dargestellt, bei denen eine Ressource gestört wird. Diese ist in eine Station eingebunden. Infolge werden zwei Reaktionen des Steuerungsmodells auf dieses Ereignis untersucht. Dazu wird der Schwellwert der erlaubten Störungen, der über die Ausführung einer heuristischen Globalplanung und einer trivialen Realignment-Strategie entscheidet, auf 1 bzw. 2 gesetzt (siehe Abbildung 6.9). Wie erwartet, führt das Tauschen der Ressource durch eine redundante, in der Nähe befindliche Ressource gleichen Typs (triviale Realignment-Strategie) zu einer kürzeren Gesamtfertigstellungszeit als eine heuristische Globalplanung, denn die heuristische Globalplanung verwirft alle bestehenden Stationsverbände.

8.7 Zwischenfazit

Das vorangegangene Kapitel galt der Verifizierung und Validierung der erarbeiteten Modelle am Beispiel der Abwasserpumpenmontage. Grundsätzlich weisen Validierungs- und Verifikationstechniken gewisse Subjektivitätsgrade auf. Deshalb fanden mehrere Techniken Anwendung, die von RABE und SARGENT vorgeschlagen werden, um diese Subjektivität insgesamt zu verringern, wenngleich die Auswahl selbst nie frei von einer subjektiven Entscheidung ist.

Die konzeptuelle Validität wurde durch den wissenschaftlichen Diskurs sichergestellt, dessen Erkenntnisse sich einerseits in den Anforderungen und andererseits in der ergänzten Heuristik niederschlug. Werkzeuge der Verifikation des computerisierten Modells wurden entsprechend der Methode der Animation und des Monitorings implementiert, um potentielle Fehlerquellen und auffälliges Modellverhalten zu identifizieren. Die Abwesenheit von solchen Auffälligkeiten wird als Indikation für eine geeignetes Feinplanungs- und Steuerungsmodells interpretiert.

Die Untersuchung der operationalen Validität für die Feinplanung basierte auf Parametervariationen und dem Vergleich zu anderen Modellen anderer Objektbereiche. Die Abwesenheit valider Modelle für den gleichen Untersuchungsgegenstand sowie die Abwesenheit eines beobachtbaren LMAS begründeten das Vorgehen. Die Parametervariation zeigte, dass das MILP für alle Szenarien gültige Pläne lieferte, die bzgl. der gewählten Zielfunktionen stets eine höhere Güte, als heuristisch ermittelte Pläne aufwiesen. Sowohl heuristische als via MILP ermittelte Pläne, liegen stets innerhalb der ermittelten Modellschranken. Die Erfüllungsgrade von Randbedingungen sowie die durch das MILP geplanten Zielfunktionswerte gegenüber den auf exakt 0 bzw. 1 zu treffenden binären Entscheidungen lagen in der Größenordnung der signifikanten Stellen der Implementierung (10^{-10}), sodass von zertifizierten Planungsergebnissen gesprochen werden kann. Für zukünftige Arbeiten und praktische Anwendungen wird die Kombination von Heuristik und MILP empfohlen, denn so steht (sofern ein zulässiger Plan existiert) stets ein solcher zur Verfügung, wenngleich die Rechenzeit nicht ausreicht, um den Nachweis der Optimalität zu erbringen.

Die angewendete Methode der prädiktiven Validierung lässt folgende Aussagen zu: Ermittelte Globalpläne sind konfliktfrei ausführbar und werden von der Architektur mit Abweichungen ggü. dem Globalplan von $< 1\%$ realisiert. Für die untersuchten Szenarien sind lokale Kompensationsmechanismen gegenüber der globalen Heuristik zu bevorzugen. Beide Modi Operandi sind inhärenter Bestandteil des Steuerungsmodells und erfordern keinerlei Eingriffe von außen.

9 Kritische Reflexion

Dieses Kapitel dient der Reflexion der angewandten Forschungsmethodik (Abschnitt 9.1). Ferner werden die erzielten Ergebnisse kritisch gewürdigt, um die übergeordnete Fragestellung zu beantworten (Abschnitt 9.2).

9.1 Reflexion der Forschungsmethodik

Die Kombination des explorativen Forschungsprozesses der angewandten Wissenschaften nach ULRICH und des iterativen Forschungszyklus nach KUBICEK und TOMZCAK bildeten den Rahmen für diese Forschungsarbeit, der kurz reflektiert wird. Der explorative Prozess liefert zwar eine lineare Vorstellung bzgl. der durchzuführenden Schritte (vgl. Abbildung 1.6), allerdings zeigte bereits der Aufbau der Arbeit, dass diese Schritte in keiner strengen 1:1 Relation zwischen durchgeführten Analysen sowie entwickelten Modellen und den Kapiteln dieser Arbeit stehen. Die Teilschritte des Prozesses wirkten sich also übergreifend auf die Gestaltungselemente aus. Umgekehrt sind Ergebnisse nicht zwangsläufig genau einem der Schritte zuzuordnen.

Dennoch wird der Prozess a posteriori als nützlich eingeschätzt. Er hob das übergeordnete pragmatische Ziel der Erkenntnisverwendung, die Schaffung von Flexibilisierungspotentialen im Sinne der Erreichung von Resilienz und Nachhaltigkeit durch alternative Ansätze der Montageorganisation, hier die linienlosen mobilen Montage, hervor. In diesem Zusammenhang kann auch das Werkzeug des heuristischen Bezugsrahmens als nützlich bezeichnet werden, denn es eignete sich zur „intersubjektiven“[415] Konkretisierung des Ziels und des Handlungsbedarfs. Dieser betrifft Ansätze zur Beherrschung der Feinplanung und Steuerung von LMAS, ohne die ein operativer Betrieb sowie eine prognostizierbare Detailplanung ausgeschlossen ist. Ferner gestattete es, die wesentlichen Problemdimensionen a priori und empirisch zu erfassen, Analyseeinheiten zu clustern und auf dieser Basis empirische Abgrenzungen vorzunehmen; denn Empirie und Theorie stehen bei ingenieurwissenschaftlichen Problemstellungen in Wechselwirkung zueinander. Kritisch ist jedoch, dass die Abwesenheit einer eindeutigen Notation persönliche Interpretationsspielräume zulässt. Umgekehrt wird dieser Freiheitsgrad explizit vom Bezugsrahmen gefordert[416].

Insbesondere Designentscheidungen bzgl. der Gestaltungselemente und Modelle wurden entsprechend der Maxime praktischer Zielsetzungen getroffen, die sich in den Anforderungen niederschlugen, an denen sowohl der Stand der Technik als auch die Ergebnisse letztlich gemessen wurden.

[415] vgl. KUBICEK, 1977, S. 6, 17
[416] vgl. KUBICEK, 1977, S. 7

Der integrative und interdisziplinäre Charakter, der dem explorativen Forschungsprozess nachgesagt wird, kann bestätigt werden, denn erarbeitete Ansätze und Modelle sind den Forschungsfeldern der Montageorganisation, des Operations Researchs und den verteilten Steuerungssystemen zuzuordnen. Allerdings ist seine Ergänzung um den iterativen Forschungszyklus unerlässlich, um dem zyklischen Charakter der theoretischen Erkenntnisgewinnung gerecht zu werden. Dies spiegelt einerseits die zusätzlich erfolgte Befragung der ANEMONA Methodologie bei der Ausgestaltung der Holarchie und andererseits der nachfolgende Ausblick (Abschnitt 10.2) wieder.

9.2 Reflexion der Ergebnisse und Beantwortung der übergeordneten Fragestellung

Das Ziel dieser Arbeit betraf das Schaffen von Möglichkeiten zur algorithmischen Entscheidungsfindung zur Bestimmung von Plänen und deren Steuerung in LMAS-organisierten Fabriken, welches sich durch das Defizit der Abwesenheit von Ansätzen der Produktionsplanung- und Steuerung für die Betriebsphase des LMAS begründete. In der frühen Phase des Innovationszykluses, in der sich das LMAS-Paradigma gegenwärtig befindet (in der Praxis sind bislang keine LMAS-organisierten Systeme bekannt), sind solche essentiell: Einerseits um für gegebenen Produktionsszenarien, das Systemverhalten zu prädizieren und damit a priori Abschätzungen zu detaillieren, andererseits sind LMAS ohne diese Lösungsbausteine aufgrund der gestiegenen Komplexitätsanforderung ggü. der klassischen Linie schlichtweg nicht umsetzbar. Entsprechend dieser Betrachtung wurde die übergeordnete Forschungsfrage folgendermaßen formuliert:

Können Abläufe in linienlosen mobilen Montagesystemen durch ein Entscheidungsmodell für den operativen Betrieb geplant und durch eine geeignete Steuerung umgesetzt werden?

Diese Frage wurde in drei forschungsleitende Fragenstellungen (FLF) dekomponiert. Die erste forschungsleitende Frage (FLF1) enthielt zwei zu separierende Schwerpunkte. Der erste betraf Anforderungen und Betriebsfälle (Forderungen der Praxis; Untersuchung des relevanten Anwendungszusammenhangs und Ableitung von Beurteilungskriterien nach ULRICH), die nach der Definition des LMAS Paradigmas (Kapitel 2) und der Erarbeitung der Flexibilitätsmerkmale in Kapitel 3 konsolidiert wurden. Dies gestattete die systematische Untersuchung der Anforderungserfüllung des Stands der Technik. Sie zeigte, dass für die Steuerung Ansätze holonischer Systeme und für die Planung simultane Maschinenbelegungs- und Standortplanungsmodelle der Eignungsgrad am höchsten, aber unzureichend ist, um die LMAS-spezifische, quasikontinuierliche Rekonfigurierbarkeit als Bestandteil der Betriebsphase nutzbar zu machen.

Der zweite Schwerpunkt betraf die formale Beschreibung der Entitäten des LMAS und deren syntaktischen Zusammenhänge, die über die verbale Definition und die verbalen Beschreibungen der aktuellen Literatur hinaus geht. Entscheidend ist, dass den Entitäten (Fabrik, Station und Ressource) jeweils ein Ort, ein Typ, eine Konfiguration, ein Plan sowie transiente Verknüpfungen zu anderen Entitäten zuzuordnen sind. Der Formalismus mündete in der LMAS-Domäne, welche die Grundlage des Informationsmodells einer PPS und damit ein weiteres, zentrales Ergebnis dieser Arbeit darstellt. Diese ist aufgrund ausgewiesener Schnittstellen und austauschbarer Elemente erweiterbar. Gleichzeitig ist die formale Beschreibung eindeutig, aber ausreichend schlank[417]. Damit gelten Anforderungen, Betriebsfälle und Gestaltungselemente des LMAS als erfasst.

Über eine Beschreibung hinaus erfordert der operative Betrieb entsprechend der zentralen Aufgaben von Anwendungssystemen der Betriebsleitebene (Abschnitt 2.1.2) die Beantwortung der zweiten forschungsleitenden Frage (FLF2) bzgl. der Umsetzung von Ablaufplänen. Das erarbeitete dreischichtige Steuerungsmodell (Planung, Koordination, Ausführung) orientiert sich dazu an den Funktionsebenen des Referenzarchitekturmodells Industrie 4.0 als auch an dem Entwurfsmuster der Holarchie und basiert auf der Domäne. Dadurch besitzt das Modell universellen Charakter, um über die Annahmen der Problemdefinition hinaus (Feinplanung und Steuerung) eine Kompatibilität gegenüber zu erwartenden Aufgaben der Betriebsleitebenen zu gewährleisten. Die Rückkopplung zwischen intervenierendem Holon und unterlagerten Holonen ist als ex-ante zu bezeichnen, die Verknüpfung zwischen den Holonen ist temporärer Natur, sodass mobile Mehrzweckressourcen in transiente Stationen eingebunden werden. Eine Übertragbarkeit auf andere Organisationsparadigmen ist gegeben, wenn diese temporäre Zuordnung invariabel und bspw. durch den Betreiber definiert wird. Der Bezugsrahmen basiert auf der Annahme einer menschenleeren Fabrik. Dennoch ist das Modell geeignet, den Menschen als universelle mobile Ressource miteinzubeziehen, sofern Devices zur Verfügung stehen, um dem Menschen zugeordnete Aufgaben und Pläne zu kommunizieren bzw. Möglichkeiten zu schaffen die Abarbeitung von Aufgaben zu quittieren. Die Betriebsfälle Normalbetrieb und Störbetrieb können in der Steuerung koexistieren und spiegeln sich in den Interaktions- sowie Zustandsmodellen der Holone wider. Diese Modelle sind zentrale Ergebnisbestandteile. Sie konkretisieren die Freiheitsgrade der Holone der Ausführungsschicht. Das System ist bestrebt, den Ablauf in der LMAS Fabrik auf lokale Pläne zurückzuführen, die deterministisch abgearbeitet werden und aus einem optimalen Globalplan abgeleitet werden. Hinreichende Redundanz vorausgesetzt, werden relevante Störfälle lokal kompensiert, oder falls nötig eskaliert, um Deadlocks zu vermeiden.

Auf Basis der definierten Domaine und festgelegter Steuerung konnten im Zusammenhang der dritten forschungsleitenden Fragestellung (FLF3) zwei Feinplanungsansätze entwickelt werden, die die in Abschnitt 2.2.2 identifizierten planerischen Fragestellungen beantworten und Ablaufpläne für die LMAS organisierte Fabrik erzeugen. Relevante binäre Entscheidungen sind die Zuordnungen von Stationen zu temporären Positionen, Operationen zu Stationen, die Festlegung von Transporten zwischen Stationen aufeinanderfolgender Operationen der Produktionsaufträge und

417 Diese Merkmale werden im Zusammenhang von Ontologien gefordert, um die Wiederverwendbarkeit zu begünstigen. Siehe bspw. OCKER, VOGEL-HEUSER und PAREDIS, 2019, S. 339ff und HILDEBRANDT u. a., 2017, S. 2ff

Bearbeitungsreihenfolgen von Operationen auf den Stationen. Zentrales Ergebnis ist das LMAS Simultaneous Scheduling und Location MILP, welches die erforderliche Verallgemeinerung des klassischen ScheLoc Problems darstellt, um den LMAS-Betrieb modellbasiert zu planen. Diese Erweiterung ist durch zusätzliche allgemeine montagerelevante sowie LMAS-spezifische Merkmale charakterisiert, die die Auftragstransporte zwischen Stationen und nach Fertigstellung zu Übergabestationen sowie die Zuordnungsentscheidungen von mobilen Ressourcen umfassen. Durch ein manuelles Fixieren von Standortentscheidung der Stationen und der Zuordnung von Ressourcen zu Stationen ist das Modell grundsätzlich auch für die Matrixproduktion geeignet, wobei die Untersuchung der Performance für dieses Paradigma Gegenstand weiterführender Arbeiten ist. Der zweite Planungsansatz ist heuristischer Natur und durch den Umstand einer potentiell auf die Fabrikebenen eskalierten Störung motiviert, sodass lange Rechenzeiten nicht mit einer Fortsetzung des Systembetriebs im Störfall konfligieren. Insgesamt lässt sich also die übergeordnete Fragestellung beantworten:

Ja, durch ein holonisches Steuerungsmodell, das auf der LMAS Domäne basiert und sowohl ein gemischt-ganzzahliges Optimierungsmodell (LMAS ScheLoc) als auch eine Onlineheuristik einbettet, können prädiktiv und reaktiv Feinpläne online und offline bestimmt und deren Umsetzung gesteuert werden.

Drei Simplifikationen der Modellbildung sind hervorzuheben, die für zukünftige Arbeiten Ansatzpunkte darstellen. Die Dauer einer Planungsperiode ist keine Eingangsgröße der Feinplanung, sodass die Dauer der Abarbeitung eines Arbeitsplans (Gesamtfertigstellungszeit), der eine gegebene Anzahl an Aufträgen enthält, a priori unbekannt und unbeschränkt ist. Dieser Plan ist in Abhängigkeit des Schichtmodells des betreibenden Unternehmens zu teilen. Dazu besteht gegenwärtig die Möglichkeit nach jedem Schichtende die aktuellen Zustände der bereits sich in der Montage befindenden, aber nicht fertiggestellten Produkte und die neu eingegangenen Aufträge in einer nächsten Planungsiteration zu berücksichtigen. Um zu verhindern, dass „alte" Aufträge nie fertiggestellt werden, sind Prioritäten der Auftragsoperationen anzugleichen. Eine dazu notwendige Zielfunktion zur Priorisierung ist Teil des Modells. Sowohl das Entscheidungs- als auch das Steuerungsmodell sehen bislang je Planungsperiode vor, dass eine bestimmte Station höchstens einmal an einer beliebigen Position gerüstet und konfiguriert wird. Für eine nächste Periode werden die vergangenen Ressourcenpositionen und deren Zustände als Eingangsgrößen berücksichtigt. Ein wiederholtes Auf- und Abbauen innerhalb einer Planungsperiode wurde empirisch im Sinne des Verhältnisses zwischen primären und sekundären Zeiten verworfen. A posteriori wird hier zusätzliches Optimierungspotential vermutet, welches mit einer zusätzlichen Komplexität und Rechenzeit einhergehen wird. Analog wird weiteres Potential durch alternative Montagereihenfolgen vermutet. Gegenwärtig erfolgt durch eine topologische Sortierung die Festlegung einer linearen Arbeitsfolge. Dies entspricht dem Stand der Technik, da diese eine typische Ausgangsgröße der Prozessentwicklung bzw. der Arbeitsvorbereitung ist.

10 Zusammenfassung und Ausblick

10.1 Zusammenfassung

Die linienlose mobile Montage geht gegenüber der gegenwärtig viel diskutierten Matrix-Produktion einen Schritt weiter und verspricht die marktsynchrone Produktion. Durch die Einbindung ortsflexibler Ressourcen gewinnt die Fabrik Möglichkeiten zur Rekonfiguration von Arbeitsstationen an günstigen Positionen auf einer hindernisfreien Produktionsfläche. Die Abläufe sind dann dynamischer Natur und implizieren Herausforderungen bzgl. Planung und Steuerung; Excel-basierte Tools sind nicht ausreichend. Diese Arbeit lieferte deshalb die erforderlichen Modelle, um zur Realisierung dieser Abläufe zu befähigen. Die Abbildung 10.1 fasst den Forschungsprozess zusammen.

Kapitel 1 lieferte die praktische Motivation und den heuristischen Bezugsrahmen des wissenschaftlichen Prozesses. Die Problemstellung im Sinne der Nutzbarmachung des LMAS durch den Dreiklang Beschreibung, Steuerungsarchitektur und Optimierung wurde konkretisiert. Die übergeordnete Forschungsfrage sowie forschungsleitende Fragestellungen wurden formuliert.

Kapitel 2 diente der Beschreibung der charakteristischen Merkmale der linienlosen mobilen Montage und der Abgrenzung ggü. den alternativen Paradigmen. Dabei wurden die Arten der Flexbilität, die das LMAS bereitstellt, als wesentliches Alleinstellungsmerkmal identifiziert: Die quasikontinuierliche Rekonfiguration der LMAS-Entitäten ist Teil des operativen Betriebs.

In Kapitel 3 wurden Anforderungen an mögliche Lösungsansätze subsumiert, um im weiteren Verlauf den Stand der Technik und Forschungen hinsichtlich der Anforderungserfüllungsgrade zu analysieren. Die Anwendungsfälle *Normalbetrieb* und *Störbetrieb* wurden erarbeitet und stellen entsprechend der ANEMONA Methodologie die Basis des Steuerungsmodells dar.

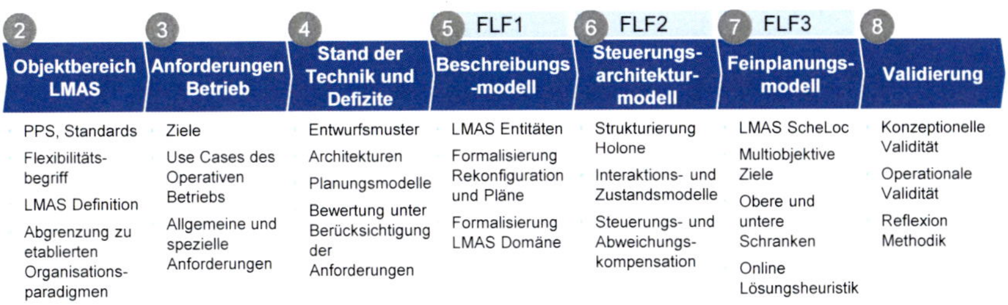

Abbildung 10.1: Beiträge der Kapitel zur Beantwortung der übergeordneten Forschungsfrage

In Kapitel 4 erfolgte die Analyse des Stands der Technik und Forschungen. Sie zeigte, dass bzgl. der Steuerung kein relevantes Referenzarchitekturmodell den Anforderungen vollumfänglich gerecht wird und insbesondere die Ortsflexiblität von AMRs sowie die Rekonfigurierbarkeit von Arbeitsstationen ausschöpft. Analog konnte keine deterministische Problemklasse des Operations Research identifiziert werden, die sich für eine Feinplanung eignete. Dennoch erlaubte die Analyse die Identifikation der notwendigen Modellartefakte. Steuerungsseitig umfassen diese, dass Stationen als Holone modelliert werden, die temporär instantiiert werden, Ressourcen übergeordnet sind und einen eingeschränkten Lebenszyklus aufweisen. Planungsseitig lieferte die Modellklasse des Simultaneous Scheduling and Location Problems einen Anhaltspunkt zur gleichzeitigen Optimierung von Abläufen und Maschinenstandorten auf einem hindernisfreien Shopfloor.

In Kapitel 5 wurde die semantische und syntaktische Beschreibung des Fabrikbetriebs unter Berücksichtigung der Anforderungen durchgeführt. Das Formalmodell diente der programmiertechnischen Umsetzung der bis dato nur qualitativ erfolgten Beschreibung des Verhaltens aller LMAS-Entitäten und mündete in der LMAS Domäne.

In Kapitel 6 wurde das Steuerungssystemmodell dargestellt. Es expliziert die statischen und temporären Relationen zwischen Holonen. Es umfasst die notwendigen Interaktionen und Zustandsmodelle zur emergenten Umsetzung der Entitätenpläne. Die Behandlung von Störungen, d.h. Ressourcen- und Stationsausfällen erfolgte in Anlehnung an ORCA durch Wenn-Dann-Relationen. Durch lokale Maßnahmen bleibt der Gesamtplan, der ein hohes Optimalitätspotential aufweist, solange unaffektiert, bis eine Eskalation eine Onlineplanung erfordert.

Das Steuerungsmodell konsolidiert für das LMAS ScheLoc und die Onlineplanungsheuristik, die in Kapitel 7 vorgestellt wurden, die Eingangsinformationen einer Planungsiteration. Beide liefern Entscheidungen bzgl. der Zielpositionen von Ressourcen, der Zuordnung von Ressourcen zu Stationsverbänden, der Zuordnung von Operationen als atomarer Bestandteil von Aufträgen zu Arbeitsstationen sowie bzgl. der individuellen Fertigstellungszeiten. Das MILP wurde dabei so ausgestaltet, dass die Minimierung der Gesamtfertigstellungszeit der eingesteuerten Aufträge im Vordergrund steht. Weitere Zielfunktionen wurden vorgesehen, die auf eine Priorisierung einzelner Aufträge und Fertigstellungszeiten, kurze Durchlaufzeiten, geringe Arbeitsbelastungen oder eine Kombination dieser widerstreitenden Aspekte abzielen.

Die Validierung erfolgte in Kapitel 8. Die Untersuchung basierte auf einem Anwendungsbeispiel der Abwasserpumpenmontage. Die Merkmale der untersuchten Produktionsszenarien wurden durch die Angabe der theoretischen und operationalen Redundanz sowie durch Erwartungswerte und Varianzen für die gleichverteilte Anzahl an Stationstypen, Stationen, Ressourcentypen und Ressourcen zufallsgeneriert. Dies war erforderlich, da bislang keine physikalischen umgesetzten LMAS existieren. Diese Tatsache bestimmte den Validerungsprozess. Die Variation der Generatorparameter zeigte für die Feinplanungsmodelle und das Steuerungsmodell plausibles Verhalten.

Kapitel 9 diente der Reflexion der Forschungsmethodik und der Ergebnisse, im Sinne der Beratung der Praxis und der abschließenden Beantwortung der übergeordneten Fragestellung. Abläufe in LMAS können durch das LMAS ScheLoc und eine Onlineheuristik mit unterschiedlichem Optimalitätsanspruch geplant werden. Zur Konsoldierung von Zustandsinformationen der Fabrik eignet sich eine holonische Steuerung, die die Vorteile von prädizierbarem Agentenverhalten durch hierarchische Strukturelemente mit einer Resilienz ggü. Störungen durch heterarchische Strukturelemente vereinigt.

10.2 Ausblick

Die erzielten Ergebnisse eröffnen neue Perspektiven sowohl für zukünftige Forschungsvorhaben als auch im Zusammenhang der Handlungsfelder der praktischen Umsetzung von LMAS. In beiden Fällen sind dabei unmittelbare Potentiale der Betriebsphase sowie Potentiale über alle Lebenszyklusphasen hinweg zu unterscheiden.

Im Sinne der praktischen Umsetzung und der Betriebsphase sind zur Einbindung des Faktors Mensch geeignete Informations- bzw. Werkerassistenzsysteme vorzusehen, um über geplante Abläufe zu informieren und Vorgaben zu kommunizieren. Umgekehrt sind diese Systeme geeignet, um durch Feedbackschleifen Informationen bspw. bzgl. Montagezeiten und Störungen zu erheben und in zukünftige Planungs- und Steuerungsiterationen einzubeziehen. Idealerweise sind sowohl die Bedienoberflächen einer LMAS PPS als auch die der Informationssysteme unter Berücksichtigung der Grundsätze der Softwareergonomie und Dialoggestaltung umgesetzt. Das Stresslevel der Bedienenden ist dabei nicht zu vernachlässigen und stellt einen Anknüpfungspunkt für arbeitswissenschaftliche Fragestellungen dar.

Die Praxis erfordert für den Betrieb weitere Standardisierungsmaßnahmen, die sich bspw. im Sinne der Industrie 4.0 an der Asset Administration Shell orientieren und die hier erfolgte wissenschaftlich-fokussierte Implementierung in ROS kapseln, sodass die Kommunikation über industrielle Schnittstellen unter Berücksichtigung anerkannter Protokolle (bspw. OPC) erfolgt.

Zudem ist die Erweiterung der Systemarchitektur, um die verbleibenden neun MES Aufgaben der VDI5600, die mit der hier umgesetzten Aufgabe der Feinplanung und Steuerung in Wechselwirkung stehen, durchzuführen. Dies schließt aus prozessoraler Perspektive Transporte ein, die im Fall von fahrerlosen Transportsystemen Flottenmanagementsysteme erfordern.

Im Zusammenhang der Systemplanungsphase erfordert die Praxis klare Richtlinien und Regelwerke, die dominante Designs und Best Practices sowohl für die Errichtung von LMAS von Grund auf (Greenfield) und für die schrittweise Migration bestehender Systeme (Brownfield) bereitstellen. Diese berücksichtigen Möglichkeiten zum quantitativen, wirtschaftlichen Vergleich der unterschiedlichen Organisationsparadigmen der Montage.

Forschungsseitig und die Betriebsphase betreffend, besteht die Möglichkeit die Freiheitsgrade des LMAS Paradigmas weiter zu erhöhen, indem während der Feinplanung auch eine, aus einer Vielzahl an Alternativen, günstige Arbeitsfolge festgelegt wird. Ferner können zukünftige holistische Betrachtungen (Totalmodelle) auch die Supply Chain und die Logistik mit einbeziehen. Um etwaige Vorteile zu quantifizieren, liefern das LMAS ScheLoc Modell und die Onlineplanungsheuristik die ersten erforderlichen Referenzen. Sie eignen sich auch, um lernende Verfahren bzgl. Lösungsgüte und Laufzeiten zu untersuchen und erforderliche Trainingsdatensätze abzuleiten. Eine weitere Arbeitshypothese ist, dass diese Referenzen durch die Interpretation der Entscheidungsvariablen für Ressourcen- und Stationsstandorte als fixe Parameter auch für die Feinplanung der dynamischen Abläufe in der Matrixproduktion geeignet sind. Ihre Leistungsfähigkeit gilt es für diesen verschobenen Objektbereich zu quantifizieren.

Beim Einbezug des Faktors Mensch als Ressource sind die Wahrscheinlichkeitsfunktionen über die Ausführungszeiten in eine erweiterte stochastische Modellbildung aufzunehmen. Allerdings wird eine hohe Güte der hier ermittelten reihenfolgebasierten Entscheidungsvariablen, die den Ablauf beschreiben, erwartet. Erste Arbeiten, bei denen die Pläne des LMAS ScheLoc als Eingangsgröße für eine stochastische ereignisorientierte Simulation (Discrete Event Simulation) verwendet werden, wurden begonnen.

Aus steuerungstechnischer Perspektive und aufgrund der aktuell langen Lösungszeiten des LMAS ScheLocs, wenngleich diese sich mit Verweis auf das weiterhin gültige Moorsche Gesetze verkürzen werden, wird folgende Strategie vorgeschlagen: Die Vorausberechnung von Ablaufplänen für typische zu erwartende Produktionsszenarien, um auf diese Pläne beim Eintreffen des oder eines ähnlichen Szenarios ohne Latenz zurückzugreifen.

Eine weitere wissenschaftliche Aufgabenstellung im Zusammenhang der Betriebsphase stellt die Erweiterung der Störungsbehandlung dar. Ein breiteres Spektrum an möglichen Störarten (bspw. Auftragsstornierungen) ist zu adressieren. Alternative Verfahren sowie ideale Betriebspunkte zwischen lokaler Kompensation und globaler Eskalation sind zu untersuchen.

Zur Unterstützung der Systemplanungsphase ist es Aufgabe der Wissenschaft, Verfahren und Algorithmen zu entwickeln, die der Unterstützung der Erzeugung von Stationen (Typen und Konfigurationen) dienen und erforderliche Spektren an Fähigkeiten bereitstellen. Voraussetzung ist, dass die Automatisierungstechnik sich von der regelbasierten Umsetzung von Vorgaben zu einer zielbasierten Umsetzung entwickelt (Automation of Automation).

Letztlich gilt es, die qualitative Hypothese der verlängerten Betriebsphase von LMAS ggü. klassischen Paradigmen im Sinne einer kontinuierlichen Wiederverwendung durch inkrementelle Veränderung bzw. das Ausbleiben der Terminierung des Systems im Experiment zu untersuchen.

Literaturverzeichnis

ABB Ability™ Manufacturing Operations Management: Process and Production Intelligence (1. Aug. 2020). URL: https://search.abb.com/library/Download.aspx?DocumentID=3BSE082399&LanguageCode=en&DocumentPartId=&Action=Launch (besucht am 09. 09. 2021).

ABDELMAGUID, Tamer F. u. a. (2004). „A hybrid GA/heuristic approach to the simultaneous scheduling of machines and automated guided vehicles“. In: *International Journal of Production Research* 42.2, S. 267–281.

ABDOLRAZZAGH-NEZHAD, Majid und ABDULLAH, Salwani (2017). „Job Shop Scheduling: Classification, Constraints And Objective Functions“. In: *International Journal of Computer and Information Engineering* 11.4, S. 429–434.

ACKER, Isabel Jasmin (2011). *Methoden der mehrstufigen Ablaufplanung in der Halbleiterindustrie*. Produktion und Logistik. Wiesbaden: Gabler Verlag.

AIRBUS MEDIA RELATIONS (14. Juni 2018). *Airbus eröffnet vierte Montagelinie für die A320-Familie in Hamburg*. Hamburg. URL: https://www.airbus.com/newsroom/press-releases/de/2018/06/airbus-inaugurates-hamburg-s-fourth-a320-family-production-line0.html (besucht am 03. 08. 2020).

ALCÁCER, V. und CRUZ-MACHADO, V. (2019). „Scanning the Industry 4.0: A Literature Review on Technologies for Manufacturing Systems“. In: *Engineering Science and Technology, an International Journal* 22.3, S. 899–919.

ARCHETTI, Claudia und SPERANZA, Maria Grazia (2008). „The Split Delivery Vehicle Routing Problem: A Survey“. In: *The Vehicle Routing Problem: Latest Advances and New Challenges*. Hrsg. von Bruce GOLDEN, S. RAGHAVAN und Edward WASIL. Boston, MA: Springer US, S. 103–122.

ATMOJO, Udayanto Dwi, SALCIC, Zoran und WANG, Kevin I-Kai (2018). „Dynamic Reconfiguration and Adaptation of Manufacturing Systems Using SOSJ Framework“. In: *IEEE Transactions on Industrial Informatics* 14.6, S. 2353–2363.

ATTRI, Rajesh und GROVER, Sandeep (2012). „A comparison of production system life cycle models“. In: *Frontiers of Mechanical Engineering* 7.3, S. 305–311.

ATZERT, Sebastian (2011). *Strategisches Prozesscontrolling: Koordinationsorientierte Konzeption auf der Basis von Beiträgen zur theoretischen Fundierung von strategischem Prozessmanagement: Zugl.: Chemnitz, Techn. Univ., Diss., 2010*. 1. Aufl. Wiesbaden: Gabler Verlag. URL: http://dx.doi.org/10.1007/978-3-8349-6226-3.

AUDI AG (2016). *Audi ersetzt Fließband durch 200 Montageinseln - ingenieur.de*. Hrsg. von INGENIEUR.DE. URL: https://www.ingenieur.de/technik/fachbereiche/industrie40/audi-ersetzt-fliessband-200-montageinseln/ (besucht am 24. 07. 2018).

AUERBACH, Thomas u. a. (2011). „Selbstoptimierende Produktionssysteme“. In: *Integrative Produktionstechnik für Hochlohnländer.* Hrsg. von Christian BRECHER. Bd. 55. Berlin, Heidelberg: Springer Verlag, S. 747–1057.

AZAB, Ahmed und NADERI, Bahman (2015). „Modelling the Problem of Production Scheduling for Reconfigurable Manufacturing Systems“. In: *Procedia CIRP* 33, S. 76–80.

AZIZ, Haris u. a. (2020). „Facility Location Problem with Capacity Constraints: Algorithmic and Mechanism Design Perspectives“. In: *Proceedings of the AAAI Conference on Artificial Intelligence* 34.02, S. 1806–1813.

BADER, Sebastian R., MALESHKOVA, Maria und LOHMANN, Steffen (2019). „Structuring Reference Architectures for the Industrial Internet of Things“. In: *Future Internet* 11.7, S. 151–183.

BAHUBALENDRUNI, M. RajuV.A. und BISWAL, Bibhuti Bhusan (2016). „A review on assembly sequence generation and its automation“. In: *Proceedings of the Institution of Mechanical Engineers, Part C: Journal of Mechanical Engineering Science* 230.5, S. 824–838.

BAKSHI, Mahendra S. und ARORA, Sant Ram (1969). „The Sequencing Problem“. In: *Management Science* 16.4, B247–B263. (Besucht am 31. 03. 2021).

BARBOSA, José u. a. (2015a). „Behavioural Validation of the ADACOR2 Self-organized Holonic Multi-agent Manufacturing System“. In: *Industrial Applications of Holonic and Multi-Agent Systems.* Hrsg. von Vladimír MAŘÍK u. a. Bd. 9266. Lecture Notes in Computer Science. Cham: Springer International Publishing, S. 59–70.

BARBOSA, José u. a. (2015b). „Dynamic self-organization in holonic multi-agent manufacturing systems: The ADACOR evolution“. In: *Computers in Industry* 66.2, S. 99–111.

BARBOSA, José u. a. (2015c). „Improving the ADACOR2 supervisor holon scheduling mechanism with genetic algorithms“. In: *Proceedings of the International Conference on Numerical Analysis and Applied Mathematics 2014 (ICNAAM-2014).* Hrsg. von Theodōros SIMOS und Charalambos TSITOURAS. Conference collection. Melville, New York: AIP Publishing, 1–4 (140008).

BAUERNHANSL, Thomas und MIEHE, Robert (2020). „Industrielle Produktion – Historie, Treiber und Ausblick“. In: *Fabrikbetriebslehre 1.* Hrsg. von Thomas BAUERNHANSL. Berlin, Heidelberg: Springer Berlin Heidelberg, S. 1–33.

BEACH, R. u. a. (2000). „A review of manufacturing flexibility“. In: *European Journal of Operational Research* 122.1, S. 41–57.

BEJLEGAARD, Mads u. a. (2016). „Reconfigurable Manufacturing Potential in Small and Medium Enterprises with Low Volume and High Variety“. In: *Procedia CIRP* 51, S. 32–37.

BELOUADAH, H., POSNER, M. E. und POTTS, C. N. (1992). „Scheduling with release dates on a single machine to minimize total weighted completion time“. In: *Discrete Applied Mathematics* 36.3, S. 213–231.

BETTENHAUSEN, Kurt und KOWALEWSKI, Stefan (1. März 2013). *Cyber-Physical Systems: Chancen und Nutzen aus Sicht der Automation.* Düsseldorf. URL: `https://www.vdi.de/ueber-uns`

/presse/publikationen/details/cyber-physical-systems-chancen-und-nutzen-aus-sic ht-der-automation (besucht am 09. 09. 2021).

BETTS, Nathan und VASKO, Francis J. (2016). „Solving the Unbalanced Assignment Problem: Simpler Is Better“. In: *American Journal of Operations Research* 06.04, S. 296–299.

BIERWIRTH, Christian (2000). *Adaptive Search and the Management of Logistic Systems: Base Models for Learning Agents*. Bd. 11. Springer eBook Collection. Boston, MA: Springer Verlag.

BILGE, Ümit und ULUSOY, Gündüz (1995). „A Time Window Approach to Simultaneous Scheduling of Machines and Material Handling System in an FMS“. In: *Operations Research* 43.6, S. 1058–1070.

BOGUE, Robert (2008). „Daimler Chrysler installs new robot–based flexible assembly line“. In: *Industrial Robot: An International Journal* 35.1, S. 16–18.

BONGAERTS, Luc u. a. (2000). „Hierarchy in distributed shop floor control“. In: *Computers in Industry* 43.2, S. 123–137.

BORANGIU, Theodor, CARDIN, Olivier u. a. (2019). „Scientific Discussion: Open Reviews of ARTI Reference Architecture – PROSA Revisited“. In: *Service Orientation in Holonic and Multi-Agent Manufacturing*. Hrsg. von Theodor BORANGIU u. a. Bd. 803. Studies in Computational Intelligence. Cham: Springer International Publishing, S. 20–37.

BORANGIU, Theodor, RĂILEANU, Silviu u. a. (2015). „Switching mode control strategy in manufacturing execution systems“. In: *International Journal of Production Research* 53.7, S. 1950–1963.

BORGO, Stefano und LEITÃO, Paulo (2004). „The Role of Foundational Ontologies in Manufacturing Domain Applications“. In: *On the Move to Meaningful Internet Systems 2004: CoopIS, DOA, and ODBASE*. Hrsg. von David HUTCHISON u. a. Bd. 3290. Berlin, Heidelberg: Springer Verlag, S. 670–688.

BOTTI, Vicente und GIRET, Adriana (2008). *ANEMONA: A Multi-agent Methodology for Holonic Manufacturing Systems*. London: Springer.

BRANDÃO DE OLIVEIRA, Humberto César und VASCONCELOS, Germano Crispim (2010). „A hybrid search method for the vehicle routing problem with time windows“. In: *Annals of Operations Research* 180.1, S. 125–144.

BROWN, John L. und AGNEW, Neil McK. (1982). „Corporate agility“. In: *Business Horizons* 25.2, S. 29–33.

BRYAN, April, WANG, Hui und ABELL, Jeffrey (2013). „Concurrent Design of Product Families and Reconfigurable Assembly Systems“. In: *Journal of Mechanical Design* 135.5.

BUCKHORST, A. F., CANTO, M.K.B. do u. a. (2022). „A Holonic Control System Approach for Line-less Mobile Assembly System Operations“. In: *Procedia CIRP* 107, S. 1449–1454.

BUCKHORST, A. F., DO CANTO, M.K.B. und SCHMITT, R. H. (2022). „The Line-less Mobile Assembly System Simultaneous Scheduling and Location Problem“. In: *Procedia CIRP* 106, S. 203–208.

BUCKHORST, Armin F., GRAHN, Lea und SCHMITT, Robert H. (2022). „Decentralized Holonic Control System Model for Line-less Mobile Assembly Systems“. In: *Robotics and Computer-Integrated Manufacturing* 75.1, 1–15 (102301).

BUCKHORST, Armin F., HÜTTEMANN, Guido u. a. (2019). „Assignment, Sequencing and Location Planning in Line-less Mobile Assembly Systems“. In: *Tagungsband des 4. Kongresses Montage Handhabung Industrieroboter.* Hrsg. von Thorsten SCHÜPPSTUHL, Kirsten TRACHT und Jürgen ROSSMANN. Berlin, Heidelberg: Springer Berlin Heidelberg, S. 227–238.

BUCKHORST, Armin F. und SCHMITT, Robert H. (2020). „Multi-Staged, Multi-Objective Optimization for Operation Management in Line-less Mobile Assembly Systems (LMAS)“. In: *Procedia CIRP* 93, S. 1121–1126.

BUCKHORST, Armin Friedrich, MONTAVON, Benjamin u. a. (2021). „Holarchy for line-less mobile assembly systems operation in the context of the internet of production“. In: *Procedia CIRP* 99, S. 448–453.

BUKCHIN, Joseph und TZUR, Michal (2000). „Design of flexible assembly line to minimize equipment cost“. In: *IIE Transactions* 32.7, S. 585–598.

BULLINGER, Hans-Jörg und AMMER, Dieter, Hrsg. (1986). *Systematische Montageplanung: Handbuch für die Praxis.* München: Hanser.

BULLINGER, Hans-Jörg, SPATH, Dieter u. a. (2009). *Handbuch Unternehmensorganisation: Strategien, Planung, Umsetzung.* 3. Aufl. VDI-Buch. Berlin, Heidelberg: Springer. URL: http://site.ebrary.com/lib/alltitles/docDetail.action?docID=10288838.

BUSSMANN, Stefan, JENNINGS, Nicholas R. und WOOLDRIDGE, Michael, Hrsg. (2004). *Multiagent Systems for Manufacturing Control: A Design Methodology.* Springer Series on Agent Technology. Berlin und Heidelberg: Springer.

CAMM, Jeffrey D., RATURI, Amitabh S. und TSUBAKITANI, Shigeru (1990). „Cutting Big M Down to Size“. In: *Interfaces* 20.5, S. 61–66.

CARDIN, Olivier, DERIGENT, William und TRENTESAUX, Damien (2018). „Evolution of holonic control architectures towards Industry 4.0: A short overview“. In: *IFAC-PapersOnLine* 51.11, S. 1243–1248.

CARDIN, Olivier, TRENTESAUX, Damien u. a. (2017). „Coupling predictive scheduling and reactive control in manufacturing hybrid control architectures: state of the art and future challenges“. In: *Journal of Intelligent Manufacturing* 28.7, S. 1503–1517.

CAUMOND, A. u. a. (2009). „An MILP for scheduling problems in an FMS with one vehicle“. In: *European Journal of Operational Research* 199.3, S. 706–722.

ČECH, Martin u. a. (2020). „Autonomous Mobile Robot Technology for Supplying Assembly Line in the Automotive Industry“. In: *Acta logistica (AL)* 7.2, S. 103–109. (Besucht am 07. 05. 2022).

CHAUDHRY, I. A., MAHMOOD, S. und SHAMI, M. (2011). „Simultaneous scheduling of machines and automated guided vehicles in flexible manufacturing systems using genetic algorithms“. In: *Journal of Central South University* 18.5, S. 1473–1486.

CHAUDHRY, Imran Ali und KHAN, Abid Ali (2016). „A research survey: review of flexible job shop scheduling techniques“. In: *International Transactions in Operational Research* 23.3, S. 551–591.

CHAUDHRY, Imran Ali, RAFIQUE, Amer Farhan u. a. (2022). „Integrated scheduling of machines and automated guided vehicles (AGVs) in flexible job shop environment using genetic algorithms“. In: *International Journal of Industrial Engineering Computations* 13.3, S. 343–362.

CHEUNG, Kevin K. H., GLEIXNER, Ambros und STEFFY, Daniel E. (2017). „Verifying Integer Programming Results“. In: *Integer Programming and Combinatorial Optimization.* Hrsg. von Friedrich EISENBRAND und Jochen KOENEMANN. Bd. 10328. Lecture Notes in Computer Science. Cham: Springer International Publishing, S. 148–160.

CHIRN, Jin-Lung und MCFARLANE, D. C. (2000a). „A component-based approach to the holonic control of a robot assembly cell“. In: *Proceedings 2000 ICRA. Millennium Conference. IEEE International Conference on Robotics and Automation. Symposia Proceedings (Cat. No.00CH37065).* IEEE, S. 3701–3706.

CHIRN, Jin-Lung und MCFARLANE, D. C. (2000b). „A holonic component-based approach to reconfigurable manufacturing control architecture“. In: *Proceedings 11th International Workshop on Database and Expert Systems Applications.* IEEE Comput. Soc, S. 219–223.

CHRISTENSEN, James H. (1994). „Holonic Manufacturing Systems: Initial Architecture and Standards Directions“. In: *Holonic Manufacturing - a Promising new Technology for Manufacturing in the 21st Century*, S. 1–20.

CORRÊA, Henrique Luiz (2001). „Agile Manufacturing as the 21st Century Strategy for Improving Manufacturing Competitiveness“. In: *Agile Manufacturing: The 21st Century Competitive Strategy.* Hrsg. von A. GUNASEKARAN. Elsevier, S. 3–23.

CREMA, Alejandro (2014). „Mathematical programming approach to tighten a Big-M formulation“. In: *Optimization Online* 2014.8, S. 1–20. URL: `http://www.optimization-online.org/DB_FILE/2014/08/4483.pdf` (besucht am 20. 02. 2022).

CRUZ SALAZAR, Luis Alberto u. a. (2019). „Cyber-physical production systems architecture based on multi-agent's design pattern comparison of selected approaches mapping four agent patterns“. In: *The International Journal of Advanced Manufacturing Technology* 105.9, S. 4005–4034.

DANG, Quang-Vinh und NGUYEN, Lam (2016). „A Heuristic Approach to Schedule Mobile Robots in Flexible Manufacturing Environments“. In: *Procedia CIRP* 40, S. 390–395.

DANGELMAIER, -Ing. Wilhelm (2009). „Ein formales Modell und eine Klassifikation für die Produktionsplanung und -steuerung“. In: *Theorie der Produktionsplanung und -steuerung.* Hrsg. von Wilhelm DANGELMAIER. Berlin, Heidelberg: Springer, S. 15–166.

DANTZIG, G. B. und RAMSER, J. H. (1959). „The Truck Dispatching Problem“. In: *Management Science* 6.1, S. 80–91.

DEB, Kalyanmoy (2008). *Multiobjective Optimization: Interactive and Evolutionary Approaches.* Bd. 5252. Lecture Notes in Computer Science. Berlin, Heidelberg: Springer.

DEIF, Ahmed M. und ELMARAGHY, Hoda A. (2007a). „Assessing capacity scalability policies in RMS using system dynamics“. In: *International Journal of Flexible Manufacturing Systems* 19.3, S. 128–150.

DEIF, Ahmed M. und ELMARAGHY, Waguih (2007b). „Investigating optimal capacity scalability scheduling in a reconfigurable manufacturing system“. In: *The International Journal of Advanced Manufacturing Technology* 32.5-6, S. 557–562.

DEMPE, Stephan (2006). *Operations Research: Deterministische Modelle und Methoden.* Springer eBook Collection. Wiesbaden: Teubner.

DERIGENT, William, CARDIN, Olivier und TRENTESAUX, Damien (2021). „Industry 4.0: contributions of holonic manufacturing control architectures and future challenges“. In: *Journal of Intelligent Manufacturing* 32.7, S. 1797–1818.

DIN DEUTSCHES INSTITUT FÜR NORMUNG E. V. (1. Sep. 2003). *Fertigungsverfahren Fügen: Teil 0: Allgemeines – Einordnung, Unterteilung, Begriffe (DIN 8593-0:2003-09).*

DIN DEUTSCHES INSTITUT FÜR NORMUNG E. V. (2016a). *Grundsätze der Ergonomie für die Gestaltung von Arbeitssystemen (ISO 6385:2016); Deutsche Fassung EN ISO 6385:2016.* Berlin.

DIN DEUTSCHES INSTITUT FÜR NORMUNG E. V. (1. Apr. 2016b). *Reference architecture model industrie 4.0 (RAMI 4.0): English translation of din spec 91345:2016-04.*

DIN DEUTSCHES INSTITUT FÜR NORMUNG E. V. (1. Apr. 2016c). *Referenzarchitekturmodell Industrie 4.0 (RAMI4.0) (DIN SPEC 91345).* Berlin.

DIN DEUTSCHES INSTITUT FÜR NORMUNG E. V. (1. Okt. 2020). *Ergonomie der Mensch-System-Interaktion: Teil 110: Interaktionsprinzipien (ISO 9241-110:2020).*

DOMSCHKE, Wolfgang u. a. (2015). *Einführung in Operations Research.* 9. Aufl. Berlin und Heidelberg: Springer Gabler.

DONKEY MOTION (2019). „Datenblatt Donkey-M-HL-1612-Lift-Joy: Product Code9060140“. In: URL: `https://www.donkey-motion.de/product_files/data_sheets/data_sheet_DonkeyM_HL_1612_Lift_Joy_9060140_en_de.pdf` (besucht am 03. 09. 2021).

DPA (27. Nov. 2016). „Audi plant eine Revolution: Keine Fließbänder mehr“. In: *Handelsblatt.* URL: `https://www.handelsblatt.com/unternehmen/industrie/keine-fliessbaender-mehr-was-sich-audi-von-der-umstellung-verspricht/14894190-2.html` (besucht am 05. 07. 2020).

DROUOT, Adrien u. a. (2018). „Measurement Assisted Assembly for High Accuracy Aerospace Manufacturing“. In: *IFAC-PapersOnLine* 51.11, S. 393–398.

DUDENREDAKTION (2019). *Duden - Deutsches Universalwörterbuch: Das umfassende Bedeutungswörterbuch der deutschen Gegenwartssprache.* 9. Aufl. Berlin: Bibliographisches Institut GmbH.

DUFFIE, Neil A. (2008). „Challenges in Design of Heterarchical Controls for Dynamic Logistic Systems“. In: *Dynamics in Logistics*. Hrsg. von Hans-Jörg KREOWSKI, Bernd SCHOLZ-REITER und Hans-Dietrich HAASIS. Berlin, Heidelberg: Springer, S. 3–24.

DYCKHOFF, Harald (1992). *Betriebliche Produktion: Theoretische Grundlagen einer umweltorientierten Produktionswirtschaft.* Berlin und Heidelberg: Springer.

EDMONDSON, N. F. und REDFORD, A. H. (2002). „Generic flexible assembly system design“. In: *Assembly Automation* 22.2, S. 139–152.

EILERS, Jan (2015). *Methodik zur Planung skalierbarer und rekonfigurierbarer Montagesysteme: Dissertation.* 1. Aufl. Bd. Band 9/2015. Fertigungsmesstechnik & Qualitätsmanagement. Aachen: Apprimus.

EISELE, Michael (2018). „Ein Verfahren zur Planung von verschwendungsarmen getakteten Fließmontagen“. Dissertation. Stuttgart: Universität Stuttgart.

ELMARAGHY, H., SCHUH, G. u. a. (2013). „Product variety management“. In: *CIRP Annals* 62.2, S. 629–652.

ELMARAGHY, Hoda A. (2005). „Flexible and reconfigurable manufacturing systems paradigms“. In: *International journal of flexible manufacturing systems* 17.4, S. 261–276.

ELMARAGHY, Hoda A. und WIENDAHL, H.-P. (2009). „Changeability – An Introduction“. In: *Changeable and Reconfigurable Manufacturing Systems.* Hrsg. von Hoda A. ELMARAGHY. Bd. 55. Springer Series in Advanced Manufacturing. London: Springer, S. 3–24.

ELSHERBENY, Nasser A. (2010). „Vehicle routing with time windows: An overview of exact, heuristic and metaheuristic methods“. In: *Journal of King Saud University - Science* 22.3, S. 123–131.

ELVIKIS, Donatas, HAMACHER, Horst W. und KALSCH, Marcel T. (2007). *Scheduling and Location (ScheLoc): Makespan Problem with Variable Release Dates.* URL: `https://kluedo.ub.uni-kl.de/frontdoor/deliver/index/docId/1835/file/ElHK07_nr106_kalsch.pdf` (besucht am 05. 08. 2022).

ELVIKIS, Donatas, HAMACHER, Horst W. und KALSCH, Marcel T. (2009). „Simultaneous scheduling and location (ScheLoc): the planar ScheLoc makespan problem“. In: *Journal of Scheduling* 12.4, S. 361–374.

EVERSHEIM, Walter (2002). *Organisation in der Produktionstechnik 3: Arbeitsvorbereitung.* 4. Aufl. VDI-Buch. Berlin, Heidelberg: Springer.

EWERT, Daniel (2014). *Adaptive Ablaufplanung für die Fertigung in der Factory of the Future: Zugl.: Aachen, Techn. Hochsch., Diss., 2013.* Als Ms. gedr. Bd. 830. Fortschritt-Berichte VDI Reihe 10, Informatik/Kommunikation. Düsseldorf: VDI-Verl.

FARAHANI, Reza Zanjirani, ABEDIAN, Maryam und SHARAHI, Sara (2009). „Dynamic Facility Location Problem: Chapter 15“. In: *Facility Location.* Hrsg. von Reza ZANJIRANI FARAHANI und Masoud HEKMATFAR. Contributions to management science. Heidelberg: Physica-Verlag, S. 347–372.

FARID, Amro M. und RIBEIRO, Luis (2015). „An Axiomatic Design of a Multiagent Reconfigurable Mechatronic System Architecture“. In: *IEEE Transactions on Industrial Informatics* 11.5, S. 1142–1155.

FENSEL, Dieter (2004). *Ontologies: A Silver Bullet for Knowledge Management and Electronic Commerce*. 2. Aufl. Berlin, Heidelberg: Springer.

FLETCHER, Martyn u. a. (2003). „The Cambridge Packing Cell – A Holonic Enterprise Demonstrator“. In: *Multi-Agent Systems and Applications III*. Hrsg. von Vladimír MAŘÍK. Springer eBook Collection Computer Science. Berlin, Heidelberg: Springer, S. 533–543.

FLORIAN KARL (2014). *Bedarfsermittlung und Planung von Rekonfigurationen an Betriebsmitteln*. München: Herbert Utz Verlag.

FOITH-FÖRSTER, Petra und BAUERNHANSL, Thomas (2015). „Changeable and reconfigurable assembly systems – A structure planning approach in automotive manufacturing“. In: *15. Internationales Stuttgarter Symposium*. Hrsg. von Michael BARGENDE, Hans-Christian REUSS und Jochen WIEDEMANN. Proceedings. Wiesbaden: Springer Vieweg, S. 1173–1192.

FORTET, R. (1960). „L'algebre de Boole et ses applications en recherche operationnelle“. In: *Trabajos de Estadistica* 11.2, S. 111–118.

FRANCIS, Peter M., SMILOWITZ, Karen R. und TZUR, Michal (2008). „The Period Vehicle Routing Problem and its Extensions“. In: *The Vehicle Routing Problem: Latest Advances and New Challenges*. Hrsg. von Bruce GOLDEN, S. RAGHAVAN und Edward WASIL. Boston, MA: Springer US, S. 73–102.

GAMBOA QUINTANILLA, Francisco u. a. (2016). „Virtual Commissioning-Based Development and Implementation of a Service-Oriented Holonic Control for Retrofit Manufacturing Systems“. In: *Service Orientation in Holonic and Multi-Agent Manufacturing*. Hrsg. von Theodor BORANGIU u. a. Bd. 640. Studies in Computational Intelligence. Cham: Springer International Publishing, S. 233–242.

GANGULY, Anirban, NILCHIANI, Roshanak und FARR, John v. (2009). „Evaluating agility in corporate enterprises“. In: *International Journal of Production Economics* 118.2, S. 410–423.

GASS, Saul und SAATY, Thomas (1955). „The computational algorithm for the parametric objective function“. In: *Naval Research Logistics Quarterly* 2.1-2, S. 39–45.

GIRET, Adriana und BOTTI, Vicente (2004). „Holons and agents“. In: *Journal of Intelligent Manufacturing* 15.5, S. 645–659.

GNANAVEL BABU, A. u. a. (2010). „Scheduling of machines and automated guided vehicles in FMS using differential evolution“. In: *International Journal of Production Research* 48.16, S. 4683–4699.

GOLA, Arkadiusz und ŚWIC, Antoni (o. D.). „Directions of Manufacturing Systems' Evolution from the Flexibilty Level Point of View“. In: *Manufacturing and Engineering Developments*. Hrsg. von Shaobo ZHONG und Yiqiang ZHANG. Applied Mechanics and Materials. Trans Tech Publications Ltd., S. 226–238.

GOLDMAN, Steven L. u. a. (1996). *Agil im Wettbewerb: Die Strategie der virtuellen Organisation zum Nutzen des Kunden.* Berlin, Heidelberg: Springer.

GOMORY, Ralph E. (1958). „Outline of an algorithm for integer solutions to linear programs". In: *Bulletin of the American Mathematical Society* 64.5, S. 275–278.

GÖPPERT, Amon, MOHRING, Leon und SCHMITT, Robert H. (2021). „Predicting performance indicators with ANNs for AI-based online scheduling in dynamically interconnected assembly systems". In: *Production Engineering* 15.5, S. 619–633.

GÖTZ, Robert (1991). *Strukturierte Planung flexibel automatisierter Montagesysteme für flächige Bauteile.* Bd. 39. iwb Forschungsberichte, Berichte aus dem Institut für Werkzeugmaschinen und Betriebswissenschaften der Technischen Universität München. Berlin, Heidelberg und s.l.: Springer Berlin Heidelberg.

GRAHAM, R. L. u. a. (1979). „Optimization and Approximation in Deterministic Sequencing and Scheduling: a Survey". In: *Discrete Optimization II, Proceedings of the Advanced Research Institute on Discrete Optimization and Systems Applications of the Systems Science Panel of NATO and of the Discrete Optimization Symposium co-sponsored by IBM Canada and SIAM Banff, Aha. and Vancouver.* Bd. 5. Annals of Discrete Mathematics. Elsevier, S. 287–326.

GRÄSSLER, Iris und PÖHLER, Alexander (2017). „Implementation of an Adapted Holonic Production Architecture". In: *Procedia CIRP* 63, S. 138–143.

GRESCHKE, Peter (2018). „Matrix-Produktion als Konzept einer taktunabhängigen Fließfertigung". Dissertation. Braunschweig: Technische Universität Braunschweig.

GRODZEVICH, Oleg und ROMANKO, Oleksandr (2006). „Normalization and Other Topics in Multi-Objective Optimization". In: *Proceedings of the Fields–MITACS Industrial Problems Workshop.* Hrsg. von Dhavide A. ARULIAH und Gregory M. LEWIS. Ontario: The Fields Institute for Research in Mathematical Science, S. 89–102.

GUMMERSBACH, Alfons u. a. (2017). *Produktionsmanagement: Mit zahlreichen Abbildungen und Praxisanwendungen ; dieses Buch ist auf der Basis der von REFA entwickelten Methodenlehren des Arbeitsstudiums, der Betriebsorganisation, der Planung und Steuerung und der REFA-Fachbücher erstellt worden.* 6., überarbeitete und erweiterte Auflage. Hamburg: Handwerk und Technik.

GÜNTHER, Hans Otto und TEMPELMEIER, Horst (2005). *Produktion und Logistik.* 6. Aufl. Berlin: Springer.

GÜNTHNER, Willibald A., Hrsg. (2007). *Neue Wege in der Automobillogistik: Die Vision der Supra-Adaptivität.* VDI-Buch. Berlin, Heidelberg: Springer.

GUROBI OPTIMIZATION (2016). *Algorithms in Gurobi.* URL: `https://assets.gurobi.com/pdfs/user-events/2016-frankfurt/Die-Algorithmen.pdf` (besucht am 23. 05. 2022).

GUROBI OPTIMIZATION, LLC., Hrsg. (2021). *Gurobi Optimizer Reference Manual: Version 9.1.* URL: `https://www.gurobi.com/wp-content/plugins/hd_documentations/documentation/9.1/refman.pdf` (besucht am 20. 02. 2022).

HANS ULRICH (1978). „Der systemorientierte Ansatz in der Betriebswirtschaftslehre". In: *Auffassungen und Wissenschaftsziele der Betriebswirtschaftslehre.* Hrsg. von Marcell SCHWEITZER. Bd. 502. Wege der Forschung. Darmstadt: Wiss. Buchges, S. 271–291.

HENNES, Hamacher (2002). *Integrated Scheduling and Location Models: Single Machine Makespan Problems.*

HESSLER, Corinna und DEGHDAK, Kaouthar (2017). „Discrete parallel machine makespan ScheLoc problem". In: *Journal of Combinatorial Optimization* 34.4, S. 1159–1186.

HILDEBRANDT, Constantin u. a. (2017). „Semantic modeling for collaboration and cooperation of systems in the production domain". In: *2017 22nd IEEE International Conference on Emerging Technologies and Factory Automation.* Piscataway, NJ: IEEE, S. 1–8.

HILLIER, Frederick S. und LIEBERMAN, Gerald J. (2015). *Introduction to operations research.* 10. ed. New York, NY: McGraw-Hill Education.

HOCHBAUM, Dorit S. (1982). „Heuristics for the fixed cost median problem". In: *Mathematical Programming* 22.1, S. 148–162.

HOFMANN, Constantin Carl (2021). *Vorausschauende und reaktive Mehrzieloptimierung für die Produktionssteuerung einer Matrixproduktion.* 1. Auflage. Bd. 250. Forschungsberichte aus dem wbk, Institut für Produktionstechnik Universität Karlsruhe. Düren: Shaker.

HOLVOET, Tom, WEYNS, Danny und VALCKENAERS, Paul (2009). „Patterns of Delegate MAS". In: *2009 Third IEEE International Conference on Self-Adaptive and Self-Organizing Systems.* IEEE, S. 1–9.

HOMAYOUNI, Seyed Mahdi und FONTES, Dalila B. M. M. (2019). „Joint scheduling of production and transport with alternative job routing in flexible manufacturing systems". In: *International Conference on Multidimensional Role of Basic Science in Advanced Technology ICMBAT 2018.* Hrsg. von Sangita P. WANKHEDE u. a. AIP Conference Proceedings. AIP Publishing, 020045-1 bis 020045–4.

HOPPE, Gerd (2017). „High Performance Automation verbindet IT und Produktion". In: *Handbuch Industrie 4.0 Bd. 2.* Hrsg. von Birgit VOGEL-HEUSER, Thomas BAUERNHANSL und Michael ten HOMPEL. Springer Reference Technik. Berlin: Springer Vieweg, S. 119–143.

HOPPE, S. (2014). „Standardisierte horizontale und vertikale Kommunikation: Status und Ausblick". In: *Industrie 4.0 in Produktion, Automatisierung und Logistik: Anwendung, Technologien und Migration.* Hrsg. von Thomas BAUERNHANSL, Michael HOMPEL ten und Birgit VOGEL-HEUSER. Springer, S. 325–341.

HU, S. J. u. a. (2011). „Assembly system design and operations for product variety". In: *CIRP Annals* 60.2, S. 715–733.

HUGOSON, Mats-Åke (2009). „Centralized versus Decentralized Information Systems". In: *History of Nordic Computing 2.* Hrsg. von John IMPAGLIAZZO, Timo JÄRVI und Petri PAJU. Bd. 303. IFIP Advances in Information and Communication Technology. Berlin, Heidelberg: Springer Berlin Heidelberg, S. 106–115.

HURINK, Johann und KNUST, Sigrid (2005). „Tabu search algorithms for job-shop problems with a single transport robot“. In: *European Journal of Operational Research* 162.1, S. 99–111.

HUTH, Carsten (2004). „Groupware-basiertes Ad-hoc-Workflow-Management“. Paderborn, Univ., Diss., 2004. Paderborn.

HÜTTEMANN, G. (2017). *Wandlungsfähige Montage in frei vernetzten Montagesystemen (freeMoVe).* URL: https://www.wzl.rwth-aachen.de/go/id/eelhc (besucht am 22. 07. 2022).

HÜTTEMANN, Guido (2021). *Model-based A Priori Analysis of Line-less Mobile Assembly Systems.* 1. Aufl. Ergebnisse aus der Produktionstechnik. Aachen: Apprimus Verlag.

HÜTTEMANN, Guido, BUCKHORST, Armin F. und SCHMITT, Robert H. (2019). „Modelling and Assessing Line-less Mobile Assembly Systems“. In: *Procedia CIRP* 81, S. 724–729.

HÜTTEMANN, Guido, GAFFRY, Christian und SCHMITT, Robert H. (2016). „Adaptation of Reconfigurable Manufacturing Systems for Industrial Assembly – Review of Flexibility Paradigms, Concepts, and Outlook“. In: *Procedia CIRP* 52, S. 112–117.

HÜTTEMANN, Guido, GÖPPERT, Amon u. a. (2017). „Dynamically Interconnected Assembly Systems: Concept Definition, Requirements and Applicability Analysis“. In: *7. WGP-Jahreskongress Aachen, 5.-6. Oktober 2017.* Hrsg. von Robert SCHMITT und Günther SCHUH. Aachen: Apprimus Wissenschaftsverlag, S. 261–268.

HWANG, Ching-Lai (1979). *Multiple Objective Decision Making - Methods and Applications: A State-of-the-Art Survey.* Bd. 164. Springer eBook Collection. Berlin und Heidelberg: Springer.

IBM CORP., Hrsg. (2017). *IBM ILOG CPLEX Optimization Studio CPLEX User's Manual: Version 12 Release 8.* URL: https://www.ibm.com/docs/en/SSSA5P_12.8.0/ilog.odms.studio.help/pdf/usrcplex.pdf (besucht am 20. 02. 2022).

INDUSTRIAL INTERNET CONSORTIUM (1. Juni 2019). *The Industrial Internet of Things Volume G1: Reference Architecture: Version 1.9.* URL: https://www.iiconsortium.org/pdf/IIRA-v1.9.pdf (besucht am 13. 06. 2022).

INDUSTRIAL VALUE CHAIN INITIATIVE (2018). *Strategic implementation framework of industrial value chain for connected industries: Industrial value chain reference architecture Next.* URL: https://iv-i.org/wp/wp-content/uploads/2018/04/IVRA-Next_en.pdf (besucht am 05. 08. 2022).

IÑIGO-BLASCO, Pablo u. a. (2012). „Robotics software frameworks for multi-agent robotic systems development“. In: *Robotics and Autonomous Systems* 60.6, S. 803–821.

INTERNATIONAL ELECTROTECHNICAL COMMISSION (1. Juli 2020). *Industrial-process measurement, control and automation – Life-cycle-management for systems and components.*

JEFFERSON, Thomas G., BENARDOS, Panorios und RATCHEV, Svetan (2016). „Reconfigurable Assembly System Design Methodology: A Wing Assembly Case Study“. In: *SAE International Journal of Materials and Manufacturing* 9.1, S. 31–48.

JENNINGS, Nicholas R. (2001). „An agent-based approach for building complex software systems“. In: *Communications of the ACM* 44.4, S. 35–41.

JIMENEZ, Jose-Fernando, BEKRAR, Abdelghani, TRENTESAUX, Damien u. a. (2015). „Governance mechanism in control architectures for flexible manufacturing systems“. In: *IFAC-PapersOnLine* 48.3, S. 1093–1098.

JIMENEZ, Jose-Fernando, BEKRAR, Abdelghani, ZAMBRANO-REY, Gabriel u. a. (2017). „Pollux: a dynamic hybrid control architecture for flexible job shop systems“. In: *International Journal of Production Research* 55.15, S. 4229–4247.

JOHNSON, Donald B. (1977). „Efficient Algorithms for Shortest Paths in Sparse Networks“. In: *Journal of the ACM* 24.1, S. 1–13.

JONAS, Christian und REINHART, G., Hrsg. (2000). *Konzept einer durchgängigen, rechnergestützten Planung von Montageanlagen: Zugl.: München, Techn. Univ., Diss., 2000.* Bd. 145. Forschungsberichte / IWB. München: Utz.

KACEM, I., HAMMADI, S. und BORNE, P. (2002). „Approach by localization and multiobjective evolutionary optimization for flexible job-shop scheduling problems“. In: *IEEE Transactions on Systems, Man and Cybernetics, Part C (Applications and Reviews)* 32.1, S. 1–13.

KACPRZYK, Janusz und LIU, Baoding (2009). *Theory and Practice of Uncertain Programming.* Bd. 239. Berlin, Heidelberg: Springer Berlin Heidelberg.

KALLRATH, Josef (2013). *Gemischt-ganzzahlige Optimierung: Modellierung in der Praxis.* Wiesbaden: Springer Fachmedien.

KALSCH, Marcel T. und DREZNER, Zvi (2010). „Solving scheduling and location problems in the plane simultaneously“. In: *Computers & Operations Research* 37.2, S. 256–264.

KARAOGLAN, Ismail und ALTIPARMAK, Fulya (2015). „A memetic algorithm for the capacitated location-routing problem with mixed backhauls“. In: *Computers & Operations Research* 55, S. 200–216.

KASANA, Harvir Singh und KUMAR, Krishna Dev (2004). *Introductory Operations Research: Theory and Applications.* Berlin, Heidelberg: Springer.

KATALINIC, Branko u. a. (2019). „Hybrid Control Structure and Reconfiguration Capabilities in Bionic Assembly System“. In: *Advanced Control Techniques in Complex Engineering Systems: Theory and Applications.* Hrsg. von Yuriy P. KONDRATENKO u. a. Bd. 203. Studies in Systems, Decision and Control. Cham: Springer International Publishing, S. 259–277.

KATERINA LEPENIOTI u. a. (2020). „Prescriptive analytics: Literature review and research challenges“. In: *International Journal of Information Management* 50, S. 57–70.

KELLNER, Florian, LIENLAND, Bernhard und LUKESCH, Maximilian (2018). *Produktionswirtschaft.* Berlin, Heidelberg: Springer.

KERN, W. und BAUERNHANSL, T. (2018). „Types and Usage of Assembly Priority Charts in Modular Assembly Systems“. In: *DEStech Transactions on Engineering and Technology Research* icpr.

KERN, Wolfgang (2021). *Modulare Produktion.* Wiesbaden: Springer Fachmedien.

KERN, Wolfgang, RUSITSCHKA, Fabian u. a. (2015). „Alternatives to assembly line production in the automotive industry“. In: *Proceedings of the 23rd International Conference on Production Research (ICPR).*

KLAUS-DIETER ARNDT (2007). „Arbeitswissenschaft: Arbeitsvorbereitung und Arbeitsplanung“. In: *Vieweg Handbuch Maschinenbau.* Hrsg. von Alfred BÖGE. Wiesbaden: Vieweg+Teubner, S. 1403–1429.

KLEINEMEIER, M. (2014). „Von der Automatisierungspyramide zu Unternehmensteuerungsnetzwerken“. In: *Industrie 4.0 in Produktion, Automatisierung und Logistik: Anwendung, Technologien und Migration.* Hrsg. von Thomas BAUERNHANSL, Michael HOMPEL ten und Birgit VOGEL-HEUSER. Springer, S. 571–579.

KLETTI, Jürgen (2015). *MES - Manufacturing Execution System.* Berlin, Heidelberg: Springer.

KLOTZ, Ed und NEWMAN, Alexandra M. (2013). „Practical guidelines for solving difficult mixed integer linear programs“. In: *Surveys in Operations Research and Management Science* 18.1-2, S. 18–32.

KLUGE-WILKES, Aline und SCHMITT, Robert H. (2022). „Dynamic Task Allocation for Cooperating, Heterogeneous Assembly Resources in LMAS“. In: *Towards Sustainable Customization: Bridging Smart Products and Manufacturing Systems.* Hrsg. von Ann-Louise ANDERSEN u. a. Lecture Notes in Mechanical Engineering. Cham: Springer International Publishing, S. 535–542.

KOCH, Thorsten u. a. (2011). „MIPLIB 2010“. In: *Mathematical Programming Computation* 3.2, S. 103–163.

KOESTLER, Arthur (1967). *The Ghost in the machine.* Reprint ed. New York: Last Century Media.

KOREN, Y., HEISEL, U. u. a. (1999). „Reconfigurable Manufacturing Systems“. In: *CIRP Annals* 48.2, S. 527–540.

KOREN, Yoram, Hrsg. (2010a). *The Global Manufacturing Revolution.* Hoboken, NJ: John Wiley & Sons Inc.

KOREN, Yoram (2010b). „Traditional Manufacturing Systems“. In: *The Global Manufacturing Revolution.* Hrsg. von Yoram KOREN. Bd. 47/1. Hoboken, NJ: John Wiley & Sons Inc., S. 148–174.

KOREN, Yoram, HU, S. Jack und WEBER, Thomas W. (1998). „Impact of Manufacturing System Configuration on Performance“. In: *CIRP Annals* 47.1, S. 369–372.

KOREN, Yoram und SHPITALNI, Moshe (2011). „Design of reconfigurable manufacturing systems“. In: *Journal of Manufacturing Systems* 29.4, S. 130–141.

KÖTTER, Wolfgang, SCHWARZ-KOCHER, Martin und ZANKER, Christoph, Hrsg. (2016). *Balanced GPS: Ganzheitliche Produktionssysteme mit stabil-flexiblen Standards und konsequenter Mitarbeiterorientierung.* 1. Aufl. Fachmedien: Springer Gabler.

KÜBER, Christian (2017). *Methode zur Planung modularer, produktflexibler Montagekonfigurationen in der variantenreichen Serienmontage am Beispiel der Automobilindustrie.* Stuttgart: Fraunhofer Verlag.

KUBICEK, Herbert (1977). „Heuristische Bezugsrahmen und heuristisch angelegte Forschungsdesigns als Elemente einer Konstruktionsstrategie empirischer Forschung". In: *Empirische und handlungstheoretische Forschungskonzeptionen in der Betriebswirtschaftslehre.* Hrsg. von Richard KÖHLER. Bd. 16. Stuttgart: Poeschel, S. 3–36.

KUHN, H. W. (1955). „The Hungarian method for the assignment problem". In: *Naval Research Logistics Quarterly* 2.1-2, S. 83–97.

KUKA SYSTEMS GMBH (21. Feb. 2018). *Matrix-Produktion live erleben im KUKA SmartProduction Center.* URL: https://www.kuka.com/de-de/presse/news/2018/02/smartproductioncenter (besucht am 27. 06. 2020).

KULTUREL-KONAK, Sadan (2017). „A Matheuristic Approach for Solving the Dynamic Facility Layout Problem". In: *Procedia Computer Science* 108.1-4, S. 1374–1383.

KÜPPER, Daniel u. a. (2018). *Will Flexible-Cell Manufacturing Revolutionize Carmaking?* URL: https://image-src.bcg.com/Images/BCG-Will-Flexible-Cell-Manufacturing-Revolutionize-Carmaking-Oct-2018_tcm9-205177.pdf (besucht am 01. 10. 2021).

LACOMME, Philippe, LARABI, Mohand und TCHERNEV, Nikolay (2013). „Job-shop based framework for simultaneous scheduling of machines and automated guided vehicles". In: *International Journal of Production Economics* 143.1, S. 24–34.

LAMECHE, Khaled u. a. (2017). „Modularity in the design of reconfigurable manufacturing systems". In: *IFAC-PapersOnLine* 50.1, S. 3511–3516.

LAND, A. H. und DOIG, A. G. (1960). „An Automatic Method of Solving Discrete Programming Problems". In: *Econometrica* 28.3, S. 497.

LEITAO, P., COLOMBO, A. W. und RESTIVO, F. J. (2005). „ADACOR: A Collaborative Production Automation and Control Architecture". In: *IEEE Intelligent Systems* 20.1, S. 58–66.

LEITAO, Paulo Jorge Pinto (2004). „An Agile and Adaptive Holonic Architecture for Manufacturing Control". Diss. Braganca, Portugal: Polytechnic. URL: https://core.ac.uk/download/pdf/153403581.pdf (besucht am 12. 05. 2022).

LEITÃO, Paulo (2009). „Agent-based distributed manufacturing control: A state-of-the-art survey". In: *Engineering Applications of Artificial Intelligence* 22.7, S. 979–991.

LEITÃO, Paulo, BOISSIER, Raymond u. a. (2003). „Integration of Automation Resources in Holonic Manufacturing Applications". In: *Holonic and Multi-Agent Systems for Manufacturing.* Hrsg. von Gerhard GOOS u. a. Bd. 2744. Lecture Notes in Computer Science. Berlin, Heidelberg: Springer, S. 35–46.

LEITÃO, Paulo, CASAIS, Francisco und RESTIVO, Francisco (2005). „Holonic Manufacturing Control: A Practical Implementation". In: *Emerging Solutions for Future Manufacturing Systems.*

Hrsg. von Luis M. CAMARINHA-MATOS. Bd. 159. IFIP International Federation for Information Processing. Boston: Kluwer Academic Publishers, S. 33–44.

LEITÃO, Paulo und RESTIVO, Francisco (2006). „ADACOR: A holonic architecture for agile and adaptive manufacturing control“. In: *Computers in Industry* 57.2, S. 121–130.

LENSTRA, J. K. und KAN, A. H. G. Rinnooy (1981). „Complexity of vehicle routing and scheduling problems“. In: *Networks* 11.2, S. 221–227.

LETTL, Christopher (2004). *Die Rolle von Anwendern bei hochgradigen Innovationen.* Wiesbaden: Deutscher Universitätsverlag.

LI, Shi (2011). „A 1.488 Approximation Algorithm for the Uncapacitated Facility Location Problem“. In: *Automata, Languages and Programming.* Hrsg. von Luca ACETO, Monika HENZINGER und Jiří SGALL. Bd. 6756. Lecture Notes in Computer Science. Berlin, Heidelberg: Springer, S. 77–88.

LORENZER, Thomas (2011). *Wandelbarkeit in der Serienfertigung durch rekonfigurierbare Werkzeugmaschinen.*

LOTTER, Bruno und WIENDAHL, Hans-Peter (2006). *Montage in der industriellen Produktion: Ein Handbuch für die Praxis.* Berlin, New York: Springer.

LOUIS, Philipp (2009). *Manufacturing Execution Systems: Grundlagen und Auswahl.* Wiesbaden: Gabler Verlag, GWV Fachverlage GmbH.

LU, Yan, MORRIS, K. C. und FRECHETTE, Simon (1. Feb. 2016). *Current Standards Landscape for Smart Manufacturing Systems: NISTIR 8107.* Gaithersburg, MD. (Besucht am 09. 09. 2021).

LV, HongGuang und LU, Cong (2010). „An assembly sequence planning approach with a discrete particle swarm optimization algorithm“. In: *The International Journal of Advanced Manufacturing Technology* 50.5-8, S. 761–770.

M. ŁAWRYNOWICZ und J. JÓZEFCZYK (2019). „A memetic algorithm for the discrete scheduling-location problem with unrelated machines“. In: *2019 24th International Conference on Methods and Models in Automation and Robotics (MMAR)*, S. 158–163.

M. LIU und R. LIU (2019). „Risk-averse scheduling-location (ScheLoc) problem“. In: *2019 International Conference on Industrial Engineering and Systems Management (IESM)*, S. 1–6.

MALLACH, Sven (2021). „Inductive linearization for binary quadratic programs with linear constraints“. In: *4OR* 19.4, S. 549–570.

MAOUDJ, Abderraouf u. a. (2019). „Distributed multi-agent scheduling and control system for robotic flexible assembly cells“. In: *Journal of Intelligent Manufacturing* 30.4, S. 1629–1644.

MARIK, V. und MCFARLANE, D. (2005). „Industrial Adoption of Agent-Based Technologies“. In: *IEEE Intelligent Systems* 20.1, S. 27–35.

MAZINANI, Mostafa, ABEDZADEH, Mostafa und MOHEBALI, Navid (2013). „Dynamic facility layout problem based on flexible bay structure and solving by genetic algorithm“. In: *The International Journal of Advanced Manufacturing Technology* 65.5-8, S. 929–943.

MEHRABI, M. G., ULSOY, A. G., KOREN, Y. und HEYTLER, P. (2002). In: *Journal of Intelligent Manufacturing* 13.2, S. 135–146.

MEHRABI, Mostafa G., ULSOY, A. Galip und KOREN, Yoram (2000). „Reconfigurable manufacturing systems: Key to future manufacturing". In: *Journal of Intelligent manufacturing* 11.4, S. 403–419.

MERZ, Karl-Peter (1987). „Entwicklung einer Methode zur Planung der Struktur automatisierter Montagesysteme". Dissertation. Technische Hochschule Aachen. URL: `http://publications.rwth-aachen.de/record/71338?ln=de`.

MEYER, Gerben G., FRÄMLING, Kary und HOLMSTRÖM, Jan (2009). „Intelligent Products: A survey". In: *Computers in Industry* 60.3, S. 137–148.

MIETTINEN, Kaisa (1998). *Nonlinear Multiobjective Optimization.* 1. Aufl. Bd. 12. International Series in Operations Research and Management Science. Boston: Springer.

MOCNEJ, Jozef u. a. (2018). „Decentralised IoT Architecture for Efficient Resources Utilisation". In: *IFAC-PapersOnLine* 51.6, S. 168–173.

MÖNCH, Lars (2006). *Agentenbasierte Produktionssteuerung komplexer Produktionssysteme.* 1. Aufl. Wiesbaden: Deutscher Universitäts-Verlag.

MONDEN, Yasuhiro (1994). *Toyota Production System: An Integrated Approach to Just-In-Time.* Second Edition. Boston, MA: Springer US. URL: `http://dx.doi.org/10.1007/978-1-4615-9714-8`.

MONOSTORI, L., VÁNCZA, J. und KUMARA, S.R.T. (2006). „Agent-Based Systems for Manufacturing". In: *CIRP Annals* 55.2, S. 697–720.

MORARIU, Cristina, MORARIU, Octavian und BORANGIU, Theodor (2013). „Customer order management in service oriented holonic manufacturing". In: *Computers in Industry* 64.8, S. 1061–1072.

MOTZER, David, Hrsg. (2015). *Strukturalternative für die Aggregateaufrüstung einer automobilen Fertigung.* Wiesbaden: Springer Fachmedien.

NASIRI, Gholam Reza, FALLAH, Ali und DAVOUDPOUR, Hmid (2022). „A memetic algorithm for integrated location-inventory problem to optimize the total cost and customer service level". In: *International Journal of Integrated Supply Management* 15.1.

NOURI, Houssem Eddine, BELKAHLA DRISS, Olfa und GHÉDIRA, Khaled (2016). „Simultaneous Scheduling of Machines and a Single Moving Robot in a Job Shop Environment by Metaheuristics based Clustered Holonic Multiagent Model". In: *Proceedings of the 8th International Conference on Agents and Artificial Intelligence.* SciTePress, S. 51–62.

NOURI, Houssem Eddine, DRISS, Olfa Belkahla und GHÉDIRA, Khaled (2016). „Optimizing Robot Movements in Flexible Job Shop Environment by Metaheuristics Based on Clustered Holonic Multiagent Model". In: *Modeling decisions for artificial intelligence.* Hrsg. von Vicenç TORRA u. a. Bd. 9880. Cham: Springer, S. 275–288.

NYHUIS, P. u. a. (2008). „Wandlungsfähige Produktionssysteme: Theoretischer Hintergrund zur Wandlungsfähigkeit von Produktionssystemen“. In: *wt Werkstattstechnik online* 98.1, S. 85–91.

OCKER, Felix, VOGEL-HEUSER, Birgit und PAREDIS, Christiaan J. J. (2019). „Applying Semantic Web Technologies to Provide Feasibility Feedback in Early Design Phases“. In: *Journal of Computing and Information Science in Engineering* 19.4, S. 337.

OTTMANN, Thomas und WIDMAYER, Peter (2017). *Algorithmen und Datenstrukturen*. Berlin, Heidelberg: Springer.

PACH, Cyrille (2014). „ORCA : architecture hybride pour le contrôle de la myopie dans le cadre du pilotage des systèmes flexibles de production“. Dissertation. Université de Valenciennes.

PACH, Cyrille u. a. (2014). „ORCA-FMS: a dynamic architecture for the optimized and reactive control of flexible manufacturing scheduling“. In: *Computers in Industry* 65.4, S. 706–720.

PANJAITAN, Seno und FREY, Georg (2007). „Operation Modes Handling in Distributed Automation Systems“. In: *IFAC Proceedings Volumes* 40.6, S. 109–114.

PINNOI, Anulark und WILHELM, Wilbert E. (1998). „Assembly System Design: A Branch and Cut Approach“. In: *Management Science* 44.1, S. 103–118.

POPPER, Karl (1935). *Logik der Forschung: Zur Erkenntnistheorie der Modernen Naturwissenschaft*. Schriften zur Wissenschaftlichen Weltauffassung. Vienna: Springer.

POTENTE, Till (2014). *Einfluss der Montagestruktur auf die Leistungsentwicklung manueller Montagesysteme: Zugl.: Aachen, Techn. Hochsch., Diss., 2014*. 1. Aufl. Bd. 2014,26. Edition Wissenschaft Apprimus. Aachen: Apprimus Verlag.

PTC (2022). *ThingWorx IIoT Plattform: Den Erfolg mit der ThingWorx IIoT Lösungsplattform beschleunigen*. URL: `https://www.ptc.com/de/products/thingworx` (besucht am 20. 11. 2022).

PUJO, Patrick, BROISSIN, Nicolas und OUNNAR, Fouzia (2009). „PROSIS: An isoarchic structure for HMS control“. In: *Engineering Applications of Artificial Intelligence* 22.7, S. 1034–1045.

PUJO, Patrick, DUBROMELLE, Yves und OUNNAR, Fouzia (8. Juni 2010). „RFID Uses for Prosis Ambient Control“. In: *Proceedings of the 4th International Workshop on RFID Technology - Concepts, Applications, Challenges*. SciTePress - Science and Technology Publications, S. 81–88.

QUINTANILLA, Francisco Gamboa, CARDIN, Olivier und CASTAGNA, Pierre (2014). „Product Specification for Flexible Workflow Orchestrations in Service Oriented Holonic Manufacturing Systems“. In: *Service Orientation in Holonic and Multi-Agent Manufacturing and Robotics*. Hrsg. von Theodor BORANGIU, Damien TRENTESAUX und Andre THOMAS. Bd. 544. Studies in Computational Intelligence. Cham: Springer International Publishing, S. 177–193.

RABE, Markus, SPIECKERMANN, Sven und WENZEL, Sigrid (2008). *Verifikation und Validierung für die Simulation in Produktion und Logistik*. Berlin, Heidelberg: Springer.

RABINOWITZ, Gad, MEHREZ, Abraham und SAMADDAR, Subhashish (1991). „A scheduling model for multirobot assembly cells". In: *International Journal of Flexible Manufacturing Systems* 3.2, S. 149–180.

RAJABZADEH, Mohsen, ZIAEE, Mohsen und BOZORGI-AMIRI, Ali (2016). „Integrated approach in solving parallel machine scheduling and location (ScheLoc) problem". In: *International Journal of Industrial Engineering Computations*, S. 573–584.

RASHID, Mohd Fadzil Faisae, HUTABARAT, Windo und TIWARI, Ashutosh (2012). „A review on assembly sequence planning and assembly line balancing optimisation using soft computing approaches". In: *The International Journal of Advanced Manufacturing Technology* 59.1-4, S. 335–349.

ROA, Jairo, JIMENEZ, Jose-Fernando und ZAMBRANO-REY, Gabriel (2019). „Directive Mode for the Semi-Heterarchical Control Architecture of a Flexible Manufacturing system". In: *IFAC-PapersOnLine* 52.10, S. 19–24.

ROJAS-CUEVAS, Irma-Delia u. a. (2018). „Capacitated vehicle routing problem model for carriers". In: *Journal of Transport and Supply Chain Management* 12, S. 1–9.

ROSENBLATT, Meir J. (1986). „The Dynamics of Plant Layout". In: *Management Science* 32.1, S. 76–86.

RÖSSL, D. (1990). „Die Entwicklung eines Bezugsrahmens und seine Stellung im Forschungsprozeß". In: *Journal für Betriebswirtschaft* 2, S. 99–110.

RUMPE, Bernhard (2017). *Agile Modeling with UML.* Cham: Springer International Publishing.

SAKAROVITCH, Jacques (2009). *Elements of automata theory.* Cambridge, New York: Cambridge university press.

SARGENT, R. G. (2005). „Verification and validation of simulation models". In: *Proceedings of the 2005 Winter Simulation Conference.* IEEE, S. 130–143.

SARGENT, Robert G. (1996). „Verifying and validating simulation models". In: *Proceedings of the 1996 Winter Simulation Conference.* Hrsg. von J. M. CHARNES u. a. IEEE Computer Society, S. 55–61.

SARGENT, Robert G. (2010). „Verification and validation of simulation models". In: *Proceedings of the 2010 Winter Simulation Conference.* IEEE, S. 166–183.

SAWIK, Tadeusz (1999). *Production Planning and Scheduling in Flexible Assembly Systems.* Berlin, Heidelberg: Springer.

SCHAHINIAN, David (8. März 2018). *KUKA startet eine Pilotanlage für die Matrix-Produktion: Digital Ecosystems.* URL: https://www.hannovermesse.de/de/news/news-fachartikel/kuka-startet-eine-pilotanlage-fuer-die-matrix-produktion (besucht am 05. 07. 2020).

SCHANZ, G. (1987). „Wissenschaftstheoretische Grundfragen der Führungsforschung". In: *Handwörterbuch der Führung.* Hrsg. von Alfred KIESER. Enzyklopädie der Betriebswirtschaftslehre. Stuttgart: Poeschel, 2039ff.

SCHILD, Klaus und BUSSMANN, Stefan (2007). „Self-organization in manufacturing operations“. In: *Communications of the ACM* 50.12, S. 74–79.

SCHLICK, Christopher, BRUDER, Ralph und LUCZAK, Holger (2018a). „Arbeitspersonen“. In: *Arbeitswissenschaft*. Hrsg. von Christopher SCHLICK, Ralph BRUDER und Holger LUCZAK. Bd. 172. Berlin, Heidelberg: Springer, S. 59–139.

SCHLICK, Christopher, BRUDER, Ralph und LUCZAK, Holger, Hrsg. (2018b). *Arbeitswissenschaft*. Berlin, Heidelberg: Springer.

SCHMITT, Robert u. a. (2017). „Frei verkettete wandlungsfähige Montage“. In: *AWK Aachener Werkzeug\-maschinen-Kolloquium 2017 Internet of Production für agile Unternehmen*. Hrsg. von Günther SCHUH. Aachen: Apprimus Verlag, S. 339–368.

SCHNEEWEISS, Christoph (1999). *Hierarchies in Distributed Decision Making*. Berlin, Heidelberg: Springer.

SCHNEEWEISS, Christoph (2003). *Distributed Decision Making*. Berlin, Heidelberg: Springer.

SCHNEIDER, Michael und DREXL, Michael (2017). „A survey of the standard location-routing problem“. In: *Annals of Operations Research* 259.1-2, S. 389–414.

SCHOLZ, Daniel, Hrsg. (2012a). *Deterministic global optimization: Geometric branch-and-bound methods and their applications*. Bd. 63. Optimization and its Applications. New York, London: Springer.

SCHOLZ, Daniel (2012b). „Integrated scheduling and location problems“. In: *Deterministic global optimization*. Hrsg. von Daniel SCHOLZ. Optimization and its Applications. New York, London: Springer, S. 109–116.

SCHREYÖGG, Georg und KOCH, Jochen (2020). *Management*. Wiesbaden: Springer Fachmedien.

SCHRÖTER, Daniel (o. D.). „Entwicklung einer Methodik zur Planung von Arbeitssystemen in Mensch-Roboter-Kooperation“. Dissertation. Fraunhofer-Institut für Produktionstechnik und Automatisierung.

SCHUH, Günther (2007). *Produktionsplanung und -steuerung: Grundlagen, Gestaltung und Konzepte*. VDI-Buch. Dordrecht: Springer.

SCHUH, Günther und STICH, Volker, Hrsg. (2012). *Produktionsplanung und -steuerung*. 4. Aufl. VDI-Buch. Berlin und Heidelberg: Springer Vieweg.

SELS, Veronique, GHEYSEN, Nele und VANHOUCKE, Mario (2012). „A comparison of priority rules for the job shop scheduling problem under different flow time- and tardiness-related objective functions“. In: *International Journal of Production Research* 50.15, S. 4255–4270.

SETHI, AndreaKrasa und SETHI, SureshPal (1990). „Flexibility in manufacturing: A survey“. In: *International Journal of Flexible Manufacturing Systems* 2.4.

SEW EURODRIVE (2021). *Schaufensterfabrik: Unsere Smart Factory in Graben-Neudorf*. URL: `https://www.sew-eurodrive.de/automatisierung/fabrikautomatisierung/industrie-40/schaufensterfabrik/schaufensterfabrik.html`.

SHEREHIY, Bohdana, KARWOWSKI, Waldemar und LAYER, John K. (2007). „A review of enterprise agility: Concepts, frameworks, and attributes“. In: *International Journal of Industrial Ergonomics* 37.5, S. 445–460.

SIEDELHOFER, Christian u. a. (2017). „Konzept zur Rekonfiguration flexibler Montagesysteme“. In: *ZWF Zeitschrift für wirtschaftlichen Fabrikbetrieb* 112.3, S. 141–145.

SIEMENS AG (2022). *MindSphere: We empower industries to generate new insights.* URL: https://siemens.mindsphere.io/en (besucht am 20. 11. 2022).

SIEPMANN, David (2016). „Industrie 4.0 – Technologische Komponenten“. In: *Einführung und Umsetzung von Industrie 4.0: Grundlagen, Vorgehensmodell und Use Cases aus der Praxis.* Hrsg. von Armin ROTH. Berlin, Heidelberg: Springer Gabler, S. 47–72.

SPAETH, Andreas (4. Aug. 2018). *Mit der vierten Endmontage-Linie ins digitale Zeitalter.* URL: https://www.aero.de/news-29694/Wir-fuehren-ein-30-Jahre-altes-Flugzeug-in-das-digitale-Zeitalter-ein.html (besucht am 07. 06. 2022).

STACHOWIAK, Herbert (1973). *Allgemeine Modelltheorie.* Vienna: Springer.

STATISTISCHES BUNDESAMT (2022a). *Beschäftigte und Umsatz der Betriebe im Verarbeitenden Gewerbe: Deutschland, Jahre, Wirtschaftszweige (WZ2008 Hauptgruppen und Aggregate): Genesis Datenbankabruf.* URL: https://www-genesis.destatis.de/genesis/online?operation=abruftabelleBearbeiten&levelindex=1&levelid=1650270727789&auswahloperation=abruftabelleAuspraegungAuswaehlen&auswahlverzeichnis=ordnungsstruktur&auswahlziel=werteabruf&code=42271-0001&auswahltext=&werteabruf=Werteabruf#abreadcrumb (besucht am 18. 04. 2022).

STATISTISCHES BUNDESAMT (2022b). *Beschäftigte und Umsatz der Betriebe im Verarbeitenden Gewerbe: Deutschland, Jahre, Wirtschaftszweige: WZ2008 42111-0005.* Wiesbaden. URL: https://www-genesis.destatis.de/genesis/online?operation=abruftabelleBearbeiten&levelindex=1&levelid=1650273837718&auswahloperation=abruftabelleAuspraegungAuswaehlen&auswahlverzeichnis=ordnungsstruktur&auswahlziel=werteabruf&code=42111-0005&auswahltext=&werteabruf=Werteabruf#abreadcrumb (besucht am 18. 04. 2022).

STATISTISCHES BUNDESAMT (2022c). *Erwerbstätige und Arbeitnehmer nach Wirtschaftsbereichen (Inlandskonzept).* Wiesbaden. URL: https://www.destatis.de/DE/Themen/Arbeit/Arbeitsmarkt/Erwerbstaetigkeit/Tabellen/arbeitnehmer-wirtschaftsbereiche.html (besucht am 18. 04. 2022).

SVENSSON HARARI, Natalia (2015). *Design process of flexible assembly systems.* Bd. 218. Mälardalen University Press Licentiate Theses. Västerås: School of Innovation, Design and Engineering, Mälardalen University.

SWIFT, K. G. und BOOKER, J. D. (2013). *Manufacturing process selection handbook.* Amsterdam: Elsevier und Butterworth-Heinemann.

TERKAJ, W., TOLIO, T. und VALENTE, A. (2009a). „Focused Flexibility in Production Systems". In: *Changeable and Reconfigurable Manufacturing Systems*. Hrsg. von Hoda A. ELMARAGHY. Bd. 26. Springer Series in Advanced Manufacturing. London: Springer, S. 47–66.

TERKAJ, Walter, TOLIO, Tullio und VALENTE, Anna (2009b). „A Review on Manufacturing Flexibility". In: *Design of Flexible Production Systems*. Hrsg. von Tullio TOLIO. Bd. 37. Berlin, Heidelberg: Springer, S. 41–61.

THARUMARAJAH, A., WELLS, A. J. und NEMES, L. (11. Okt. 1998). „Comparison of emerging manufacturing concepts". In: *SMC'98 Conference Proceedings. 1998 IEEE International Conference on Systems, Man, and Cybernetics (Cat. No.98CH36218)*. IEEE, S. 325–331.

THE INSTRUMENTATION, SYSTEMS AND AUTOMATION SOCIETY (1995). *Models and terminology: Approved 23 October 1995 - ANSI/ISA–88.01–1995*. Bd. Part 1. Batch control. Research Triangle Park: ISA.

THE INSTRUMENTATION, SYSTEMS AND AUTOMATION SOCIETY (2013). *Activity Models of Manufacturing Operations Management: Approved 2013-07-08 - ANSI/ISA 95.00.03*. Bd. Part 3. Enterprise-Control System Integration. Research Triangle Park: ISA.

THOMAS, Stefan, MUNDT, Andreas und FRIEDLI, Thomas (2013). *Management globaler Produktionsnetzwerke: Strategie, Konfiguration, Koordination*. München: Hanser.

THOMOPOULOS, Nick T. (1970). „Mixed Model Line Balancing with Smoothed Station Assignments". In: *Management Science* 16.9, S. 593–603.

TOMCZAK, Torsten (1992). „Forschungsmethoden in der Marketingwissenschaft. Ein Plädoyer für den qualitativen Forschungsansatz". In: *Marketing ZFP* 14.2, S. 77–87.

TONI, A. de und TONCHIA, S. (1998). „Manufacturing flexibility: A literature review". In: *International Journal of Production Research* 36.6, S. 1587–1617.

TRENTESAUX, Damien u. a. (2013). „Benchmarking flexible job-shop scheduling and control systems". In: *Control Engineering Practice* 21.9, S. 1204–1225.

TSOURVELOUDIS, Nikos C. und VALAVANIS, Kimon P. (2002). „On the Measurement of Enterprise Agility". In: *Journal of Intelligent and Robotic Systems* 33.3, S. 329–342.

ULRICH, Hans, Hrsg. (1976). *Zum Praxisbezug der Betriebswirtschaftslehre in wissenschaftstheoretischer Sicht*. Bern: Haupt.

ULRICH, Hans (1981). „Die Betriebswirtschaftslehre als anwendungsorientierte Sozialwissenschaft". In: *Die Führung des Betriebes : Curt Sandig zu seinem 80. Geburtstag gewidmet*. Stuttgart: Poeschel, S. 1–25.

UNGER, Hendrik, MARKERT, Tobias und MÜLLER, Egon (2018). „Evaluation of use cases of autonomous mobile robots in factory environments". In: *Procedia Manufacturing* 17, S. 254–261.

VALCKENAERS, Paul (2019). „ARTI Reference Architecture – PROSA Revisited". In: *Service Orientation in Holonic and Multi-Agent Manufacturing*. Hrsg. von Theodor BORANGIU u. a. Bd. 803. Studies in Computational Intelligence. Cham: Springer International Publishing, S. 1–19.

VALCKENAERS, Paul u. a. (1998). „Designing Holonic manufacturing systems". In: *Robotics and Computer-Integrated Manufacturing* 1998.14, S. 455–464. (Besucht am 12. 05. 2022).

VAN BRUSSEL, Hendrik u. a. (1998). „Reference architecture for holonic manufacturing systems: PROSA". In: *Computers in Industry* 37.3, S. 255–274.

VAN DE MORTEL-FRONCZAK, J. M. und ROODA, J. E. (1997). „Heterarchical Control Systems for Production Cells - A Case Study". In: *IFAC Proceedings Volumes* 30.1, S. 213–218.

VERBAND DER AUTOMOBILINDUSTRIE (1. Jan. 2022). *Schnittstelle zur Kommunikation zwischen Fahrerlosen Transportfahrzeugen (FTF) und einer Leitsteuerung: VDA5050 - Version 2.0.0.* Berli. URL: https://www.vda.de/dam/jcr:a059f08e-15ad-4d9e-b285-c0f657bada3c/VDA5050-V2_0_0-DE.pdf (besucht am 18. 06. 2022).

VEREIN DEUTSCHER INGENIEURE (1. Mai 1990). *Montage- und Handhabungstechnik; Handhabungsfunktionen, Handhabungseinrichtungen; Begriffe, Definitionen, Symbole (VDI 2860 Blatt 1).* Berlin.

VEREIN DEUTSCHER INGENIEURE (1. Okt. 2005). *Fahrerlose Transportsysteme (FTS): VDI 2510.* Berlin.

VEREIN DEUTSCHER INGENIEURE (1. Okt. 2016). *Fertigungsmanagementsysteme (VDI 5600 Blatt 1).* Berlin.

VEREIN DEUTSCHER INGENIEURE (1. Feb. 2018). *Agentensysteme in der Automatisierungstechnik Entwicklung (VDI/VDE 2653 Blatt 2).*

VEREIN DEUTSCHER INGENIEURE (2020a). *Fertigungsmanagementsysteme: MES und Industrie 4.0 (VDI 5600 Blatt 7).* Berlin.

VEREIN DEUTSCHER INGENIEURE (1. Feb. 2020b). *Fertigungsmanagementsysteme: MES und Industrie 4.0 (VDI 5600 Blatt 7).* Berlin.

VEREIN DEUTSCHER INGENIEURE (1. Nov. 2021). *Entwicklung mechatronischer und cyber-physischer Systeme (VDI/VDE 2206).* Berlin.

VERSTRAETE, Paul u. a. (2008). „Engineering manufacturing control systems using PROSA and delegate MAS". In: *International Journal of Agent-Oriented Software Engineering* 2.1, S. 62.

VIELMA, Juan Pablo (2015). „Mixed Integer Linear Programming Formulation Techniques". In: *SIAM Review* 57.1, S. 3–57.

VOIGT, K.-I. und SCHORR, S. (2007). „Die Evolution des Flexibilitätsbegriffs hin zur Vision der Supra-Adaptivität". In: *Neue Wege in der Automobillogistik.* Hrsg. von Willibald A. GÜNTHNER. VDI-Buch. Berlin, Heidelberg: Springer, S. 41–52.

WANG, L., GIVEHCHI, M. u. a. (2012). „Robotic Assembly Planning and Control with Enhanced Adaptability: 45th CIRP Conference on Manufacturing Systems 2012". In: *Procedia CIRP* 3, S. 173–178.

WANG, Lihui und HAGHIGHI, Azadeh (2016). „Combined strength of holons, agents and function blocks in cyber-physical systems". In: *Journal of Manufacturing Systems* 40.2, S. 1–10.

WANG, Yong und TIAN (2016). „A weighted assembly precedence graph for assembly sequence planning“. In: *The International Journal of Advanced Manufacturing Technology* 83.1-4, S. 99–115.

WARNECKE, H. J., LÖHR, Hans-Günter und KIENER, Waldemar (1975). *Montagetechnik: Schwerpunkt der Rationalisierung.* Bd. 7. Buchreihe Produktionstechnik heute. Mainz: Krausskopf.

WARNECKE, Hans-Jürgen (1993). *Revolution der Unternehmenskultur: Das fraktale Unternehmen.* 2. Aufl. Berlin, Heidelberg: Springer.

WARNECKE, Hans-Jürgen (1995). *Der Produktionsbetrieb 2: Produktion, Produktionssicherung.* 3. Aufl. Berlin, Heidelberg: Springer.

WEBER, Jakob u. a. (2016). „Mobile Assembly Units as Enabler for Changeable Assembly Lines“. In: *Procedia CIRP* 44, S. 383–388.

WESTKÄMPER, E. und SCHLOSKE, A. (2018). „Fertigungs- und Fabrikbetrieb“. In: *Dubbel - Taschenbuch für den Maschinenbau.* Hrsg. von Karl-Heinrich GROTE, Beate BENDER und Dietmar GÖHLICH. Berlin: Springer Vieweg.

WESTKÄMPER, E., ZAHN, E. u. a. (2000). „Ansätze zur Wandlungsfähigkeit von Produktionsunternehmen: Ein Bezugsrahmen für die Unternehmensentwicklung im turbulenten Umfeld“. In: *WT. Werkstattstechnik 90* 1/2, S. 22–26.

WESTKÄMPER, Engelbert und ZAHN, Erich (2009). *Wandlungsfähige Produktionsunternehmen: Das Stuttgarter Unternehmensmodell.* Berlin, Heidelberg: Springer.

WEYNS, Danny u. a. (2004). „Agents are not part of the problem, agents can solve the problem“. In: *Proceedings of the OOPSLA Workshop on Agent-Oriented Methodologies.*

WIENDAHL, H. P. (2002). „Wandlungsfähigkeit–Schlüsselbegriff der zukunftsfähigen Fabrik“. In: *wt Werkstattstechnik online* 92.4, S. 122–127.

WIENDAHL, Hans-Peter, REICHARDT, Jürgen und NYHUIS, Peter (2010). *Handbuch Fabrikplanung: Konzept, Gestaltung und Umsetzung wandlungsfähiger Produktionsstätten.* 1. Aufl. s.l.: Carl Hanser. URL: http://dx.doi.org/10.3139/9783446423237.

WIENDAHL, Hans-Peter, REICHARDT, Jürgen und NYHUIS, Peter (2015). *Handbook Factory Planning and Design.* Berlin, Heidelberg: Springer.

WIENDAHL, Hans-Peter und WIENDAHL, Hans-Hermann (2019). *Betriebsorganisation für Ingenieure.* 9. Aufl.

WIESBECK, Mathey (2014). *Struktur zur Repräsentation von Montagesequenzen für die situationsorientierte Werkerführung: Zugl.: München, Techn. Univ., Diss., 2014.* Bd. 285. Forschungsberichte / IWB. München: Utz.

WÖHE, Günter, DÖRING, Ulrich und BRÖSEL, Gerrit (2016). *Einführung in die allgemeine Betriebswirtschaftslehre.* 26. Aufl. Vahlens Handbücher der Wirtschafts- und Sozialwissenschaften. München: Franz Vahlen.

WOLF, Tom de und HOLVOET, Tom (2007). „Design Patterns for Decentralised Coordination in Self-organising Emergent Systems“. In: *Engineering Self-Organising Systems.* Hrsg. von Sven A. BRUECKNER u. a. Bd. 4335. Berlin, Heidelberg: Springer, S. 28–49.

WOOLDRIDGE, M. J. und JENNINGS, N. R. (1999). „Software engineering with agents: pitfalls and pratfalls“. In: *IEEE Internet Computing* 3.3, S. 20–27.

WYCISK, Christine (2009). *Flexibilität durch Selbststeuerung in logistischen Systemen.* 1. Aufl. s.l.: Gabler. URL: http://gbv.eblib.com/patron/FullRecord.aspx?p=752337.

XIE, Jin u. a. (2019). „Review on flexible job shop scheduling“. In: *IET Collaborative Intelligent Manufacturing* 1.3, S. 67–77.

Y. WANG, P. WU und J. CHENG (2020). „A decision model and method for the bi-objective parallel machine ScheLoc problem“. In: *2020 7th International Conference on Control, Decision and Information Technologies (CoDIT),* S. 886–890.

YI, Yang u. a. (2018). „Research Method of Assembly Sequence Planning Based on Assembly Constraint Relationship Analysis“. In: *MATEC Web of Conferences* 237, S. 03005.

YUSUF, Y.Y, SARHADI, M. und GUNASEKARAN, A. (1999). „Agile manufacturing“. In: *International Journal of Production Economics* 62.1-2, S. 33–43.

ZADEH, L. (1963). „Optimality and non-scalar-valued performance criteria“. In: *IEEE Transactions on Automatic Control* 8.1, S. 59–60.

ZAEH, M. F., MOELLER, N. und VOGL, W. (2005). „Symbiosis of Changeable and Virtual Production – The Emperor's New Clothes or Key Factor for Future Success?“ In: *1st International Conference on Changeable, Agile, Reconfigurable and Virtual Production (CARV 2005).* Hrsg. von Michael ZÄH und Gunther REINHART. München: Utz, S. 3–10.

ZAMBRANO REY, Gabriel u. a. (2014). „Reducing myopic behavior in FMS control: A semi-heterarchical simulation–optimization approach“. In: *Simulation Modelling Practice and Theory* 46, S. 53–75.

ZANKER, Christoph und REISEN, Kirsten (2016). „Stabilitäts- und Flexibilitätsanforderungen an Produktionssysteme“. In: *Balanced GPS.* Hrsg. von Wolfgang KÖTTER, Martin SCHWARZ-KOCHER und Christoph ZANKER. Fachmedien: Springer Gabler, S. 13–37.

ZÄPFEL, Günther (1982). *Produktionswirtschaft: Operatives Produktions-Management.* Berlin: de Gruyter.

ZHANG, David (2011). „Towards theory building in agile manufacturing strategies - Case studies of an agility taxonomy“. In: *International Journal of Production Economics* 131.1, S. 303–312.

ZHANG, Q., MANIER, H. und MANIER, M.-A. (2012). „A genetic algorithm with tabu search procedure for flexible job shop scheduling with transportation constraints and bounded processing times“. In: *Computers & Operations Research* 39.7, S. 1713–1723.

ZHANG, Z. und SHARIFI, H. (2000). „A methodology for achieving agility in manufacturing organisations“. In: *International Journal of Operations & Production Management* 20.4, S. 496–513.

Publikationen

Publikationen des Autors

Während des Forschungsprozess dieser Dissertation lieferte der Autor einen direkten Beitrag zu nachfolgenden Veröffentlichungen:

BUCKHORST, A. F. und HENKE, C. (2022). „Über flexible Montagesysteme und mobile Roboter". In: *Cybernetics Lab Letter*, S. 13-16.

BUCKHORST, A. F. U.A. (2022). „A Holonic Control System Approach for Line-less Mobile Assembly System Operations". In: *Procedia CIRP 107*, S. 1449-1454.

BUCKHORST, A. F., GRAHN, L. und SCHMITT, R. H. (2022). „Decentralized Holonic Control System Model for Line-less Mobile Assembly Systems". In: *Robotics and Computer-Integrated Manufacturing 75*, 102301.

BUCKHORST, A. F., DO CANTO, M.K.B. und SCHMITT, R. H. (2022). „The Line-less Mobile Assembly System Simultaneous Scheduling and Location Problem". In: *Procedia CIRP 106*, S. 203-208.

BUCKHORST, A. F. U.A. (2021). „Holarchy for Line-less Mobile Assembly Systems Operation in the Context of the Internet of Production". In: *Procedia CIRP 99*, S. 448-453.

BUCKHORST, A. F. und SCHMITT, R. H. (2020). „Flexible Fügeprozesse". In: *IndustryArena eMagazin 3*, S. 32-33.

BUCKHORST, A. F. und SCHMITT, R. H. (2020). „Multi-Staged, Multi-Objective Optimization for Operation Management in Line-less Mobile Assembly Systems". In: *Procedia CIRP 93*, S. 1121-1126.

BUCKHORST, A. F., HÜTTEMANN, G. und SCHMITT, R. H. (2020). „Assignment, Sequencing and Location Planning in Line-less Mobile Assembly Systems". In: *Tagungsband des 4. Kongresses Montage Handhabung Industrieroboter*, S. 227-238.

HÜTTEMANN, G., BUCKHORST, A. F. und SCHMITT, R. H. (2019). „Modelling and Assessing Line-less Mobile Assembly Systems". In: PROCEDIA CIRP 81, S. 724-729.

Studentische Arbeiten

Während des Forschungsprozess dieser Dissertation wurde folgende, inhaltlich relevante studentische Arbeiten durch den Autor betreut:

ABEER, A. (2022). „Discrete Event System Model for Line-less Mobile System Behavior and Key Performance Indicator Evaluation“. Masterarbeit, RWTH Aachen.

GENZEL, M. (2022). „Kompensation von Fehlern und Planabweichungen bei der Steuerung linienloser mobiler Montagesysteme“. Masterarbeit, RWTH Aachen.

KRAEMER, M. (2022). „A Holonic Manufacturing Architecture for Line-less Mobile Assembly Systems“. Masterarbeit, Universidade Federal de Santa Catarina (UFSC), Florianópolis.

GRAHN, L. (2020). „Interaktionsmodell zur Kommunikation und Steuerung von Entitäten in Linienlosen Mobilen Montagesystemen“. Masterarbeit, RWTH Aachen.

DORIA, I. (2020). „Modular Simulation for Line-less Mobile Assembly Systems“. Bachelorarbeit, Universidade Federal de Santa Catarina (UFSC), Florianópolis.

JOUSSEN, T. (2019). „Optimization of System Configuration and Resource Assignment within Lineless, Mobile Assembly Systems“. Masterarbeit, RWTH Aachen.

GRAHN, L. (2018). „Entwicklung einer Methodik zur Montageplanung für Free Float Flawless Assembly Systeme unter Anwendung von Methoden aus dem Bereich Operations Research“. Bachelorarbeit, RWTH Aachen.

Anhang

A Annahmen und Vereinfachungen

Produkt

- Alle notwendigen Operationen, die zur Herstellung eines Produktes erforderlich sind, sind bekannt.
- Für Produkttypen sind alle möglichen alternativen Arbeitsfolgen spezifiziert, diese können durch Montagevorranggraphen angegeben werden.
- Die Montage eines Produktes erfolgt sequentiell entlang eines Arbeitsplanes entsprechend eines gewählten Vorrangs, dabei werden keine zeitlich-örtlich parallelen Aktivitäten am gleichen Produkt durchgeführt.
- Produkte und Teile weisen mindestens spezifizierte Eigenschaften hinsichtlich Gewicht und Abmessungen auf.
- Es wird die Existenz eines Tracking-Systems auf dem Shopfloor bzw. innerhalb der Stationen angenommen, um den Fortschritt der Wertschöpfung des physikalischen Produktes mit seinem digitalen Abbild zu verknüpfen (bspw. Scanner an Stationen).

Ressource

- Der Faktor Mensch wird zunächst aufgrund eingeschränkt deterministischen Verhaltens nicht fokussiert.
- Ressourcen weisen mindestens spezifizierte Eigenschaften hinsichtlich Gewicht, Abmessungen und Bewegungsgeschwindigkeit auf.
- Spezifisches Material, Information oder Energie, die unabhängig von auszuführenden Aktivitäten sind, stehen stets zur Verfügung.
- Eine Ressource kann zu einem Zeitpunkt maximal in eine Station eingebunden werden.
- Im Allgemeinen erfolgt keine Unterbrechung einer Aktivität; es sei denn, es kommt zu Disruptionen (bspw. Ressourcenausfall, die behandelt werden müssen).
- Ausführungszeiten sich wiederholender Aktivitäten sind näherungsweise konstant und ortsunabhängig.

- Ausfall- und Reparaturzeiten (MTBF und MTTR) sind näherungsweise konstant, ortsunabhängig und bekannt.
- Die Bewegung von Ressourcen wird als gleichförmig und geradlinig angenommen. D.h. AMRs bewegen sich mit konstanter Geschwindigkeit unabhängig vom Rüstzustand.

Transport

- Transporte erfolgen durch Transportservices, insbesondere durch fahrerlose Transportfahrzeuge (FTF), die nicht als montierende Ressourcen verwendet werden. Umgekehrt werden keine AMR als Transportfahrzeuge verwendet.
- Transporte werden in Planzeit umgesetzt, um das Verhalten des LMAS zu studieren und dabei den Einfluss der Intralogistik zu exkludieren.
- Es stehen ausreichend FTF zur Verfügung, sodass keine Wartezeiten entstehen.
- Die Bewegung von Transportmitteln wird als gleichförmig und geradlinig angenommen. Die Bewegungsgeschwindigkeit ist unabhängig vom Beladungszustandes.
- Die Nutzlast von FTF ist ausreichend, um Teile und Produkte verbringen zu können.
- Spezifisches Material, Information oder Energie, die unabhängig von auszuführenden Aktivitäten sind, stehen stets zur Verfügung.

Station

- Stationen bearbeiten zu einem Zeitpunkt höchstens einen Auftrag, der mit einem Produkt assoziiert wird. Im Eingangspuffer der Station können weitere Teile, Produkte bzw. Aufträge auf Bearbeitung warten.
- Aufgrund des Automatisierungsgrads und der postulierten Prozessfähigkeit wird von einer fehlerfreien Bearbeitung ausgegangen. Unzureichende Montagequalität wird durch Inline-Prüfungen festgestellt, betroffene Produkte werden zu Nacharbeitsplätzen (Nebenschluss) verbracht.
- Während einer Planungsperiode wird eine Station maximal einmal auf- und abgebaut.
- Stationen können gerüstet werden, sobald alle notwendigen Ressourcen für die Station auf der Produktionsfläche eine geeignete Position eingenommen haben.
- Die für die Station erforderliche Fläche überschreitet verfügbare Bereiche der Produktionsflächen nicht.

- Gesamtgewicht der Ressourcen einer Station überschreitet die zulässige Flächenlast der Produktionsfläche nicht.
- Verschiedene Stationstypen und -konfigurationen weisen ähnliche Flächenbedarfe auf.
- Eine gängige Vereinfachung ist, dass Störungen nur zwischen den Operationen auftreten.
- Die Bereitstellung von Komponenten, Werkzeugen und Verbrauchsmaterialien ist nicht Teil der Steuerungsaufgabe. Zur Sicherstellung der Material- und Werkzeugverfügbarkeit wird jedoch ein zeitlicher Vorlauf bei der Umplanung eingehalten, innerhalb dessen nur Verschiebungen bereits eingeplanter Vorgänge möglich sind.

Shopfloor

- Die Produktionsfläche ist ausreichend groß, sodass eine minimale Anzahl an Stationen aufgebaut werden kann, deren kumulierte Fähigkeiten die Anforderungen des avisierten Produktportfolios erfüllen.
- Die verfügbare Fläche ist bekannt und während des Betriebs unveränderlich.
- Die zulässige Flächenlast der Produktionsfläche ist für alle notwendigen Ressourcen, Transportfahrzeuge und Produkte ausreichend.
- Die Produktionsfläche kann durch sog. Equal Area Departments diskretisiert werden (siehe Abschnitt 5.4.2) (Unterteilung in Felder mit konstanter Größe)
- Distanzen für Transporte und Ressourcenbewegungen auf der Produktionsfläche zwischen den Departments können durch eine geeignete Metrik hinreichend genau approximiert werden.
- Statische Hindernisse auf der Produktionsfläche, bspw. durch Built-Ins oder strukturelle Gegebenheiten können durch die gewählte Metrik berücksichtigt werden.

B Reale Distanzen des diskretisierten Shopfloors

Die Ausführungen bzgl. der Distanzmatrizen berücksichtigten Distanzen zwischen möglichen, diskreten Stationspositionen sowohl für Ressourcen als auch für Jobtransporte. Jedoch ist innerhalb einer Station die Position der Ressourcen räumlich-örtlich von diesem Mittelpunkt verschieden (vgl. zonenbasierter Ansatz); gleiches gilt für den Jobtransport über die Stationsgrenze hinweg. Die Positionen innerhalb von Stationen werden nachfolgend als Intrapositionen bezeichnet. Die hinterlegten Kantenlängen im Graphen nach Abbildung 5.5 implizieren gegenüber den realen Streckenlängen für Ressourcen und Jobtransporte einen Fehler, dessen Betrag abhängig von der

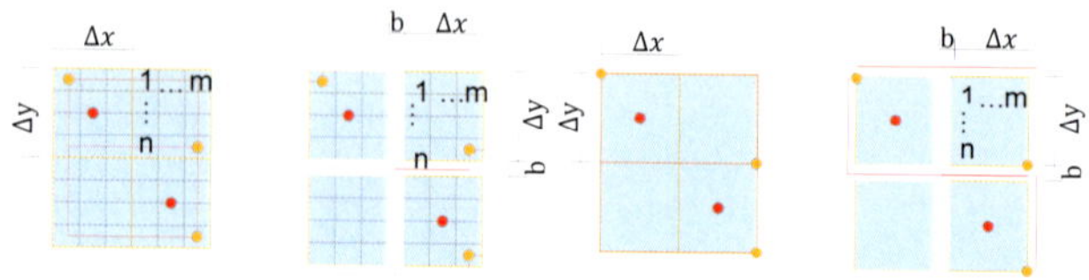

Modellierung der Intrapositionen	Diskret	Diskret	Kontinuierlich	Kontinuierlich
Berücksichtigung zusätzlicher Wege	Nein	Ja, konstante Breite	Nein	Ja, konstante Breite
Maximaler Fehler	$\left(1-\frac{1}{m}\right)\Delta x + \left(1-\frac{1}{n}\right)\Delta y$	$Max[\left(1+\frac{1}{m}\right)\Delta x + \left(1-\frac{1}{n}\right)\Delta y + 2b; \left(1-\frac{1}{m}\right)\Delta x + \left(1+\frac{1}{n}\right)\Delta y + 2b; \Delta x + 2b + \Delta y]$	$\Delta x + \Delta y$	$\Delta x + \Delta y + 2b$
Maximaler Fehler bei quadratischen Stationen (x = y, m=n)	$\left(2-\frac{2}{m}\right)\Delta x$	$2\Delta x + 2b$	$2\Delta x$	$2\Delta x + 2b$

Abbildung B.1: Shopfloordiskretisierung und Fehler

weiteren, ggfs. diskret oder auch kontinuierlichen Modellierung der Intrapositionen ist. Die nachfolgende Tabelle zeigt unterschiedliche Ansätze der Modellierung der Stationsflächen, zeigt extreme Transportwege für benachbarte Stationspositionen und beinhaltet maximal zu erwartende Abweichungen bzgl. der geschätzten Distanz von Flächenschwerpunkt zu Flächenschwerpunkt. Sollten zwei Zellen nicht benachbart sein, ergibt sich für die dargestellte Intrastationsmodellierung kein zusätzlicher Fehlerbeitrag.

Die Abweichung der Ist-Weglänge w_{real} zur Erreichung der Intraposition der Resourcen im Unterschied zur Plan-Weglänge $w_{nominell}$ zwischen den Stationspositionen kann durch eine Modulation der Bewegungsgeschwindigkeiten der Ressourcen und Transporte kompensiert werden: Für die im Optimierungsmodell notwendigen Parameter werden bei der Planung nominelle Bewegungsgeschwindigkeiten und nicht die real ausgeführten Geschwindigkeiten verwendet. Umgekehrt können die nominellen Geschwindigkeiten unter Berücksichtigung realer maximaler Bewegungsparameter von Ressourcen und Transportfahrzeugen für eine gegebene Fabrik berechnet werden. Dazu sind zur Berechnung die maximal zurückzulegenden Strecken und der maximale Fehler aus Abbildung B.1 zu berücksichtigen. Bei der Steuerung der Ressourcen- bzw. Jobtransporte werden dann die physikalischen Streckenlängen berücksichtigt, um die Planzeiten zu realisieren und damit den

Fehler durch eine kompensierte Geschwindigkeit auszugleichen. Gleichung 2 stellt das Verhältnis zwischen den nominellen und realen Geschwindigkeiten für den Extremfall maximal weit entfernter Stationspositionen in einer Fabrik dar. Es ergibt sich damit die minimal nötige nominelle Geschwindigkeit:

$$t_{Planung} = t_{Steuerung} = \frac{w_{nominell}}{v_{nominell}} = \frac{w_{real,max}}{v_{real,max}} = w_{nominell} + \frac{f_{max}}{v_{real,max}} \tag{1}$$

$$v_{real,max} = v_{nominell}\frac{w_{nominell,max} + f_{max}}{w_{nominell,max}} = v_{nominell}(1 + \frac{f_{max}}{w_{nominell,max}}) \tag{2}$$

Es wird für ein Beispiel ein Shopfloor angenommen, der aus zwei Spalten und drei Zeilen besteht. Folglich ist die maximale, nominelle Distanz (Manahatten-Metrik) $w_{nominell,max} = 2\Delta x + 3\Delta y$. Erfolgt die Flächenteilung durch Quadrate, dann ist $w_{nominell,max} = 5\Delta x$. Bei einer Intrastationsmodellierung nach ist der maximale Fehler dann $f_{max} = 2\Delta x + 2b$. Wird für das Verhältnis zwischen Straßenbreite und Stationsbreite ($\Delta x : b$) das Verhältnis 1:4 angenommen, ist die für die Planung zu verwendende Geschwindigkeit dann:

$$v_{real,max} = v_{nominell}\frac{5\Delta x + 2\Delta x + 1/2\Delta x}{5\Delta x} = \frac{3}{2}v_{nominell} \tag{3}$$

Betrachtet man bspw. das AGV Donkey-M-NL1612-Lift-Joy, so weist es technisch eine maximale Bewegungsgeschwindigkeit von 1.3 m/s auf DONKEY MOTION, 2019. Die nominelle Geschwindigkeit betrüge dann 0,866 m/s und kann für große Produkte weiterhin als praxistauglich betrachtet werden.

C Stationstypen und Stationskonfigurationen

Das eingeführte Formalmodell unterscheidet Entitäten, Typen und Konfigurationen im LMAS bzgl. Fabrik, Stationen und Ressourcen. Der operative Betrieb der Fabrik unter Berücksichtigung einer gegenwärtigen Fabrikkonfiguration fc setzt das Vorhandensein möglicher Stationstypen ST und –konfigurationen SC voraus, bzw. beschränkt diese bei der Montage von Produkttypen $\mathcal{P}$. Dabei ist das notwendige Tupel an Informationen über Stationskonfigurationen und -typen für die Feinplanung und Steuerung der Fabrik von dem Tupel zu unterscheiden, das Stationen hinsichtlich der technologischen Realisierung von Prozessen vollständig spezifiziert. Für ersteres ist die Prozessentwicklung und Planung flexibel zu konstituierender Stationen als abgeschlossen zu betrachten und letzteres gegeben, sodass anschließend Montageprozesse unter Berücksichtigung von Energie, Information und Material als Operationstypen abstrahiert werden können.

Die Entwicklung von Stationstypen und –konfiguration kann Gegenstand weiterführender Arbeiten sein und das Einbringen von Expertenwissen unter Berücksichtigung von Prozess und Produktperspektive. Zunächst werden nachfolgend die zur Feinplanung und Steuerung des operativen Betriebs notwendigen Elemente des Formalmodells aufgegriffen. Anschließend wird ein Framework vorgeschlagen, das den Entwicklungsprozess flexibler Stationstypen und -konfigurationen unterstützt. Für das LMAS ScheLoc sind Eingangsgrößen hinsichtlich Stationstypen und -konfiguration zur Beantwortung folgender Fragen bei der Entscheidung für den Aufbau von Stationen relevant:

- Welche Fähigkeiten hat eine Station (unter Berücksichtigung ihres Types)?
- Welche operationstypspezifischen Bearbeitungszeiten weist eine Station auf?
- Welche Ressourcen sind in welcher Menge nötig, um eine Station aufzubauen?
- Welchen Rüstzustand müssen diese aufweisen?
- Wie lange dauert das Rüsten bzw. der Aufbau der Station, vorausgesetzt alle notwendigen Ressourcen stehen am richtigen Ort und in erforderlicher Konfiguration zur Verfügung?
- Wie lange dauert das Abrüsten bzw. Auflösen einer Station, um die Ressourcen wieder freizugeben?

Bei der Entwicklung und Ausgestaltung von Montagesystemen, wie sie eine Station darstellt, kann sich der einschlägigen Literatur der Montage- und Produktionssystemplanung bedient werden, die Vorgehensweisen und Methoden bereithält[418]. JONAS[419] schlägt in Anlehnung an MERZ[420] eine Gliederung in Abstraktionsgrade vor, bei denen die Station das atomare Element darstellt, das es auszuplanen gilt. Die Planung von Stationen wird auch als Auslegungsplanung bezeichnet, jedoch im Speziellen selten in der Literatur behandelt. Ihr Gestaltungsprozess sollte alle Phasen des Lebenszyklus von der Konzeption über die Entwicklung, Umsetzung und Ausführung, Nutzung, Instandhaltung und Nutzerunterstützung bis zur Außerbetriebnahme berücksichtigen[421]: SCHRÖTER liefert eine Methodik zur Planung von Mensch-Roboter-Systemen und berücksichtigte fähigkeitsorientierte Zuordnungen von Montagetätigkeiten. Dazu wird die Planung roboterbasierter, vollautomatisierter Arbeitssysteme aufgegriffen[422]. Ein Ansatz, der im Speziellen mobile Roboterplattformen als wesentlicher Stationsbestandteil berücksichtigt, ist indes nicht bekannt, weshalb analog zu Schröter hier die Arbeitswissenschaft der Orientierung dient.

Nach SCHLICK sind in einem Arbeitssystem die in Abbildung 26 dargestellten Elemente von Bedeutung. Der Begriff des Arbeitssystems ist zunächst von allgemeinem Charakter; gemeint wird

418 BULLINGER und AMMER, 1986
419 JONAS und REINHART, 2000, S. 10, S. 24
420 MERZ, 1987
421 DIN DEUTSCHES INSTITUT FÜR NORMUNG E. V., 2016a, S. 16
422 SCHRÖTER, o. D.

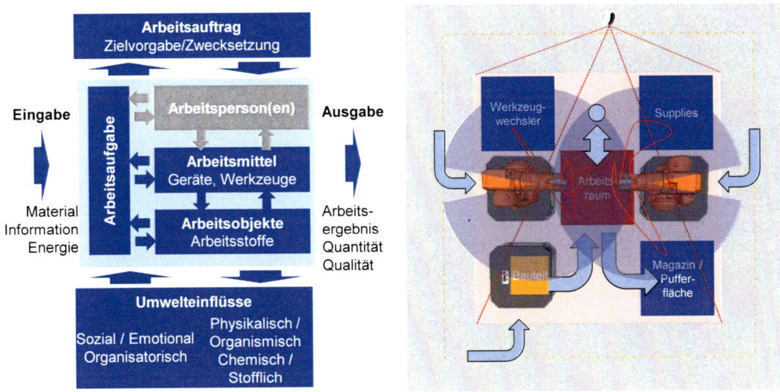

Abbildung C.2: Arbeitssystem nach SCHLICK und Skizze einer LMAS Station

allerdings häufig die Stationsebene.[423] Die Arbeitsperson ist hier nicht Teil des heuristischen Bezugsrahmens und deshalb in grau dargestellt. Die Abbildung enthält allerdings nicht den Arbeitsablauf, der aber in den Ausführungen der REFA 2002[424] und in der Definition der DIN EN ISO 6385:2016 relevant ist: Dieser bezeichnet die „räumliche und zeitliche Abfolge des Zusammenwirkens von Arbeitenden, Arbeitsmitteln, Materialien, Energie und Informationen innerhalb eines Arbeitssystems."[425] Deshalb wird dieser Arbeitsablauf hier der Arbeitsaufgabe zugeordnet und ist in Tabelle C.1 enthalten. Insgesamt listet die Tabelle konkrete Elemente auf, die für eine vollständige Detaillierung einer Stationskonfiguration im Zusammenhang der Stationsgestaltung von LMAS mindestens zu betrachten sind.

---

[423] SCHLICK, BRUDER und LUCZAK, 2018b, S. 21

[424] GUMMERSBACH u. a., 2017, S. 16

[425] DIN DEUTSCHES INSTITUT FÜR NORMUNG E. V., 2016a, S. 7

Tabelle C.1: Faktoren der Stationsentwicklung

<table>
<tr><td>Eingabe
<ul><li>Aufstellort</li><li>Aufstellzeit</li><li>Fertigstellungstermine, Prioritäten</li><li>Teile/ Baugruppen niedrigerer Baustufe</li><li>Operationstypen</li></ul></td><td>Ausgabe
<ul><li>Bauteile bzw. Baugruppen höherer Baustufe</li><li>Prozessdaten, Bearbeitungshistorie</li><li>Qualitätsbeurteilung</li></ul></td></tr>
<tr><td>Arbeitsauftrag
<ul><li>Betrieb im LMAS</li><li>Möglichkeit zum Konstituieren bzw. zur Auflösung der Station</li><li>Operationen; Realisieren von Prozessen und Montageaufgaben</li><li>Realisierbare Toleranzen</li><li>Mehrzweckeinsatzmöglichkeiten</li></ul></td><td>Arbeitsobjekte
<ul><li>Bauteile / Baugruppen</li></ul></td></tr>
<tr><td>Arbeitsaufgabe
<ul><li>(Montage-)Ablauf<ul><li>Intrastationslogistik</li><li>Regel- / Stellgrößen, Parameter</li><li>Bewegungsabläufe bzw. Programmierung d. Trajektorien</li></ul></li><li>Stationsverwaltung und Prozesssteuerung (Soft-SPS),</li><li>Stationsagent<ul><li>Registrieren / interagieren von / mit Ressourcenagenten</li><li>Registrieren / interagieren im / mit Leitsystem</li><li>Fehlerbehandlung</li></ul></li><li>Ablauf des Aufbaus / Abbaus von Stationen</li></ul></td><td>Arbeitsmittel
<ul><li>(Mobile) Roboterplattformen</li><li>Transporteinheiten</li><li>Werkzeuge, Werkzeugwechselsysteme (Schweiß-, Kleb-, Schraub-, Fügetechnik)</li><li>Positioniersysteme, Werkstückträger</li><li>C-Teile, Medien</li><li>Sicherheitstechnik</li><li>Sensortechnik</li><li>(Puffer-)flächen</li></ul></td></tr>
<tr><td>Umwelteinflüsse
<ul><li>Temperaturen</li><li>Kalibrierung Mess- bzw. Sensorsysteme</li></ul></td><td></td></tr>
</table>

D Produkttypen – Abwasserpumpen

Die Vorrangbeziehung der Operationstypen der Produktfamilien A, B und C werden in den folgenden Abbildungen dargestellt. Die Teiletypen sind ebenfalls abgebildet. Parallele Pfade werden durch topologische Sortierung linearisiert.

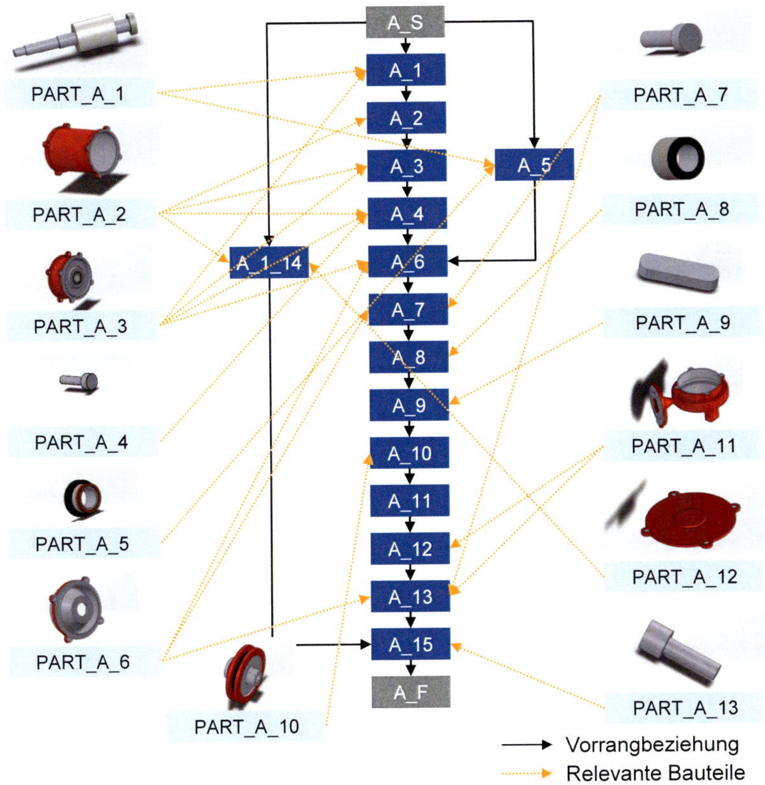

Abbildung D.3: Vorranggraph der Produkttypen A1, A2 und A3

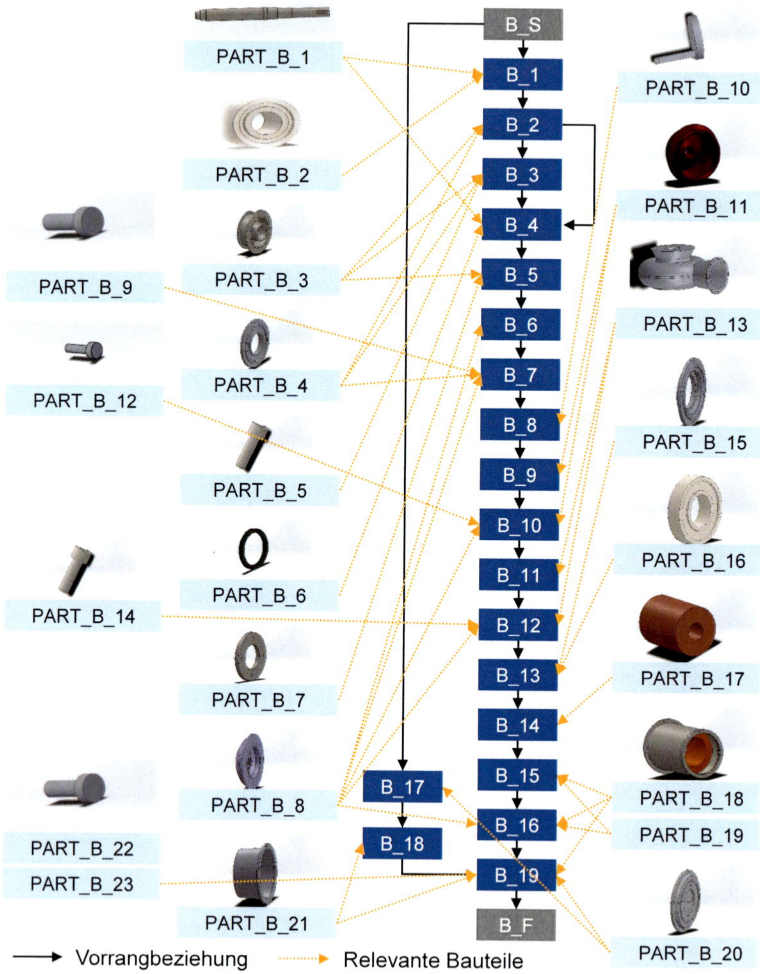

Abbildung D.4: Vorranggraph der Produkttypen B1, B2 und B3

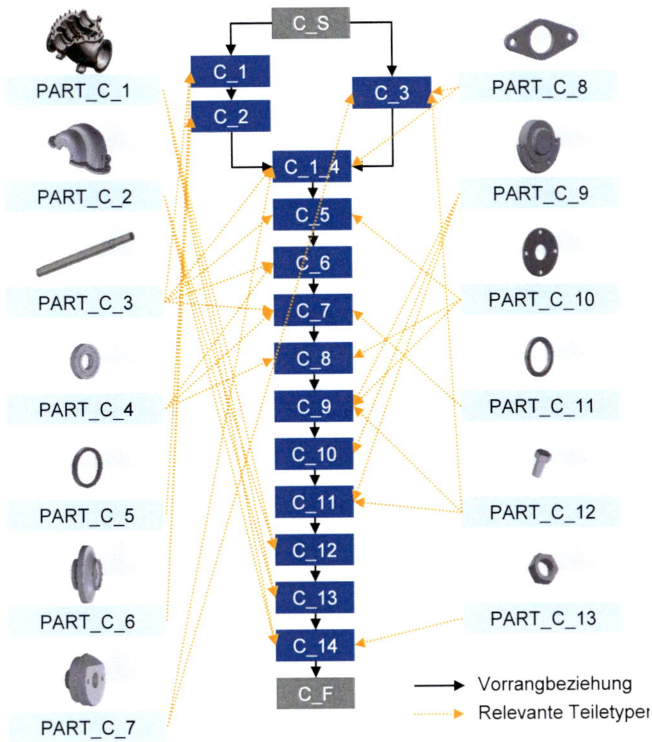

Abbildung D.5: Vorranggraph der Produkttypen C1, C2 und C3

E Interaktionsmodelle der Betriebsphase

Nachfolgend werden die bislang noch explizit angegebenen Interaktionsmodelle I3 bis *I6* der Betriebsphase dargelegt. Sie dienen der Realisierung des Ablaufs (siehe Abbildung 6.2).

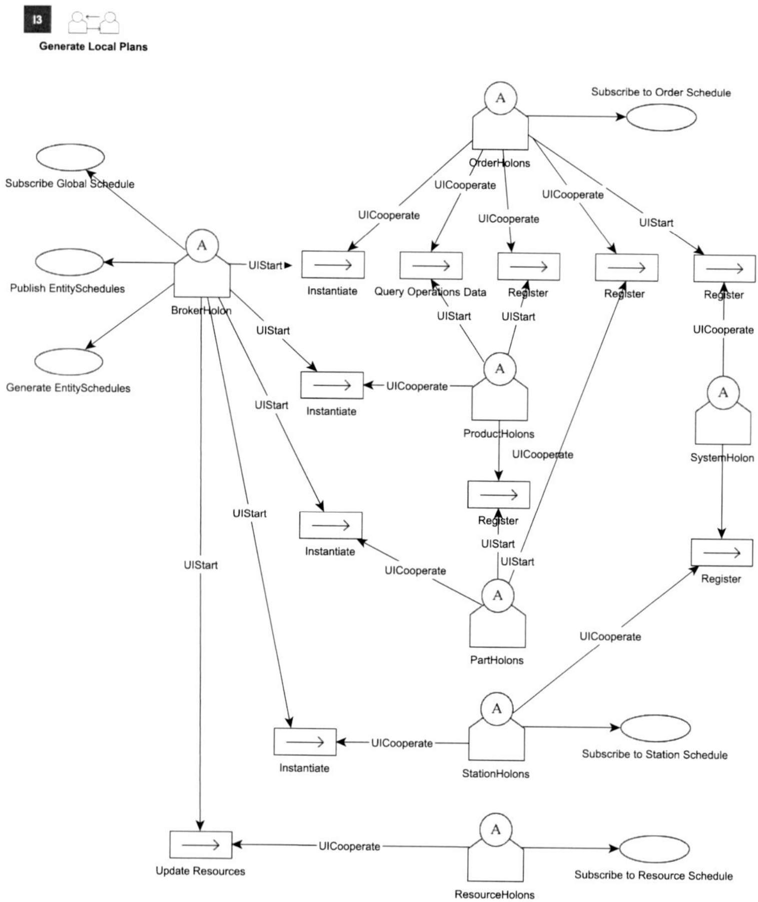

Abbildung E.6: Interaktionsmodell I3 in ANEMONA Notation

I3 betrifft dabei die Ableitung lokaler Pläne nach erfolgter Globalplanung. Ein Globalplan wird interpretiert und die bislang noch nicht instatiierten Holone instantiiert. Bestehende Holone (bspw. ResourceHolon) erhalten eine Aktualisierungsanfrage. Alle aktiven Entitäten subscriben eine Topic, auf der die jeweiligen lokalen Pläne publiziert werden. Die Publikation erfolgt durch das BrokerHolon.

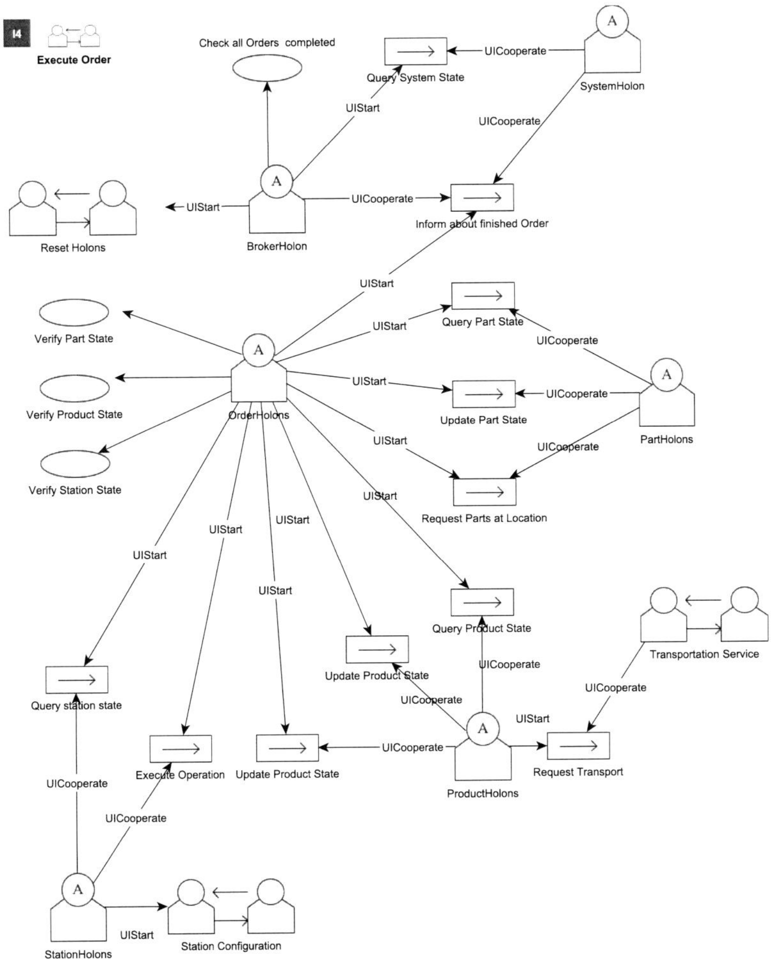

Abbildung E.7: Interaktionsmodell I4 in ANEMONA Notation

I4 betrifft die Abarbeitung von Aufträgen. Ein OrderHolon ist Initiator der Aktivitäten. Ist eine Operation als nächstees auszuführen, werden die Stati von betreffendem Produkt und seiner Teile abgefragt. Notwendige Transporte werden beim gekapselten Transportservice angefragt. Sind alle

Voraussetzungen erfüllt, wird die Operation durch die Station ausgeführt. Dies setzt eine konfigurierte und gerüstete Station voraus. Bei Bedarf wird die Interaktion `I7` initiiert.

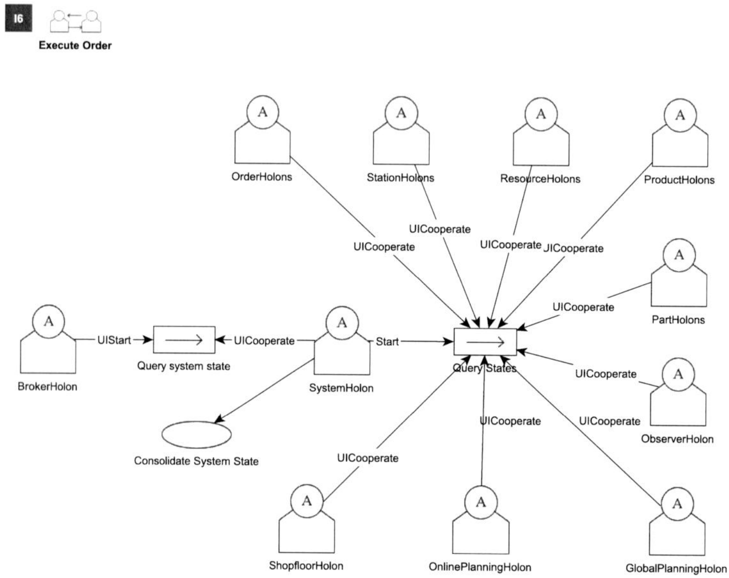

Abbildung E.8: Interaktionsmodell I6 in ANEMONA Notation

`I6` dient der Ermittlung des Gesamtsystemzustandes. Dieser wird einerseits dem User zur Verfügung gestellt. Auch wird der Gesamtsystemzustand von Broker- und ObserverHolon abgefragt. Alle instantiierten Holone sind dazu beim SystemHolon registriert. Die Abfrage des Gesamtsystemzustandes erfolgt einerseits in einem regelmäßigem Intervall. Andererseits wird er in Folge bestimmter Events und im Zusammenhang bestimmter Interaktionen angefordert und ermittelt (bpsw. Globalplanung).

F Discrete Planar Multi-Machine Simultaneous Scheduling and Location

F.1 Modell

Nachfolgend wird ein Mixed-Integer Programm für das DPMM Problem dargelegt. Ziel der Optimierung ist die Minimierung der Gesamtfertigstellungszeit C_{make} aller Aufträge $i \in J$. Die nachfolgende Formulierung erlaubt die Verwendung von virtuellen Stationen. Falls eine solche existiert, wird stets ein Auftragstransport nach Bearbeitung auf einer zugeordneten Maschine erzwungen. Die Position der virtuellen Maschine wird durch die Position durch k_ζ explizit angegeben. Dann werden bei der Optimierung die Randbedingungen (32) und (33) zusätzlich berücksichtigt.

Mengen		
Locations	$k \in L$	(4)
Jobs	$j \in J$	(5)

Parameter		
Distanzmatrix des Shopfloors	$D(k,l) \in \mathbb{R}^{\|L\| \times \|L\|}$	(6)
Anzahl der Maschinen	$S_{max} \in \mathbb{Z}^+$	(7)
Rüstzeiten der Maschinen	$u \in \mathbb{R}^+$	(8)
Prozesszeiten	$p_j \in \mathbb{R}^+$	(9)
Ankunftszeiten der Aufträge	$\sigma_j \in \mathbb{R}^+$	(10)
Startpositionen der Aufträge	$a_j \in L$	(11)
Freigabezeit der Bearbeitung	$r_{jk} = \sigma_j + \tau_{jk} * D(a_j, k)$	(12)
Bewegungsgeschwindigkeiten der Aufträge	$v_j \in \mathbb{R}^+$	(13)
Kehrwert der Bewegungsgeschwindigkeiten	$\tau_j = 1/v_j \in \mathbb{R}^+$	(14)
Position der virtuellen Station	k_ζ	(15)

Entscheidungsvariablen		
$C \in \mathbb{R}^+$		(16)
$C_j \in \mathbb{R}^+,$	$\forall j \in J$	(17)
$x_{jk} \in \{0,1\},$	$\forall j \in J, k \in L$	(18)
$y_{ijk} \in \{0,1\},$	$\forall i,j \in J \backslash \{i \neq j\}, k \in L$	(19)
$z_k \in \{0,1\},$	$\forall k \in L$	(20)

Zielfunktion		
$Z = \min C_{make},$	$C_{make} \in \mathbb{R}^+$	(21)

Randbedingungen

$C_{make} \geq C_j,$	$\forall j \in J$	(22)
$x_{ik} = 1 \Rightarrow C_j \geq r_{ik} + p_j + u,$	$\forall j \in J, k \in L$	(23)
$y_{ijk} = 1 \Rightarrow C_i \geq C_j + p_i,$	$\forall i, j \in J \backslash \{i = j\}, k \in L$	(24)
$\sum_{j \in J \backslash \{j=i\}} y_{ijk} \leq x_{ik},$	$\forall j \in J, k \in L$	(25)
$\sum_{j \in J \backslash \{j=i\}} y_{jjk} \leq x_{ik},$	$\forall j \in J, k \in L$	(26)
$\sum_{i \in J} \sum_{j \in J \backslash \{j=i\}} y_{ijk} \geq \sum_{j \in J} x_{ik} - 1,$	$\forall k \in L$	(27)
$\sum_{k \in L} z_k \leq S_{max}$		(28)
$x_{jk} \leq z_k,$	$\forall i \in J, k \in L$	(29)
$\sum_{k \in L} x_{jk} = 1,$	$\forall j \in J$	(30)
$\sum_{j \in J} x_{jk} \geq z_k,$	$\forall k \in L$	(31)

Virtuelle Stationen

$C_{make} \geq C_{j,Shipping},$	$\forall j \in J$	(32)
$x_{ik} = 1 \rightarrow C_{j,Shipping} = C_j + \tau_{jk} * D(k_\zeta, k),$	$\forall j \in J, k \in L$	(33)

F.2 Transformation der Eingangsdaten zwischen LMAS und DPMM ScheLoc

Die nachfolgende Abbildung F.9 zeigt, wie die Eingangsdaten eines LMAS ScheLoc Szenarios für ein DPMM Modell verwendet werden können. Auf dieser Basis ist ein Vergleich der Zielfunktionswerte möglich. Wesentlicher Unterschied ist, dass das LMAS ScheLoc individuelle Aufträge berücksichtigt, die aus mehreren Operationen bestehen. Deshalb sind alle Operationen eines Auftrages zusammenzuführen, sodass diese einem Auftrag des DPMM Modells entsprechen. Das bedeutet auch, dass alle individuellen Prozesszeiten der Operationen aufzusummieren sind, um dann der Bearbeitungsdauer p_i seitens des DPMM Modells zu entsprechen. Je nachdem, ob es sich bei dem parametrierten DPMM Szenario um eine obere oder untere Schranke für das LMAS Szenario handeln soll, werden immer die Maxima bzw. Minima der einzelnen Operationen verwendet. Denn die Bearbeitungszeiten seitens des LMAS sind stationsabhängig. Für das Beispiel der Bearbeitungszeiten liefern die nachfolgende Formeln den Zusammenhang:

$$p_{j,DPMM(min)} = \sum_{o_{ji} \in J_j} \min_{s \in S} p_{is} \tag{34}$$

bzw.

$$p_{j,DPMM(max)} = \sum_{o_{ji} \in J_j} \max_{s \in S} p_{is} \tag{35}$$

Analog wird mit den Rüstzeiten verfahren. Das jeweilige Maximum bzw. Minimum der stationsspezifischen Rüstzeiten im LMAS Fall liefert die Rüstzeit für alle Maschinen im DPMM Szenario.

Bzgl. der Bewegungsgeschwindigkeiten wird seitens des LMAS je Auftrag J_j die minimale bzw. maximale Bewegungsgeschwindigkeit der zugehörigen Operationen verwendet, um die Bewegungsgeschwindigkeiten für das äquivalente DPMM Szenario festzulegen.

$$v_{j,DPMM(min)} = \min_{o_{ji} \in J_j} v_{o_{ji}} \tag{36}$$

bzw.

$$v_{j,DPMM(max)} = \max_{o_{ji} \in J_j} v_{o_{ji}} \tag{37}$$

Für den Fall einer oberen Schranke durch DPMM für das LMAS sind LMAS-seitig die Ressourcen, ihre Startpositionen und Bewegungsgeschwindigkeiten zu berücksichtigen. Sie werden in Δa_j verdichtet. Im trivialen Fall wird dann a_j um diesen Wert erhöht. Für den Fall einer unteren Schranke wird die Ankunftszeit einer ersten Ressource verwendet. Es wird verglichen, ob diese zeitlich vor oder nach der Ankunftszeit der einzelnen Aufträge liegt. Liegt sie davor, werden die Startzeiten betroffener Aufträge auf diesen Wert gesetzt.

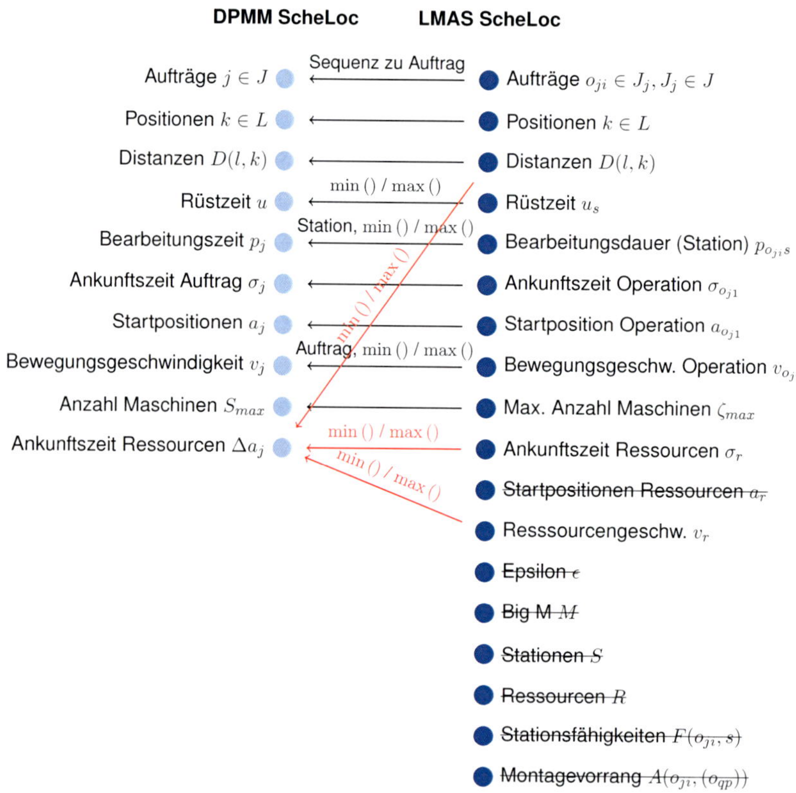

Abbildung F.9: Zusammenhang der LMAS und DPMM Parameter

G Generation von Planungsszenarien

In Abschnitt 8.3.1 wurden die Parameter zur Erzeugung von Eingangsdatensätzen dargelegt. Ferner wurden in Abbildung 8.3 die Konfigurationsfiles, die durch den operationalen Teil des Generators und durch den strukturellen Teil verwendet werden skizziert. Der operationale Teil dient dazu die Informationen über Prozesse, Produkte und Ressourcen zu verarbeiten und zugehörige Parameter zu randomisieren. Der strukturelle Generator dient der Erzeugung der für ein LMAS-Feinplanungsszenario relevanten Mengen, ihren Elementen und Verknüpfungen. Zu diesen zählen die Menge der Stationstypen ST, die Menge der Stationen S, die Menge der Ressourcentypen RT sowie der Ressourcen R. Für eine Planungssituation werden zudem die für eine Station erforderlichen Ressourcen in der Matrix $K_S(r, s)$ erfasst. Ob eine Station s einen Operationstyp ot ausführen kann, wird durch die Matrix $F_S(ot, s)$ beschrieben. Diese wird zur Laufzeit der Steuerung in die Matrix $F(o, s)$ übersetzt, die das LMAS ScheLoc Modell erfordert.

In Zeile 2 des Pseudocodes wird die Funktion *checkInput()* aufgerufen, die dazu dient, die Gültigkeit der Parameter der Funktion *generateStructuralScenario()* sicherzustellen. Die Bedingungen umfassen:

$$|ST| \geq \frac{|OT|}{\lambda} \tag{38}$$

$$E(|RT_\zeta|) \geq 2 \tag{39}$$

$$E(|RT_\zeta|) - VAR(|RT_\zeta|) \geq 2 \tag{40}$$

$$E(|R_\zeta|) \geq 2 \tag{41}$$

$$E(|R_\zeta|) - VAR(|R_\zeta|) \geq 2 \tag{42}$$

$$E(|R_\zeta|) - VAR(|R_\zeta|) \geq E(|RT_\zeta|) - VAR(|RT_\zeta|) \tag{43}$$

$$E(|R_\zeta|) + VAR(|R_\zeta|) \geq E(|RT_\zeta|) + VAR(|RT_\zeta|) \tag{44}$$

$$E(|R_\zeta|) \geq E(|RT_\zeta|) \tag{45}$$

$$|S| \geq \pi|Z| \tag{46}$$

$$|RT| \geq |Z| + 1 \tag{47}$$

$$|RT| \geq |Z| + E(|RT_\zeta|) + VAR(|RT_\zeta|) - 1 \tag{48}$$

Der Generator macht für das Auswählen von Entitäten auf Typenbasis wiederholt davon Gebrauch, dass eine *deep Copy* einer Basismenge angelegt wird. Aus dieser werden dann zufällig Elemente durch die Funktion *popRandom()* entnommen und anderen Mengen zugeordnet. Dadurch ist sichergestellt, dass bei der Auswahl jedes Element die gleiche Chance hat ausgewählt zu werden.

Algorithmus 6 Struktureller Generator – Teil I

procedure GENERATESTRUCTURALSCENARIO($|OT|$, λ, π, $|ST|$, $|S|$, $|RT|$, $E(|RT_\zeta)$, $V(|RT_\zeta|)$, $E(|R_\zeta|), V(|R_\zeta|)$)
  if not $checkInput(|OT|, \lambda, \pi, |ST|, |S|, |RT|, E(|RT_\zeta), V(|RT_\zeta|), E(|R_\zeta|), V(|R_\zeta|))$ **then return** -1
  $OT \leftarrow createSetFromElementCount(|OT|)$
  $ST \leftarrow createSetFromElementCount(|ST|)$
  $S \leftarrow createSetFromElementCount(|S|)$
  $RT_{no\ slag} \leftarrow createSetFromElementCount(|RT| - \pi)$
  $RT_{slag} \leftarrow generateSlagResourceTypes(RT, \pi)$
  $RT \leftarrow RT_{no\ slag} \cup RT_{slag}$
  ###### Fähigkeitsmatrix der Stationstypen ST ######
  $F_{ST} \leftarrow 0_{|OT|,|ST|}$
  $OT_{temp} \leftarrow copy(OT)$
  for each $st \in ST$ **do**
    $i \leftarrow 0$
    while $i < \lambda$ **do**
      if $|OT_{temp}| = 0$ **then**
        $OT_{temp} \leftarrow copy(OT)$
      i++
      $ot \leftarrow popRandom(OT_{temp})$
      $F_{ST}(ot, st) \leftarrow 1$
  ###### Typen der Stationen S und ihre Fähigkeiten ######
  $F_S \leftarrow 0_{|S|,|OT|}$
  $ST_{temp} \leftarrow copy(ST)$
  for each $s \in S$ **do**
    if $|ST_{temp}| = 0$ **then**
      $ST_{temp} \leftarrow copy(ST)$
    $typeOf(s) \leftarrow popRandom(ST_{temp})$
    for each $ot \in OT$ **do**
      $F_S(ot, s) \leftarrow F_{ST}(ot, typeOf(s))$
  ###### Bedarf an Ressourcentypen je Stationstyp ######
  $K_{ST} \leftarrow 0_{|ST|,|RT|}$
  $RT_{slag,\ temp} \leftarrow copy(RT_{slag})$
  $RT_{no\ slag,\ temp} \leftarrow copy(RT_{no\ slag})$
  for each $st \in ST$ **do**
    $|RT_{st}| \leftarrow randomInteger(E(|RT|_\zeta) - 1, V(|RT|_\zeta))$
    for i *in* $Range(|RT_{st}|)$ **do**
      if $|RT_{no\ slag,\ temp}| = 0$ **then**
        $RT_{no\ slag,\ temp} \leftarrow copy(RT_{no\ slag})$
      $rt_{temp} \leftarrow popRandom(RT_{no\ slag,\ temp})$
      $RT_{st,\ no\ slag} \leftarrow RT_{st,\ no\ slag} \cup \{rt_{temp}\}$
      $K_{ST}(st, rt_{temp}) \leftarrow 1$
    $rt_{temp} \leftarrow popRandom(RT_{slag,\ temp})$
    $RT_{st,slag} \leftarrow \{rt_{temp}\}$
    $RT_{st} \leftarrow RT_{st,slag} \cup RT_{st,\ no\ slag}$
    $K_{ST}(st, rt_{temp}) \leftarrow 1$
  (...)

Algorithmus 7 Struktureller Generator – Teil II

procedure GENERATESTRUCTURALSCENARIO($|OT|$, λ, π, $|ST|$, $|S|$, $|RT|$, $E(|RT_\zeta)$, $V(|RT_\zeta|)$, $E(|R_\zeta|), V(|R_\zeta|)$)
    (...)
    ###### Ressourcen, Stationen und Schlupf ######
    $R, R_{no\ slag}, R_{slag} \leftarrow \{\}$
    for each $s \in S$ **do**
        $R_{s,\ no\ slag} \leftarrow \{\}$
        $|R_{s,\ no\ slag}| \leftarrow randomInteger(E(|R|_\zeta) - 1, V(|R|_\zeta))$
        $st_{current} \leftarrow typeOf(s)$
        $RT_{st_{current},no\ slag,\ temp} \leftarrow copy(RT_{st_{current},\ no\ slag})$
        for $i \leq |R_s|$ **do**
            if $|RT_{st_{current},no\ slag,\ temp}| = 0$ **then**
                $RT_{st_{current},no\ slag,\ temp} \leftarrow copy(RT_{st_{current},\ no\ slag})$
            $r_{current} \leftarrow newResource()$
            $typeOf(r_{current}) \leftarrow popRandom(RT_{st_{current},no\ slag,\ temp})$
            $R_{s,\ no\ slag} \leftarrow R_{s,\ no\ slag} \cup \{r_{current}\}$
            $R \leftarrow R \cup \{r_{current}\}$
            $i++$
        # Berücksichtige Schlupf-Ressourcen
        $rt_{st_{current},\ slag} \leftarrow getSlagResourceType(RT_{slag}, st_{current})$
        $available \leftarrow getTotalCountofResourcesOfType(R, rt_{st_{current},\ slag})$
        $R_{rt_{st_{current},\ slag}} \leftarrow getAllRessourcesOfType(R, rt_{st_{current},\ slag})$
        $R_{rt_{st_{current},\ slag,\ temp}} \leftarrow copy(R_{rt_{st_{current},\ slag}})$
        if $available < \pi$ **then**
            $r_{current,\ slag} \leftarrow newResource()$
            $typeOf(r_{st_{current},\ slag}) \leftarrow rt_{st_{current},\ slag}$
            $R \leftarrow R \cup \{r_{current,\ slag}\}$
            $R_s \leftarrow R_s \cup \{r_{current,\ slag}\}$
        else
            if $|R_{rt_{st_{current},\ slag,\ temp}}| = 0$ **then**
                $R_{rt_{st_{current},\ slag,\ temp}} \leftarrow copy(R_{rt_{st_{current},\ slag}})$
            $r_{current,\ slag} \leftarrow popRandom(R_{rt_{st_{current},\ slag,\ temp}})$
            $R_s \leftarrow R_s \cup \{r_{current,\ slag}\}$
    ##### Ressourcenbedarf je Station #####
    $K_S \leftarrow 0_{|R|,|S|}$
    for each $s \in S$ **do**
        for each $r_s \in R_s$ **do**
            $K_S(r_s, s) \leftarrow 1$
    return ST, S, RT, R, OT, F_{ST}, F_S K_{ST}, K_S

H Ergänzung zur Rechenzeit der Optimierung

Die Abbildung H.10 zeigt für jeweils 30 Wiederholversuche, wie die erforderliche Rechenzeit für die jeweilige Modellvariante variiert. Das Beispiel 1xA1 $< 15, 1, 2, 15, 30, 20 >$ wurde dazu zu Grunde gelegt. Tabelle H.2 liefert ergänzend dazu die jeweilige Spannweite der erfassten Daten sowie die relative Spannweite. Es ist festzuhalten, dass diese Schwankungen gering sind, sodass diese im Allgemeinen vernachlässigt werden können.

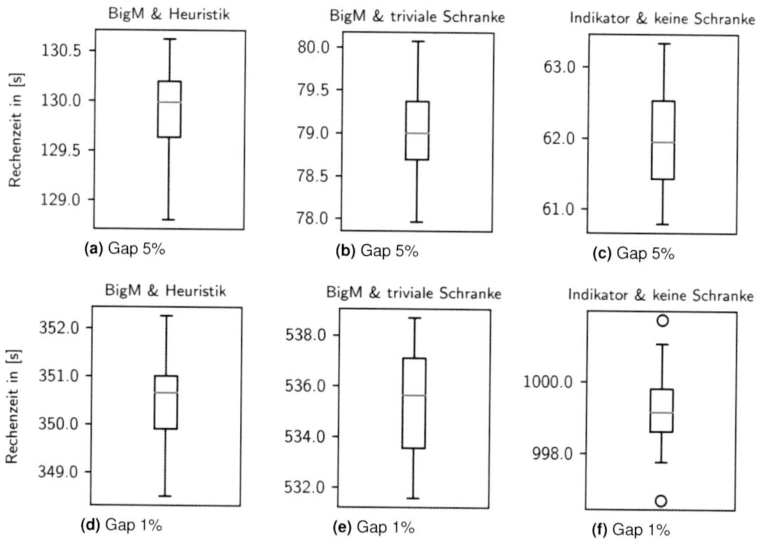

(a) Gap 5% (b) Gap 5% (c) Gap 5%

(d) Gap 1% (e) Gap 1% (f) Gap 1%

Abbildung H.10: Wiederholversuche der Rechenzeitanalyse je Algorithmus und Gap

Variante	Gap [%]	Spannweite (absolut) [s]	Spannweite (relativ) [%]
BigM & Heuristik	5	1.82	1.39
BigM & triviale Schranke	5	2.11	2.64
Indikator & keine Schranke	5	2.54	4.01
BigM & Heuristik	1	3.75	1.07
BigM & triviale Schranke	1	7.10	1.32
Indikator & keine Schranke	1	5.30	0.50

Tabelle H.2: 30 Wiederholversuche der Rechenzeitanalyse je Algorithmus und Gap

I Ergänzung zur prädiktiven Validierung

Nachfolgende Abbildung zeigt analog zur Abbildung 8.13 die simulierten Fertigstellungszeiten im Vergleich zu den geplanten Zeiten. Diese betreffen die abgebildeten Szenarien betreffen die Montage von jeweils 1xA1, 1xB1 und 1xC1.

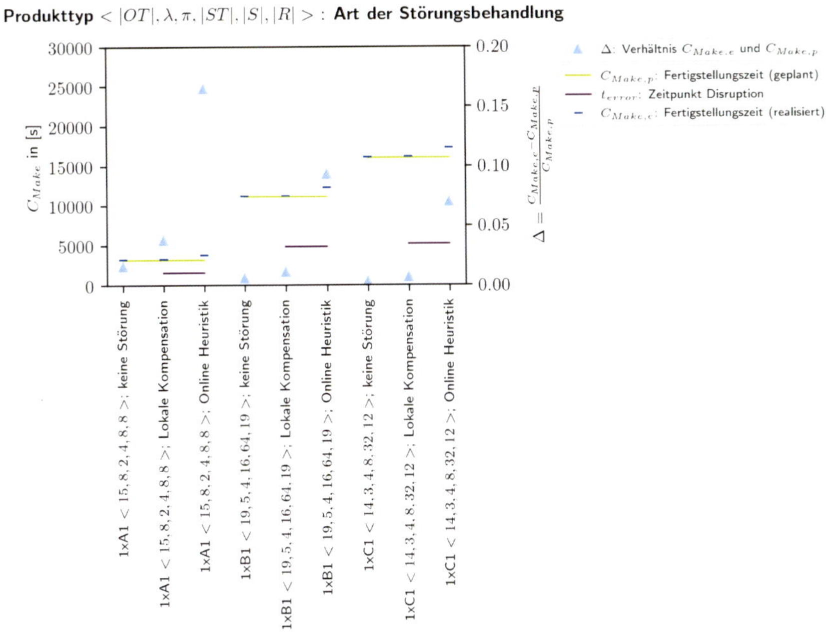

Abbildung I.11: Vergleich geplante Fertigungsstellungszeit und realisierte Fertigstellungszeit

In der Reihe **Ergebnisse aus der Produktionstechnik** zuletzt erschienen:

Buckhorst, Armin Friedrich:
Planung und Steuerung von Abläufen in linienlosen mobilen Montagesystemen
ISBN: 978-3-98555-174-3
Erscheinungsdatum: 26.09.2023

Schwarberg, Annika:
Identifizierung von Innovationspotenzialen durch die Analyse von Produktnutzungsinformationen
ISBN: 978-3-98555-169-9
Erscheinungsdatum: 17.08.2023

Schroers, Marius:
Gehörbezogene Auslegung zweistufiger Getriebe unter Berücksichtigung dynamischer Anregungseffekte
ISBN: 978-3-98555-165-1
Erscheinungsdatum: 01.08.2023

Vogel, Paul-Alexander:
Entwicklung eines Prozessmodells für die nicht-isotherme vakuumunterstützte Dünnglasumformung
ISBN: 978-3-98555-140-8
Erscheinungsdatum: 21.06.2023

Ochel, Tim:
Prognostik zur Resilienzsteigerung im Werkzeugbau
ISBN: 978-3-98555-161-3
Erscheinungsdatum: 22.05.2023

Greipel, Jonathan:
Grouping of Inspection Characteristics to Reduce Costs of Adaptive Inspection Planning in Variant Production
ISBN: 978-3-98555-157-6
Erscheinungsdatum: 03.05.2023

Scheuer, Thomas:
Fähigkeitsbündel zur Steigerung der Arbeitsproduktivität für intelligente produzierende Unternehmen
ISBN: 978-3-98555-173-6
Erscheinungsdatum: 25.09.2023

Heutmann, Timo:
Proactive Production Control for a Synchronized Tool Production
ISBN: 978-3-98555-164-4
Erscheinungsdatum: 03.08.2023

Müller, Ulrich:
Material Removal and Grinding Wheel Wear Mechanisms during Grinding of Polycrystalline Cubic Boron Nitride
ISBN: 978-3-98555-163-7
Erscheinungsdatum: 01.08.2023

Chavan, Prateek:
Substructuring Methods for Efficient Prediction of Spindle-Holder-Tool Assembly Dynamics
ISBN: 978-3-98555-160-6
Erscheinungsdatum: 05.06.2023

Schneidermann, Dennis:
Orchestration von Vertrauen in interorganisationalen Wissensnetzwerken der Fabrikplanung
ISBN: 978-3-98555-153-8
Erscheinungsdatum: 15.05.2023

Welsing, Martin:
Bewertung der ökologischen Nachhaltigkeit von Produktionsnetzwerkkonfigurationen
ISBN: 978-3-98555-155-2
Erscheinungsdatum: 19.04.2023

Edition Wissenschaft
Apprimus

Troß, Nico:
Mehrskalenmodellierung der thermomechanischen Werkzeugbelastung beim Trockenwälzfräsen
ISBN: 978-3-98555-158-3
Erscheinungsdatum: 19.04.2023

Beckers, Alexander:
Auslegung wirtschaftlich-technologisch optimierter Fertigungsprozessfolgen mittels prozessübergreifender Modellierung
ISBN: 978-3-98555-154-5
Erscheinungsdatum: 18.04.2023

Nicksch, Christoph:
Konfiguration verteilter Large-Scale Metrology Systeme in rekonfigurierbaren Montageumgebungen
ISBN: 978-3-98555-152-1
Erscheinungsdatum: 20.03.2023

Gipperich, Marius:
Untersuchung eines Zweistrahlprozesses als Ansatz zur Prozessstabilitätserhöhung des drahtbasierten Laserauftragschweißens
ISBN: 978-3-98555-151-4
Erscheinungsdatum: 15.03.2023

Ahmad, Mubarik:
Anregungsgerechte Auslegung und Tolerierung schnelllaufender Getriebe unter Berücksichtigung kurz- und langwelliger Verzahnungsabweichungen
ISBN: 978-3-98555-130-9
Erscheinungsdatum: 06.03.2023

Motschke, Tobias:
Analyse und Modellierung der Dämpfungseigenschaften von Spindellagern
ISBN: 978-3-98555-148-4
Erscheinungsdatum: 06.03.2023

Priwisch, Martin:
Kontaktfreie Bahnlaufregelung zur Herstellung funktionaler Mehrlagensysteme in einem kontinuierlichen Laminierprozess
ISBN: 978-3-98555-139-2
Erscheinungsdatum: 27.02.2023

Frye, Maik:
Recommending Data Preprocessing Pipelines for Machine Learning Applications in Production
ISBN: 978-3-98555-147-7
Erscheinungsdatum: 15.02.2023

Cremer, Sven:
Controlling der Migration in Produktionsnetzwerken
ISBN: 978-3-98555-145-3
Erscheinungsdatum: 09.02.2023

Schmidhuber, Matthias:
Sozio-technische Problemlösungsfähigkeit von PPS-Systemen
ISBN: 978-3-98555- 143-9
Erscheinungsdatum: 07.02.2023

Edition Wissenschaft
Apprimus